我想要知道上帝是如何创造这个世界的。我对这个或那个现象，这个或那个元素的能谱不感兴趣。

我要知道的是他的思想。其他都是细节。

——阿尔伯特·爱因斯坦

自然呵！

请你容我只问一句话，

一句郑重的话：

我不曾错解了你么？

——冰心《繁星》节选

现代物理基础丛书　96

宇宙物理基础

李惕碚　著

科学出版社

北　京

内 容 简 介

本书通过分析经典力学和狭义相对论的基本概念和理论架构，指出弯曲的物理位形空间中的广义坐标不是时空坐标；爱因斯坦的“弯曲时空”是一个束缚了基本物理学和宇宙学发展的错误假设，广义相对论的场方程描述的只是现象——引力场的弯曲，并不揭示新的引力规律，更不能用于描述均匀的宇宙；建立在广义相对论基础上的标准宇宙学，是一个不自洽的理论，存在诸多根本性的疑难。本书陈述了完整表述局域引力规律的引力场方程，以及符合宇宙学原理和物理学基本规律的引力中性宇宙模型。将宇宙视为被重力支配的单极世界是广义相对论的世界观。广义相对论场方程的方法论类似于绘画或处理大数据的机器智能，并不是探寻与表述普遍规律的科学方法。本书指出，只有接受宇宙的多极性，并且回归探索与表述自然规律的科学方法，才能为基本物理学与宇宙学理论建立必需的基础架构。

从事物理学和宇宙学研究的专业工作者，关注物理学和宇宙学发展的大学和中学师生，以及关注自然科学哲学问题的人文学者和广大读者，都会对本书的论述有兴趣。广义相对论用到的非线性数学只是描述引力位形细节的需要，而表述引力规律则只需要用到表述电磁规律的数学工具，不熟悉张量分析与微分几何并不影响对于本书的阅读和理解。

图书在版编目(CIP)数据

宇宙物理基础/李惕碚著. —北京：科学出版社，2021.12

ISBN 978-7-03-070820-5

Ⅰ. ①宇…　Ⅱ. ①李…　Ⅲ. ①宇宙学-研究②物理学-研究　Ⅳ. ①P159②O4

中国版本图书馆 CIP 数据核字(2021)第 260924 号

责任编辑：周　涵／责任校对：杨　然
责任印制：赵　博／封面设计：无极书装

科学出版社出版
北京东黄城根北街 16 号
邮政编码：100717
http://www.sciencep.com
北京建宏印刷有限公司印刷
科学出版社发行　各地新华书店经销
*
2021 年 12 月第　一　版　开本：720 × 1000　B5
2024 年　3 月第二次印刷　印张：12 1/2
字数：252 000

定价：98.00 元

(如有印装质量问题，我社负责调换)

前　　言

宇宙、物理及基础是本书的三个关键词，本书的内容涉及三个方面：宇宙学的物理基础，物理学的背景时空框架，以及宇宙学及物理学的世界观与方法论基础。

本书的目录可以作为索引使用：目录中不但包括各章、节和小节的标题，还列出了部分小节内各段落的主题。通过浏览目录可以了解书中究竟讨论了哪些问题。除了从头开始顺序阅读外，也可以从最感兴趣的论题开始，再依照参见章节的提示，阅读其他章节中与该论题有关的论述。

本书通过多方面的论述得出的结论是："弯曲时空"是物理位形空间被混淆为背景时空所导致的一个错误假设，不能作为宇宙学和局域物理的时空架构；宇宙学的物理基础是引力中性的平坦、各向同性及热平衡的宇宙真空；宇宙动力学的背景时空是平直的伽利略时空，电磁场和局域引力场的背景时空是平直的洛伦兹时空；广义相对论只是用微分几何的工具描述一种特定物理现象——局域引力势场的弯曲的数学方法，不能混淆为表述普遍规律的理论，不能将一种特定的作用力——局域引力设定为宇宙过程的主宰；物理学和宇宙学的健康发展需要承认宇宙的多极性，并运用探寻与表述自然规律的科学方法。

本书第 1 章和第 2 章简要介绍经典力学、狭义相对论及广义相对论的基本内容。前两章及后续章节中，引述了不同学者，包括中国学者和作者本人针对不同问题、从不同角度对于广义相对论弯曲时空框架的质疑。本书的结论与百年来物理界的主流认识相左，期待读者给予认真的审视和批评。由于非线性张量分析并非研讨时空框架问题所必需的数学工具，读者只要有麦克斯韦电磁场方程所涉及的微积分和向量运算知识，就可以同广义相对论的专家一样，严格审读本书的推导和论述，并加入到学术论争中来。

从 2003 年 *WMAP* 卫星首次发布对于宇宙微波背景辐射的空间观测数据开始，本书作者利用 *WMAP* 以及其后 *Planck* 卫星数据，同合作者一起进行了多年观测宇宙学研究。精密宇宙学的观测结果揭示出：建立在广义相对论基础上的标准宇宙模型——热大爆炸模型不自洽，存在诸多重大疑难 (见本书第 3 章)。基于两个关键的观测事实——宇宙的均匀、各向同性 (第 4 章) 和宇宙的热平衡 (第 5 章)，我们提出了暗能量-暗物质凝聚的引力中性宇宙模型 (第 6 章)。

在以广义相对论为基础的标准模型中，宇宙是先后被重力或宇宙学常数所支配的一个单极世界：万物在原初奇点的热“大爆炸”瞬间产生，在重力支配阶段持续地减速膨胀，继而又在宇宙学常数支配阶段被无限地加速，直到被一场“大撕裂”所毁灭；这样的宇宙不存在稳定的平衡态，总能量不守恒。宇宙学专家，以及通过阅读霍金《时间简史》接受了大爆炸模型的读者，都可以从本书第 6–8 章看到，与标准模型所描述的那样一个有极其非理性的起源和结局的乖戾宇宙不同，引力中性的宇宙从一个吸引-排斥平衡、具有有限能量密度的低温静止真空中的有限区域相变产生，经由常态为均匀、各向同性的匀速膨胀，又逐渐融回到无限的真空背景中。阅读本书后，读者可以对这两个模型作出自己的判断。在一代人的时间内，宇宙学观测，特别是对早期宇宙膨胀速度以及对暗物质晕动力学和热力学性质的测量，应当能最终判定这两个截然不同的模型孰是孰非。

重力主宰的单极宇宙不可能存在惯性参照系，这是牛顿力学建立 300 多年以来物理学基础构架中一个根本性的困难。重力场与斥力场平衡的宇宙不存在惯性系困难：引力中性宇宙介质的均匀、各向同性和热平衡，使宇宙本身就是一个具有最大对称性的惯性参照系，为宇宙中的一切物理过程提供了一个优越的基础时空框架。所以，宇宙由什么构成，不但是宇宙学的基本科学问题，也是物理学的基本科学问题。

第 9 章综合论述了基本物理学的基础架构及其对物理学发展的影响。本书的书名《宇宙物理基础》中的“基础”不仅指宇宙学和物理学的时空架构，还包括引导理论构建的方法论和世界观。在第 9 章中，作者分析了广义相对论的建立和解释过程中在科学方法论方面的失误，比较了西方“从一产生一切”和东方“阴阳对立统一”这两种不同的宇宙观。主要关注自然科学方法论和自然哲学的读者，可以首先阅读第 9 章，然后有选择地参阅前面各章中的相关论述。

作　者

2021 年 4 月

目　　录

第 1 章　经典时空和相对论时空

1.1　经 典 力 学

1.1.1　牛顿力学

牛顿定律　由均匀流逝的时间 t 和欧氏空间中均匀刻度的笛卡儿直角坐标

$$\boldsymbol{x}=(x_1,x_2,x_3)$$

构成的惯性坐标系，是牛顿力学的时空标架。相对于惯性坐标系，有牛顿运动三定律：

(i) 不受外力的物体处于静止或匀速直线运动状态

(ii) 沿 x_1 方向的外力 F 与物体惯性质量 m 及加速度的关系为

$$F=m\frac{\mathrm{d}^2x_1}{\mathrm{d}t^2} \tag{1}$$

(iii) 作用力和反作用力大小相等、方向相反，以及牛顿万有引力定律：相距 r、引力质量分别为 M 和 m 的两质点间，沿连线方向吸引力为

$$F=\frac{GMm}{r^2} \tag{2}$$

由式 (2)，结合牛顿运动定律, 在物体惯性质量和引力质量相等的条件下，可以导出点源或球状源 M 的引力势

$$\phi=-G\frac{M}{r} \tag{3}$$

及牛顿引力场方程

$$\nabla^2\phi=4\pi G\rho_m \tag{4}$$

式中，ρ_m 为质量密度。

伽利略协变性　力学普遍规律应当与观测者和观测参照系无关。若惯性坐标系 S' 相对于 S 沿 $\boldsymbol{x}_1$ 方向以速度 v 运动，同一时空点在 S' 和 S 的坐标服从伽利略变换

$$\begin{aligned}&x_1'=x_1-vt\quad x_2'=x_2\quad x_3'=x_3\\&t'=t\end{aligned} \tag{5}$$

则在两个坐标系中表述的牛顿运动定律及引力定律的形式都相同，即牛顿力学遵从伽利略相对性，在伽利略变换下不变。

空间的几何性质可以用线元描述。直角坐标系中两点 (x_1, x_2, x_3) 和 $(x_1 + \mathrm{d}x_1, x_2 + \mathrm{d}x_2, x_3 + \mathrm{d}x_3)$ 的距离为

$$\mathrm{d}s = \sqrt{\mathrm{d}x_1^2 + \mathrm{d}x_2^2 + \mathrm{d}x_3^2} \tag{6}$$

定义欧氏空间的线元

$$\begin{aligned}\mathrm{d}s^2 &= \sum_{i,j=1}^{3} \delta_{ij}\mathrm{d}x_i\mathrm{d}x_j \\ &= \sum_{i=1}^{3} \mathrm{d}x_i^2\end{aligned} \tag{7}$$

式中，δ_{ij} 是欧氏空间度规

$$\delta_{ij} = \begin{pmatrix} 1 & 0 & 0 \\ 0 & 1 & 0 \\ 0 & 0 & 1 \end{pmatrix} \tag{8}$$

线元 (7) 是伽利略变换下的不变量。具有度规 (8) 的线元 (7) 决定了欧氏空间的均匀、各向同性。

可以把一维时间坐标和三维欧氏空间位置坐标组成一个四维空间，称为伽利略时空或伽利略空间①。令 $x_0 \equiv t$，伽利略时空坐标记作

$$(x_0, x_1, x_2, x_3) = (t, \boldsymbol{x}) \tag{9}$$

则伽利略时空度规为

$$\eta_{\mu\nu} = \begin{pmatrix} 1 & 0 & 0 & 0 \\ 0 & 1 & 0 & 0 \\ 0 & 0 & 1 & 0 \\ 0 & 0 & 0 & 1 \end{pmatrix} \tag{10}$$

线元为

$$\mathrm{d}s^2 = \sum_{\mu,\nu=0}^{3} \eta_{\mu\nu}\mathrm{d}x_\mu\mathrm{d}x_\nu \tag{11}$$

质点 t 时刻位于 (x_1, x_2, x_3) 处这一事件可表示为四维时空中的一个点，其运动轨迹为四维时空中的一条“世界线”。

① 伽利略空间是一个四维欧氏空间，不是三维欧氏位置空间。

伽利略时空里的时间与参照系无关，所以时空线元 (11) 与空间线元 (7) 一样，也是伽利略变换下的不变量。线元或度规决定了一个空间的几何结构。伽利略空间的三维位置空间度规 (8) 或四维时空度规 (10) 与时空坐标无关，表明伽利略空间是均匀的平直空间。牛顿力学定律的伽利略协变性要求其背景时空必须是平直的伽利略时空。

惯性力和绝对时空 加速度是伽利略变换下的不变量。在非惯性系中使用牛顿第二定律需要添加一个惯性力。经典力学需要一个绝对空间 (绝对惯性系) 以及相对于绝对空间的绝对运动来解释惯性力的起源。在"旋转水桶实验"[1] 中，桶里的水在被桶壁带动一起旋转之后，以及桶已停止旋转之时，水面都会下凹；牛顿指出：水面下凹的原因不是水相对于桶壁的运动，只能是相对于绝对空间运动的惯性力。尽管众多哲学家和物理学家不喜欢绝对空间的概念，然而历经三百多年发展的物理学，包括相对论和量子物理，迄今都否定不了牛顿关于绝对空间和绝对运动的论证。

1.1.2 分析力学

广义坐标和位形空间 由 N 个质点构成的一个力学系统，存在着 $3N$ 个质点的位置坐标 $x_\mu^{(i)}$ $(i=1-N,\,\mu=1-3)$；由于外加约束力的作用，质点的位置 $\boldsymbol{x}$ 和速度 $\dot{\boldsymbol{x}}$, 受到了 l 个约束方程的限制

$$f_k(\boldsymbol{x},\dot{\boldsymbol{x}},t)=0 \quad (k=1,\cdots,l) \tag{12}$$

如果约束为完整的几何约束，约束方程不显含速度 (例如，约束力将质点限制在一个曲面上)，系统自由度将降到 $n=3N-l$, 则用 n 个独立参数——广义坐标 $q_k\,(k=1,\cdots,n)$，就可以确定系统中各质点的位置

$$x_\mu^{(i)}=x_\mu^{(i)}(q_1,\cdots,q_n) \quad (\mu=1-3;\ i=1-N) \tag{13}$$

n 维广义坐标 $\boldsymbol{q}$ 构成一个位形空间。广义坐标 $\boldsymbol{q}$ 和广义速度 $\dot{\boldsymbol{q}}$ 确定了该系统的力学状态 (位形)。位形空间中的系统动能 $T=T(\dot{\boldsymbol{q}}(t))$，位能 $V=V(\boldsymbol{q}(t))$。定义系统的拉格朗日量

$$L=T-V \tag{14}$$

需要特别指出的是，"位形空间"一词里的"空间"不同于 §1.1.1 所述牛顿力学里的"空间"。牛顿力学用三维惯性空间中的笛卡儿坐标 $\boldsymbol{x}$ 标示物体位置，位置坐标在 CGS 单位制中的量纲为长度的量纲 [cm]。分析力学的背景空间标架则是用广义坐标构成的一个位形空间，广义坐标 $\boldsymbol{q}$ 并非任何一个物体在三维位置空间中的位置，一般也不具有长度的量纲。

最小作用量原理　在分析力学中，质点运动路径用变分原理表述：若在时刻 t_1 和 t_2 系统位形 (在位形空间中的位置) 由两组广义坐标 $\boldsymbol{q}^{(1)}$ 和 $\boldsymbol{q}^{(2)}$ 确定，则保守系统在这两个位置间的运动应令作用量

$$S=\int_{t_1}^{t_2} L(\boldsymbol{q},\dot{\boldsymbol{q}},t)\mathrm{d}t \tag{15}$$

取极值，即令变分

$$\delta\int_{t_1}^{t_2} L\,\mathrm{d}t=0 \tag{16}$$

由最小作用量原理可导出系统的运动方程 (第二类拉格朗日方程)：

$$\frac{\mathrm{d}}{\mathrm{d}t}\left(\frac{\partial T}{\partial \dot{q}_i}\right)-\frac{\partial T}{\partial q_i}=Q_i \quad (i=1,\cdots,n) \tag{17}$$

式中，Q_i 为由广义坐标和广义速度定义的广义力。当主动力为有势力时

$$Q_i=0$$

若对系统变化路径加上机械能守恒条件的约束

$$T+V=\mathrm{const} \tag{18}$$

及广义动能 T 可表示为速度的齐次二次函数

$$T=\frac{1}{2}\sum_{i,j=1}^{n} g_{ij}\dot{q}_i\dot{q}_j \tag{19}$$

且 n 维位形空间为无势空间，其广义位能

$$V=0 \tag{20}$$

定义 n 维位形空间线元为

$$\mathrm{d}s^2=\sum_{i,j=1}^{n} g_{ij}\,\mathrm{d}q_i\mathrm{d}q_j \tag{21}$$

则最小作用量原理 (16) 可以表述为位形空间中的最短路径原理 [2,3]

$$\delta\int_{s_1}^{s_2}\mathrm{d}s=0 \tag{22}$$

即位形空间中系统变化路径为短程线 (测地线)① 。

① 分析力学的最小作用量原理 (16) 和最短路径原理 (22) 中的积分都是曲线积分。因此，分析力学中的变分都是在弯曲的位形空间进行的，不同于牛顿力学在平直空间中用不定积分或定积分求运动轨迹。

牛顿力学的背景空间是具有线元 (7)、度规 $\delta_{ij}(i,j=1-3)$ 的平直欧氏空间，系统状态用质点坐标和速度描述，背景空间中的自由质点沿直线匀速运动，外力作用下的质点运动轨迹需要从初始坐标和速度出发，用牛顿第二定律从外力计算出加速度再积分得出。分析力学用广义坐标和广义速度表述系统状态，可以在系统的物理条件和物理的普遍规律约束下构造出不存在有势力场，具有线元 (21)、度规 $g_{ij}(i,j=1-n)$ 的位形空间，在位形空间中系统沿短程线做“惯性运动”。

两类背景空间 牛顿《自然哲学之数学原理》给出了时间和空间的定义 (见文献 [1] 中的 § 定义 附注)；由具有伽利略不变性的一维时间坐标和三维空间坐标构成的四维“伽利略空间”是牛顿力学的时空背景 (见 §1.1.1)。物理学中，“空间”一词在不同场合被用于指称不同的对象：分析力学的背景空间是广义坐标构成的“位形空间”(见 §1.1.2)；相对论力学的背景时空是局域时间和空间坐标所构成的四维闵可夫斯基时空，又称“洛伦兹空间”(见 §1.2.1)；此外，还有“相位空间”“参数空间”…… 随着物理研究领域的扩展，对应每一个新的自由度都会产生一个新的物理空间，如微观物理的“自旋空间”“同位旋空间”等。

在本书中，只有伽利略空间和洛伦兹空间可以被称为“时空”，即只存在伽利略时空和洛伦兹时空这两种时空；“时空”一词中的“空”或与“时间”并列的“空间”，指的是四维伽利略时空中或洛伦兹时空中的三维空间部分。很多物理定律并不是在时空背景下表述的，分析力学表述的力学定律就是以位形空间为背景的，而构成位形空间的广义坐标并非时空坐标；微观现象的波动性和不确定性，使微观物理过程不可能归结为时空背景下单个质点的动力学过程，很多情况下都只能在非时空的物理背景 (希尔伯特空间) 下陈述理论：这些物理理论的背景空间都不能与背景时空相混淆①。

广义相对论建立以来的百年间，由于位形空间与背景时空的混淆所导致的物理概念和方法上的紊乱，需要仔细地予以澄清。本书在有可能产生混淆的地方，都把四维时空背景的三维空间部分称为“位置空间”(spatial space)，而不简单地称为“空间”。

1.1.3 两类物理定律

牛顿力学的运动定律和万有引力定律，以及分析力学的最小作用量原理，都是经典力学定律。牛顿定律及其微分方程是表述力学运动起因及过程的普遍规律；而分析力学的原理则表述一个特定系统的运动结果——动力学微分方程的积分的特性：位形空间中作用量或路径长度取极值。

力学普遍规律应适用于任何物体在任何时间和空间位置上的运动。表述普遍

① 本书第 2 章“相对论引力”的论述将要表明，广义相对论中的“时空度规”，实际上是位形空间度规，描述的是弯曲的引力势场——弯曲的 (位形) 空间，不是所谓的“弯曲时空”。

规律的牛顿定律微分方程，如动力学方程 (1) 或引力方程 (3)，都与时间和空间位置无关。与此相应，牛顿力学的时空背景或时空标架必须是均匀的，不能有任何非均匀的结构；否则，力学方程将与时空坐标有关，不可能表述与坐标无关的普遍规律。

作用量 (15) 是在两个指定的广义坐标 $\boldsymbol{q}^{(1)}$ 和 $\boldsymbol{q}^{(2)}$ 间，力学系统拉格朗日量的积分。分析力学的最小作用量原理 (16) 或最短路径原理 (22)，并不是对任何时空点都成立的普遍规律，而是对于一个具体的力学系统，在两个特定的位置之间，系统运动过程的积分性质——在用适当的广义坐标构建的位形空间里，作用量最小或路径最短。这种特性是系统运动遵从力学普遍规律的结果。

例如，表述加速度与外力间关系的牛顿第二定律 (1) 是一个普遍规律，它适用于任何时刻处于任何空间位置的质点，并且与质点的初始位置及速度无关。从初始位置及初始速度出发，积分动力学方程 (1)，可以求出在引力定律方程 (3) 所描述的引力场中检验质点[①]的运动轨迹。另一方面，分析力学的最短路径原理 (22) 指出，度规为 g_{ij} 的弯曲位形空间中，质点在取决于初始坐标及初始速度的两个特定位置间 (在位形空间里的) 路径为短程线。从导出最短路径原理的过程可以看到，满足式 (22) 的位形空间，其度规取决于能量守恒关系 (18)。因而，位形空间为无势空间的条件 (20)，使得式 (21) 中的度规 g_{ij} 就是平直背景空间中弯曲的引力势场的度规。也就是说，能量守恒定律决定了物理位形空间的几何对称性及其中路径的短程性。

分析力学的作用量 (15) 或 (22) 中被变分的路径，是沿着系统运动路径在两个位置间的积分量，其数值以及积分的始末位置取决于作用力场、运动定律及运动的初始条件。分析力学的变分原理表述的是：对于一个特定的力学系统——由特定的物体构成，受特定的几何约束和运动约束，在特定的外力场中，遵从力学普遍规律的一个系统——可以用适当的广义坐标构造一个具有适当对称性的位形空间，系统在位形空间中的运动遵从变分原理[②]。

牛顿力学的普遍规律用均匀背景时空中的力场方程及运动微分方程表述，适用于任何时空点；与普适的力学规律不同，变分原理表述的是，对于一个服从力学普遍规律的特定系统，其运动路径由位形空间的几何决定，但位形空间的弯曲形状是由普适的力学规律和该系统特定的物理条件共同决定的。因此，普遍规律是变分原理成立的先决条件；变分原理不能取代普遍规律。

在已知力学普遍规律的条件下，对于描述一个特定系统的运动，分析力学可以与牛顿力学等价：利用变分原理也可以导出广义坐标下的运动方程。但是，如

① 检验质点是一个具有质量的几何点，其质量很小，对于引力场的影响可以忽略。

② 需要特别注意的是，变分原理中的作用量、变分运算、运动及其路径，都是在位形空间中定义或运行的，其背景空间是位形空间而不是时空。

果缺少力学基本规律的知识，仅根据分析力学的变分原理是无法确定系统运动的。本书将要讨论存在于物理学基础架构中的一些重要问题，如混淆了背景时空与位形空间这两种背景空间 (§1.1.4–§1.1.6)，混淆了普遍规律的协变性与现象描述的协变性这两种协变性 (§2.3.1) 等，都与对两类力学规律性的混淆有关。

1.1.4 平直的背景时空和弯曲的位形空间

牛顿力学的空间标架是平直位置空间里的惯性坐标系。由 N 个质点组成的一个力学系统，其状态由空间坐标 $x_\mu^{(i)}$ 和速度 $\dot{x}_\mu^{(i)}$ $(i=1-N,\, \mu=1-3)$ 描述。用牛顿第二定律求解系统运动需要具体地了解每个质点的受力情况。

分析力学的背景标架是位形空间。位形空间里的广义坐标 q_i 和广义速度 $\dot{q}_i$ $(i=1,\cdots,n)$ 描述的是一个特定力学系统的状态 (位形)。几何约束下系统的广义坐标并不直接对应质点的时空位置，其量纲和维数都不同于时空坐标；位形空间不是表述物体时空位置的背景空间，既不是牛顿的绝对空间，也不是相对空间。对于一个特定的力学系统，位形空间是描述该系统的一个物理参数空间或相空间，其维数和构形由特定系统承受的约束力以及能量、动量守恒定律等物理约束条件决定。位形空间通常都不是平直的欧氏空间。也就是说，位形空间是为了描述系统的物理状态，用施加于该系统的物理约束 (力场、守恒律) 在平直背景时空的基础上构建出来的一个弯曲空间，即

$$\text{平直的背景时空} + \text{物理} = \text{弯曲的位形空间}$$

因此，即使在经典力学里就已经存在“弯曲空间”——准确地说，“弯曲的位形空间”。表述系统物理状态的“位形空间”(位势空间或组态空间) 不能同物理过程背景时空的空间部分混为一谈。不同于牛顿力学中作为各种不同动力学过程共同舞台的平直的时空背景，位形空间的几何所表述的是物理：物理条件、物理规律造就了位形空间的弯曲构形。例如，对于一个约束方程 (12) 为曲面方程的系统，真实的过程是质点被特定物理装置所施加的约束力限制在一个曲面上运动。我们可以用该曲面上的曲线坐标系为标架，用拉氏量和变分原理来表述系统的运动。显然，这样一个二维曲面不能替代构成时空背景的三维欧氏空间，没有受到约束的质点仍然在平直的三维空间中运动。因此，没有人会声称：均匀、各向同性的三维空间被这个质点系统压缩成了一个二维曲面！

对于只受到运动约束 (约束方程显含速度，又称微分约束) 的系统，位形空间广义坐标与三维欧氏空间中位置坐标数目一致，即广义坐标和度规 (21) 的下标 i, j 就是背景时空中的空间坐标和度规 (7) 的下标 $\mu, \nu = 1-3$，位形空间的坐标与时空背景的空间坐标可以一一对应，似乎位形空间与时空背景的空间同构，使得位形空间容易与构成时空背景的欧氏空间混淆。

1.1.5　曲线运动源于空间弯曲吗?

依照牛顿第一定律，一个自由的检验质点在惯性系中沿直线匀速运动 (图 1 中的直线)。位于坐标系原点的一个质量 M 的引力场将使质点运动路径弯曲。牛顿力学用万有引力定律 (2) 和第二定律 (1) 计算质点受到的引力及其产生的加速度，从初始位置和初始速度出发，可以积分出任意时刻 t 的质点坐标，确定质点运动的路径。

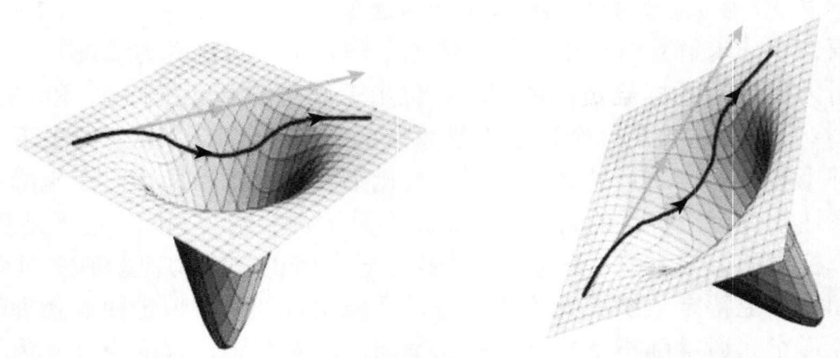

图 1　同一有心引力场中从不同方向入射的两个检验质点的位形空间和路径。直线：无引力场时自由质点在平直空间里的路径。曲线：检验质点在位形空间里的路径

取包含原点和检验质点初始速度向量的平面为 xy 平面。由于没有 z 方向的作用力，质点的 z 向速度分量始终为 0，其运动路径是 xy 平面里的一条曲线，这是一个在二维空间里的运动问题，位置空间为 xy 平面。分析力学从能量出发处理系统的动力学问题，广义坐标 q_{xy} 是引力场的标量势 $\phi(x,y)$

$$q_{xy} = \phi(x,y) = -\frac{GM}{\sqrt{x^2+y^2}} \tag{23}$$

若坐标 z 对应引力势，$z=\phi(x,y)$，则引力势 (引力场的广义坐标) 可以被描绘为三维空间中的一个二维曲面，即图 1 中的曲面。检验质点没有受到几何约束，空间位置坐标 (x,y) 是广义坐标 q_{xy} 的下标，广义坐标与空间位置坐标可以一一对应；但是质点受到了运动约束：质点速度受能量守恒 (18) 和无势条件 (20) 的限制。最小作用量原理决定了质点在具有线元 (21) 的位形空间里的路径为短程线 (22) (图 1 中的粗线)。

分析力学的“路径”及“短程线”是在位形空间里定义的；线元定义 (21) 中的 $\mathrm{d}q_i$ 和 $\mathrm{d}q_j$ 是广义坐标的微分，并不是空间位置坐标的微分 $\mathrm{d}x_i$ 和 $\mathrm{d}x_j$。图 1中曲线坐标 q_x 和 q_y 应分别是平面 $y=0$ 和 $x=0$ 与位形曲面相交的截线。由最短路径原理 (22) 决定的路径是在位形曲面上的路径；而实际被观测到的质点路径是

在 xy 平面里的曲线。在没有 z 向作用力和初速度的质点运动中，观测不到路径在位形空间里 (图 1 中的粗线) 的起落。需要把质点在引力场势空间里的路径映射回位置空间——投影到 xy 平面上，即把图 1曲线上每点的广义坐标 q_{xy} 映射回 xy 平面上相应的空间坐标 (x,y)，得到在 xy 平面上的曲线，才是实际观测到的质点路径，才能同从积分牛顿运动定律得到的路径一致。

“曲线运动源于空间的弯曲”是理论物理学中的流行观念。例如，霍金 (Hawking S W) [4] 说：

> 像地球这样的物体并非由于称为引力的力使之沿着弯曲轨道运动，而是沿着弯曲空间中最接近于直线的称之为测地线的轨迹运动。

就是将位形空间混同为位置空间所导致的错误论述。

从式 (18)–(23) 以及图 1 可以看出，分析力学中位形空间的弯曲构形是力场势函数的几何表述：位置空间中外力作用下的质点运动是弯曲无势场位形空间中的短程线在平直位置空间的投影 (这一表述同位置空间里坐标系的选取无关，也同位形空间里曲线坐标的选取无关)。霍金的上述论断中的“短程线”是位势曲面上的曲线，并不是平直位置空间中的短程线。质量 M 决定的是图 1 中位形空间里引力势曲面的形状。虽然检验质点对于引力场的影响可以忽略，但是曲面的方向，即与 xy 平面垂直的 z 轴方向，是由检验质点的初始速度决定的——若速度转动 45°，则被质量 M 弯曲的空间也要相对于左图转动 45° (如图 1 右图所示)，观测到的质点路径也要转动 45°。在这里，背景位置空间没有变，引力场没有变，用广义坐标表述的物理定律 (22) 也没有变，但是包括检验质点在内的动力学系统变了，因此相应的位形空间也变了。如果被质量 M 弯曲的是位置空间，则“弯曲空间”应当同检验质点的运动没有关系。所以，位形空间的弯曲并不仅取决于引力势场的空间分布，还取决于对系统运动有影响的全部其他物理条件——不仅是场源物质的分布，还包括几何约束及运动约束条件、物理定律、边界条件和初始条件等物理条件。

分析力学的“弯曲空间” (弯曲的位形空间) 是系统动力学的几何表述，并非被弯曲了的位置空间背景。引力场作用于质点，并不作用于位置空间，并不改变平直位置空间的均匀性；相同的引力场中，不同的检验质点有不同的位形空间和不同的运动路径。必须把位置空间坐标与位形空间的广义坐标区分开；位形空间坐标与位置空间坐标具有不同的量纲和维度；引力势的空间分布本来就是弯曲的；质量 M 弯曲了检验质点的路径，并没有弯曲位置空间背景。一个固定的质量并不能决定 (位形) 空间如何弯曲；如果引力系统中同时存在两个或更多个检验质点，它们的运动就不可能用一个弯曲 (位形) 空间来同时表述。

以上讨论的力学系统由固定的质量 M 和在二维平面上运动的检验质点构成，

其弯曲的位形空间 (对于一个特定检验质点的位势分布) 为三维空间[①]中的一个二维曲面，这个曲面可以用图1表示出来，从而使我们能够直观地看到位形空间的弯曲不仅取决于引力势，还取决于检验质点的运动，即位形空间的弯曲，只是对一个动力学系统物理性质的几何描述，并不表示背景时空被物质弯曲。

三维空间里一个运动质点的位形空间是由三个位置坐标和一个能量坐标构成的四维空间，不能用三维的几何图形来直观地表示；而 N 个运动质点的位形空间则是 $4N$ 维的高维空间。围绕一个固定的质量 M，存在着无数条可能的质点运动轨迹，其方向、大小及形状取决于检验质点的初始位置和速度，根本就不可能用同一个所谓的“弯曲时空”的几何来表述这无穷多的运动轨迹。

没有人会相信被一端固定的钢钎约束的质点运动，是由于钢钎的几何约束把平直的三维空间压成了弯曲的球面。质点在中心引力场中的二维平面运动，可以用广义坐标 q_{xy} 的方程 (23) 所描述的位势曲面 (位形空间) 的几何来表述，此处的二维曲面坐标 q_{xy}，其下标是平面坐标 (x, y)，似乎可以认为是被弯曲的二维平面空间。但是，如图 1 所示，只有在三维空间里才能表示出一个二维曲面 q_{xy} 的形状，因为广义坐标 q_{xy} 是质点在引力场中的标量势 $\phi(x, y)$，并不只是表述质点的位置 (x, y)。曲面坐标 q_{xy} 具有能量的量纲，而不是位置空间坐标的长度量纲；物理方程两边的量纲应当一致，具有能量量纲的位势曲面不能混同为位置空间。

相对论电磁场和相对论引力场的位势除标量势外，还存在矢量势，其位形空间就更加复杂。经典动力学和相对论动力学中的“弯曲空间”都是弯曲位形空间的简称，这里的“空间”是物理参数空间，被物理力场弯曲的是描述系统力学状态的广义坐标，并不是背景时空构架的时间和空间；相对论动力学与经典动力学一样，不存在所谓的“弯曲时空”[②]。在分析力学中，对于同一个引力场，初始条件不同的质点运动轨道是不同的位形空间里 (不同的位势超曲面上) 的短程线。所以，一个弯曲位形空间的几何不仅取决于引力场，还被产生运动的其他物理条件及运动遵循的物理定律 (动力学方程、守恒律) 所决定，不存在一个单一的“弯曲空间”可以表述一个特定引力场中质点的运动。如果太阳系里只有一个地球在绕日运动，则“空间弯曲致动说”还勉强可以像历史上托勒密“地心说”那样作为一个等价的描述模型存在。但是，要构造出一个“弯曲空间”来同时描述 8 个行星及其卫星、无数小行星以及其他小天体的运动是不可能的。

---

① 为什么在 xy 平面引力场中的二维运动问题，其位形空间却是三维的？因为广义坐标 q_{xy} 并不等同于位置坐标，位置坐标 (x, y) 只是广义坐标 q_{xy} 的下标量，广义坐标 q_{xy} 描述的是在 (x, y) 点引力势的大小。所以，表述 xy 平面上二维运动的位形空间，除了二维坐标 (x, y) 之外，还必须增加一个量纲为能量的引力势维度。

② 本节关于不能将弯曲位形空间混同于背景时空的论述同样也适用于广义相对论。我们将在 §2.1.2 讨论广义相对论对弯曲空间线元的定义中存在着将 $\mathrm{d}q_i\mathrm{d}q_j$ 混同为 $\mathrm{d}x_i\mathrm{d}x_j$ 的问题。

1.1.6 分析力学的广义协变性

分析力学的最小作用量原理 (16) 和拉格朗日方程 (17) 在任何惯性系中都成立，在伽利略变换下不变；而且，由于广义力还可以包含惯性力，它们对于惯性系和非惯性系也都相同。所以，分析力学公式可以对任意坐标变换都是协变的，正如福克 (Fock V A) [5] 和温伯格 (Weinberg S) [6] 所述：经典力学也可以有“广义相对性”。

通过引入广义坐标和位形空间，经典力学也可以“几何化”：平直背景时空中的动力学转化为弯曲位形空间的几何学。从式 (23) 可以看出，引力场中一个检验质点的位形空间构形就是引力势的构形，在质点的引力质量等同于惯性质量 (等效原理) 的条件下，位形空间 (引力势场) 将完全确定检验质点的运动，即引力场方程完全决定了质点运动方程。

但是，位形空间不能混同于背景时空。平直的空间参照系是确定所有物理客体位置的共同标架；而位形空间弯曲的几何构形则是由特定物理条件 (相互作用、初始条件、约束力、惯性力) 和物理规律 (守恒律) 构造出的结果，被弯曲的不是背景时空坐标，而是广义坐标 (外力势场)。一个位形空间是为一个特定的有限系统构建的，也只适用于这个特定的系统。在这个意义上，位形空间是局域性的。牛顿引入的全域平直空间是所有力学系统和动力学过程的共同背景，局域的弯曲位形空间无法取代它。

牛顿力学的伽利略协变性是力学普遍规律的客观性：在不同的惯性参照系中表述力学普遍规律的方程形式不变。分析力学的广义协变性同力学规律的协变性无关，它只是表明一个保守系统的运动被该系统的物理条件——系统构成、约束条件、力学定律、边界条件和初始条件等所完全确定，与分析力学采用的参照系无关。

1.2 相 对 论

1.2.1 洛伦兹空间

洛伦兹协变性 经典力学系统的约束作用于质点，不改变背景时空。电磁相互作用以有限的光速传播，有限时段中一个系统的电磁现象只能涉及有限的空间范围：电磁学是局域的物理学。局域系统中时钟的同步、时间的测定和空间位置 (长度) 的测量都依赖于光的传播规律。在任意一个惯性系中的真空光速恒为 c 这一实验观测结果，是直接作用于一个 (基于光速所测定的) 局域时空结构的物理约束 (运动约束)。绝对时间和线元 (7) 的三维欧氏空间，或者线元 (11) 的伽利略空间，构成了经典力学的时空框架；而恒定光速约束下局域相对论时空为四维闵可

夫斯基空间，或洛伦兹空间。令 $x_0 \equiv ct$，四维洛伦兹空间坐标记作

$$(x_0, x_1, x_2, x_3) = (ct, \boldsymbol{x})$$

则洛伦兹空间度规为

$$\eta_{\mu\nu} = \begin{pmatrix} 1 & 0 & 0 & 0 \\ 0 & -1 & 0 & 0 \\ 0 & 0 & -1 & 0 \\ 0 & 0 & 0 & -1 \end{pmatrix} \tag{24}$$

线元为

$$\mathrm{d}s^2 = \sum_{\mu,\nu=0}^{3} \eta_{\mu\nu} \mathrm{d}x_\mu \mathrm{d}x_\nu \tag{25}$$

若惯性坐标系 S' 相对于惯性坐标系 S 沿 $\boldsymbol{x}_1$ 方向以速度 v 匀速运动，则洛伦兹空间坐标在两坐标系间的转换服从洛伦兹变换

$$\begin{aligned} x_1' &= \frac{x_1 - vt}{\sqrt{1 - v^2/c^2}} \quad x_2' = x_2 \quad x_3' = x_3 \\ t' &= \frac{t - vx_1/c^2}{\sqrt{1 - v^2/c^2}} \end{aligned} \tag{26}$$

线元 (25) 是洛伦兹变换的不变量。局域物理过程具有洛伦兹协变性：表述局域物理规律的微分方程在洛伦兹变换下不变。

洛伦兹空间是位形空间　如果把时空视为一个力学系统，遵从洛伦兹变换的四维洛伦兹空间坐标 $(ct, \boldsymbol{x})$ 就是在光速不变的物理约束下，一个力学系统的广义坐标；而洛伦兹空间或闵可夫斯基空间则是一个物理空间，一个四维位形空间。洛伦兹空间的时间分量 ct 具有长度量纲，而非时间量纲，也表明了它并非原始意义上的时间坐标，而是包含了光速 c 不变这一物理条件 (运动约束) 的广义坐标，洛伦兹空间是由广义坐标构成的位形空间。光速的有限性使得对应于任何动力学过程的洛伦兹空间都是有限的局域空间——任何时刻狭义相对论时空图上的类时间隔区域都是一个有限区域。与通常弯曲的位形空间不同，具有度规 (24) 的洛伦兹空间是平直的，除光速恒定外，平直的洛伦兹空间并不包含更多的物理内容；而且，基于不变光速测得的时间 t 或者长度 ct，可以用来标示局域内物理事件的顺序。所以，在确定局域系统运动时，洛伦兹空间可以用作时空背景，从而被称为“洛伦兹时空”。但是，不能忘记“洛伦兹时空”实为位形空间，它只能作为一个特定局域系统的背景时空。

经典时空观被颠覆了吗？ 描述物理学普遍规律的微分方程，应当对于任何惯性系的任何一个时空点都成立，因此必须使用均匀的背景时空参照系，并且在参照系间 (线性) 坐标变换下保持不变。经典力学的伽利略空间及伽利略变换，以及狭义相对论的洛伦兹空间及洛伦兹变换，都能满足上述要求。洛伦兹协变性得到实验观测结果的支持，是否意味着必须否定伽利略协变性和放弃经典时空？

爱因斯坦 [7] 认为

> 为了使狭义相对性原理同光速不变原理相一致，必须放弃存在绝对的 (符合于一切惯性系的) 时间的假设。…… 赋予每一个惯性系以它自己的时间；惯性系的运动状态和它的时间应当 …… 以满足光速不变原理的方式来确定。…… 对于任何一个惯性系，时间是用相对于这个惯性系为静止的和同样构造的钟来量度的。

这里所说的“时间”是构成一个局域系统四维洛伦兹空间的时间分量 (洛伦兹时间)。被有限光速限制的一个局域物理过程，利用光传播测定的局域洛伦兹时间只适用于一个特定惯性系中一个特定的局域系统，确实不是一个独立于空间坐标的绝对时间。爱因斯坦的论断“必须放弃存在绝对的 (符合于一切惯性系的) 时间的假设”，相当于声言：物理学只包含遵从狭义相对性原理的局域物理，而在包含多个局部区域的尺度上不存在任何动力学过程。

星系团是宇宙中最大的自引力束缚系统，星系相对于星系团质心的运动可以用满足狭义相对论的动力学描述，其中的时间坐标需要按照爱因斯坦的建议用相对于星系团质心静止的时钟来测定。但宇宙中存在着很多彼此分离的星系团，星系团之间不存在通过局域引力及电磁作用的力学联系。在超过星系团的更大尺度上的宇宙动力学过程——宇宙膨胀、大尺度扰动、热力学相变及临界现象等，显然不可能有洛伦兹协变性。在宇宙大尺度上，不能用任何一个星系团的时钟来度量宇宙动力学中的时间，必须放弃的是洛伦兹协变性。本书第 3 章“相对论宇宙学”中将论述：以局域相对性为基础的宇宙学模型，无法避免一系列根本性质的矛盾；第 4 章“均匀、各向同性和平直的宇宙”中将论述：作为一个力学系统的膨胀宇宙，存在着一个用物质密度来度量的绝对时间，而空间坐标只能是均匀欧氏空间中的位置坐标，宇宙构成一个经典的伽利略时空。宇宙中任何一个物理事件，都既有洛伦兹协变的局域时空坐标，又可以赋予伽利略协变的宇宙时空坐标，只不过二者是相对于不同系统用不同办法度量的。

在微观物理中，并存着相对论量子场论和非相对论量子场论。在相对论量子场论的基础上构建了基本粒子的标准模型，而凝聚态物理和核物理等多体量子理论需要用非相对论量子场论。

所以，不能说狭义相对性原理颠覆了伽利略时空，狭义相对性只是部分物理系统与物理过程所遵从的原理。

1.2.2 电磁场

对于真空介质的麦克斯韦电磁场方程组由四个微分方程构成：

$$\begin{aligned}
&\nabla\cdot\boldsymbol{E}=\rho/\epsilon_0 && \text{(库仑定律)}\\
&\nabla\cdot\boldsymbol{B}=0 && \text{(高斯定律)}\\
&\nabla\times\boldsymbol{E}=-\frac{\partial\boldsymbol{B}}{\partial t} && \text{(法拉第定律)}\\
&\nabla\times\boldsymbol{B}=\mu_0\left(\boldsymbol{j}+\epsilon_0\frac{\partial\boldsymbol{E}}{\partial t}\right) && \text{(麦克斯韦-安培定律)}
\end{aligned}\tag{27}$$

式中，$\boldsymbol{E}$、$\boldsymbol{B}$ 分别为电场和磁场强度；ρ 为电荷密度；$\boldsymbol{j}$ 为电流强度；ϵ_0 为真空介电常数；μ_0 为真空磁导率。

令式 (27) 中的电荷 $\rho=0$ 和电流 $\boldsymbol{j}=0$，得到真空中的电磁波方程 ([8] §46)

$$\begin{aligned}
&\nabla\cdot\boldsymbol{E}=0\\
&\nabla\cdot\boldsymbol{B}=0\\
&\nabla\times\boldsymbol{E}=-\frac{1}{c}\frac{\partial\boldsymbol{B}}{\partial t}\\
&\nabla\times\boldsymbol{B}=\frac{1}{c}\frac{\partial\boldsymbol{E}}{\partial t}
\end{aligned}\tag{28}$$

式中，电磁波传播速度

$$c=\frac{1}{\sqrt{\mu_0\epsilon_0}}\tag{29}$$

真空中电磁波的传播速度 (29) 取决于真空物理参量 μ_0 和 ϵ_0，而同坐标系的选择无关，以及方程 (27)、(28) 在洛伦兹变换 (26) 下不变，表明麦克斯韦电磁学理论满足狭义相对论的要求。事实上，正是描述电磁场的麦克斯韦方程推动了爱因斯坦创立狭义相对论。

麦克斯韦方程是在平直的洛伦兹空间中完全描述电磁现象的微分方程组，几乎所有对于电磁现象的研究都从麦克斯韦方程组出发。但是，电动力学也可以用分析力学的方法来建立和表述 [9,10]。

电磁场可以被视为无穷多自由度的连续弹性体，拉格朗日量 L(14) 为拉格朗日密度的积分，其中除标量势 ϕ 外，还包括矢量势 $\boldsymbol{A}$

$$\begin{aligned}
&\nabla\times\boldsymbol{A}=\boldsymbol{B}\\
&-\frac{\partial\boldsymbol{A}}{\partial t}-\nabla\phi=\boldsymbol{E}
\end{aligned}\tag{30}$$

势函数具有确定性的规范条件 (洛伦兹条件) 为

$$\nabla \cdot \boldsymbol{A} + \mu_0 \epsilon_0 \frac{\partial \phi}{\partial t} = 0 \tag{31}$$

用势函数表述的麦克斯韦方程为

$$\begin{aligned} \left(\nabla^2 - \frac{1}{c^2}\frac{\partial^2}{\partial t^2}\right)\phi &= -\frac{\rho}{\epsilon_0} \\ \left(\nabla^2 - \frac{1}{c^2}\frac{\partial^2}{\partial t^2}\right)\boldsymbol{A} &= -\mu_0 \boldsymbol{j} \end{aligned} \tag{32}$$

标量势 $\phi(t,\boldsymbol{x})$ 和三维空间矢量势 $\boldsymbol{A}(t,\boldsymbol{x})$ 构成电磁场的广义坐标，此处 $\boldsymbol{x}$ 为空间坐标。从最小作用量原理可以导出麦克斯韦方程组：用最小作用量原理确定电磁场的势函数 $\phi(t,\boldsymbol{x})$ 和 $\boldsymbol{A}$，再用式 (30) 导出洛伦兹空间里 $\boldsymbol{E}$ 和 $\boldsymbol{B}$ 的麦克斯韦方程组 (27)([10] §6.9, [11])。

所以，建立相对论电磁学需要三个条件：

[E1] 洛伦兹不变性

[E2] 平方反比的静电场 (标量势)

[E3] 磁场 (矢量势)

电磁学和力学一样存在着微分和积分两种理论表述方式：

微分形式的电磁理论，用平直度规 $(1,-1,-1,-1)$ 的洛伦兹空间 $(ct,\boldsymbol{x})$ 中对于电场 $\boldsymbol{E}(t,\boldsymbol{x})$ 和磁场 $\boldsymbol{B}(t,\boldsymbol{x})$ 的麦克斯韦方程组 (27) [或对于标量势 $\phi(t,\boldsymbol{x})$ 和矢量势 $\boldsymbol{A}(t,\boldsymbol{x})$ 的麦克斯韦方程组 (32)] 来描述电磁场；动态电磁场的演化由在初始条件下积分麦克斯韦方程组得到。

积分形式的电磁理论，用具有弯曲度规 $g_{\mu\nu}$ 的位形空间

$$\boldsymbol{q} = (q_t, \boldsymbol{q}_{\boldsymbol{x}}) = (\phi(t,\boldsymbol{x})/c, \boldsymbol{A}(t,\boldsymbol{x}))$$

来描述一个电磁系统；由最小作用量原理可以确定电磁场的势函数 ϕ 和 $\boldsymbol{A}$，再用式 (30) 可以导出洛伦兹空间里 $\boldsymbol{E}$ 和 $\boldsymbol{B}$ 的麦克斯韦方程组 (27) [10,11]；对于一个在特定电磁场中运动的荷电检验质点，可以构建无势位形空间，其短程线为质点路径。

在上述两种表述中，不能把背景时空 $(ct,\boldsymbol{x})$ 混同于度规 $g_{\mu\nu}$ 的弯曲位形空间 $\boldsymbol{q}$，不能说电磁作用把度规为 $(1,-1,-1,-1)$ 的时空变成了度规为 $g_{\mu\nu}$ 的“弯曲时空”。如图 2 所示：经典力学的背景空间是非局域的欧氏平直空间，描述势场中质点运动的位形空间是广义坐标为标量势的局域弯曲空间；相对论力学的背景时空是局域的四维洛伦兹平直空间，描述电磁现象 (电磁场、带电质点运动) 的位形空间是广义坐标为标量势和矢量势的局域弯曲空间。无论是经典力学还是相对论力

学，背景空间都是平直的，弯曲的都是位形空间 (位势空间)。同经典引力场弯曲的位势空间不能替代平直的背景空间一样，虽然电动力学也可以用最小作用量原理在弯曲的位形空间中表述，但位势空间也不能替代电磁规律在其中测量、麦克斯韦方程在其中表述、作为局域时空标架的洛伦兹空间 $(ct,\boldsymbol{x})$；没有人会根据相对论电动力学的位势空间 $(\phi/c,\boldsymbol{A})$ 是弯曲的黎曼空间就声称“时空被电荷弯曲”。

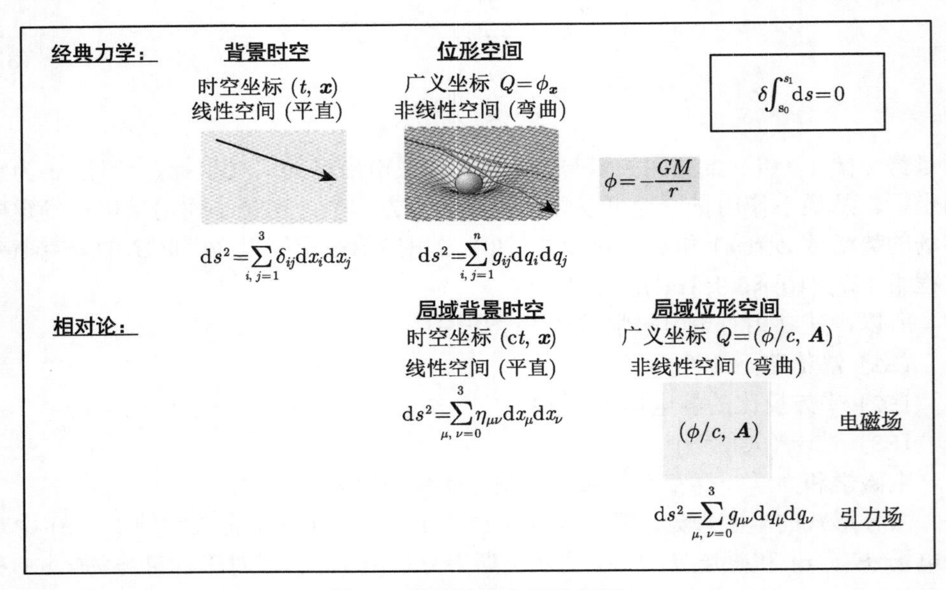

图 2　背景时空和位形空间

1.2.3　如果电荷只有一种符号

狭义相对论来源于电磁学理论——麦克斯韦方程组。用一个电中性电流的思想实验可以证明，除了静电场的库仑定律 (平方反比定律) 外，需要且仅需要存在正、负两种电荷，就可以建立相对论电磁学方程：首先，用反向运动的等密度正、负电荷构建一个具有电流密度 $\boldsymbol{j}$，但电荷密度 $\rho=0$ 的电中性电流；电中性电流对于电流外面的一个平行于电流运动的电荷 q 不会产生静电作用，只有电流中电荷的运动效应能够影响电流外电荷 q 的运动；最后，用系统 $\rho,\boldsymbol{j},q$ 在实验室系和电荷 q 静止系间的洛伦兹变换以及库仑定律可以导出，电荷 q 与电流 $\boldsymbol{j}$ 间必然存在磁相互作用 (见 [12] Schwartz M §3-4: There Must Be a “Magnetic Field”! —The Requirement of Lorentz Invariance Implies a Vector Potential)。

因此，建立相对论电磁学的条件还可以写为：

[E1] 洛伦兹不变性

[E2] 平方反比的静电场 (标量势)

[E3]′ 存在正负两种电荷 (电中性电流)

反之，如果宇宙中只存在一种符号的电荷，就建立不了满足狭义相对论的麦克斯韦方程组；不存在电中性的原子和分子，也就不可能存在稳定的宏观系统，就没有电磁波和黑体辐射，没有力平衡和热平衡，无须也无法建立动力学和热力学，这就从根本上破坏了局域物理学。所以，只需要平方反比律和洛伦兹不变两个条件，就可以导出麦克斯韦方程，而存在两种电荷符号是存在均匀各向同性的惯性宇宙空间的物理条件。

设想另一种情况：两种电荷虽然都存在，但负电荷因极其微弱而尚未被发现；已知库仑定律，但不知道运动电荷的磁效应；已发现电力在真空中的传播速度与电荷的运动无关。这种情况下相对论电磁学的历史会颠倒过来：同爱因斯坦一样聪明的学者会建立电力势场的张量方程——在电荷静止时能回到标量势场的二阶偏微分方程；由于不知道磁场和矢量势，不知道公式 (30)，只得将张量方程中每一个时空点上的电力势度规及其一阶二阶微分都取作待定变量；该张量方程只能对高度对称的场有解，只是因为解中有一项可以解释观测到的对于库仑定律的偏离，因而被奉为电理论的终极表述；虽然随着负电荷、运动电荷的磁效应及电磁波的发现，平直时空中的麦克斯韦方程最终被建立起来，但学者们却很可能会认为它只不过是张量理论的线性近似而已。

第 2 章　相对论引力

2.1　弯曲空间引力场方程

2.1.1　数学方案

在麦克斯韦方程组建立之前，通过大量实验测量已经得到了一系列关于电磁现象的规律：静电场、静磁场的库仑定律和高斯定律，运动电荷产生磁场的毕奥-萨伐尔定律和安培定律，以及法拉第电磁感应定律等。麦克斯韦系统地归纳了这些规律，并为了理论的完整性提出变化电场也能产生磁场的假设，在方程组 (27) 中安培定律方程右侧加入“位移电流” $\partial \boldsymbol{E}/\partial t$ 项，从而建立了完整描述电磁场动力学过程的微分方程组。

如果只有静止电荷的库仑定律，不知道磁场的存在，更没有运动电荷磁效应以及电磁感应现象的任何概念，麦克斯韦还能得到他的方程组吗？而这正是爱因斯坦寻求建立相对论引力场方程时的处境。爱因斯坦曾按照他的“物理方案”寻求在引力场性质和能量-动量守恒定律的物理要求基础上导出满足狭义相对论的场方程，但是没有成功 [13]。缺乏对平直闵可夫斯基空间中引力场性质的了解，即只有对于静止质量的牛顿万有引力定律，而没有运动质量引力效应的任何知识，是建立洛伦兹不变引力理论的物理方案失败的根本原因。取得成功的是爱因斯坦的“数学方案”：直接寻求在弯曲位形空间中引力场度规张量 $g_{\mu\nu}$ 的方程。

基于下列物理条件：

[G1] 洛伦兹不变性

[G2] 平方反比的静引力场 (标量势)

[G3]* 等效原理：引力质量与惯性质量相等

爱因斯坦 [14] 于 1915 年底提出将弯曲位形空间度规 $g_{\mu\nu}$ 作为待求未知变量的广义相对论场方程

$$G_{\mu\nu} = -8\pi G\, T_{\mu\nu} \tag{33}$$

式中, $T_{\mu\nu}$ 为能量-动量张量；$G_{\mu\nu}$ 为爱因斯坦张量

$$G_{\mu\nu}(g_{\mu\nu}, \dot{g}_{\mu\nu}, \ddot{g}_{\mu\nu}) = R_{\mu\nu} - \frac{R}{2}\, g_{\mu\nu} \tag{34}$$

爱因斯坦张量中 $R_{\mu\nu}$ 是迹为 R 的里奇张量，而 $g_{\nu\mu} = g_{\mu\nu}$。

从 §1.2.2 可知，弯曲的电磁场位形空间 $(\phi/c, \boldsymbol{A})$ 由标量势 $\phi(t,\boldsymbol{x})$ 和矢量势 $\boldsymbol{A}(t,\boldsymbol{x})$ 构成。如果需要，电磁场位形空间度规 $g_{\mu\nu}$ 可以用平直的闵可夫斯基时空 $(ct,\boldsymbol{x})$ 里的相对论场方程 (麦克斯韦方程) 计算出来；对于引力场，平直时空 $(ct,\boldsymbol{x})$ 里的相对论场方程是未知的，而位于图 3 右下角的爱因斯坦场方程 (33) 表述的是位形空间中的引力场，场方程的自变量 $g_{\mu\nu}$ 是对以引力势为标架 (广义坐标) 的位形空间的描述，并不描述背景时空的结构。

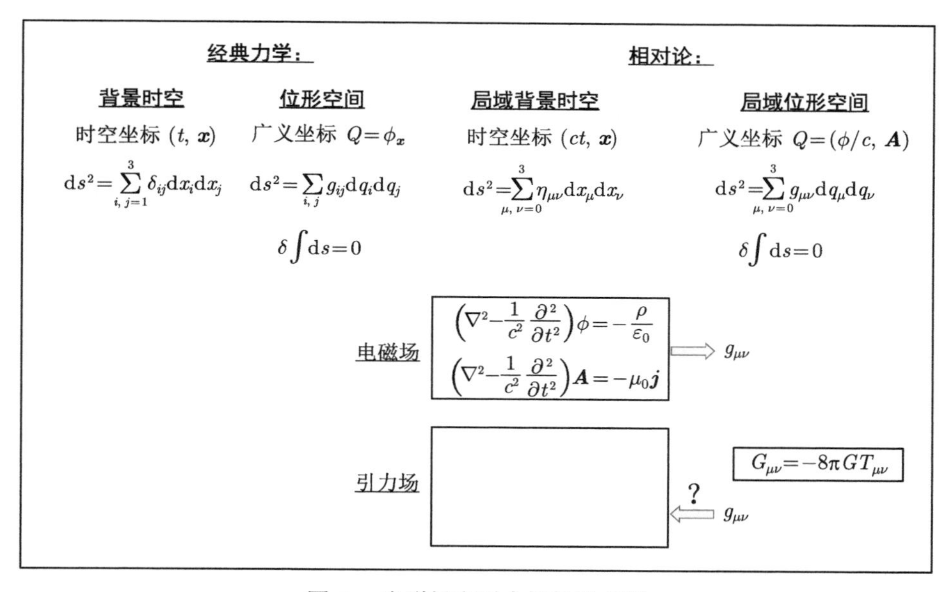

图 3 电磁场和引力场的场方程

2.1.2 等效原理与广义协变

如图 3 所示，无论经典力学还是狭义相对论，背景时空都是平直的 (度规 $\delta_{\mu\nu}$ 和 $\eta_{\mu\nu}$ 都是常数)，位形空间都是弯曲的 (度规 $g_{\mu\nu}$ 是时空位置的函数)。相对论电磁场可以用洛伦兹平直空间中的麦克斯韦方程组来表述，也可以用具有弯曲度规 $g_{\mu\nu}$ 的位形空间中的变分原理来表述 (§1.2.2)。爱因斯坦建立广义相对论的一个重要动机，就是把引力纳入狭义相对论的时空框架；他通过导出引力场度规 $g_{\mu\nu}$ 的场方程 (33) 来实现这一目标：引力位势可以同电磁场一样用弯曲的位形空间表述。

麦克斯韦方程是平直时空中电磁场规律的一个完整和准确的表述：方程组 (27) 既包含了电场，又包含了运动电荷的磁场；用势函数表述的方程组 (32) 既包含了静止电荷标量势，又包含了运动电荷矢量势。对于一个电荷系统，由麦克斯韦方程导出的具有弯曲度规 $g_{\mu\nu}$ 的位形空间也是对局域电磁现象的一个完整和准确的表述；我们可以从对电磁系统的弯曲位形空间描述推导出平直时空中的麦克斯韦方程。但是，对于一个局域引力系统，广义相对论场方程 $G_{\mu\nu} = -8\pi G T_{\mu\nu}$ 不包含对于运动质量引力场规律的准确表述，我们不可能由它导出完整和准确描述局域引力系统的相对论引力场方程。

如本书第 1 章所述，无论是经典的还是狭义相对论的力学，弯曲位形空间中的作用量，只是对于平直空间中系统运动的另一种表述方法而已，不能将一个力学系统的局域位形空间混同于背景时空。广义相对论有什么特殊的理由可以将引力理论等同于时空理论，从而声称“物质和运动使时空弯曲”?

引力与时空在广义相对论中被混淆的一个原因是爱因斯坦关于引力等价于惯性力的“等效原理”。等效原理源自引力质量同惯性质量相等。质量与惯性相等是一个实验观测事实，它对于引力场中的质点动力学是重要的：在这一条件下才能导出牛顿引力场方程 (4)；也只有在这一条件下，爱因斯坦引力场方程 (33) 才能完全决定质点的运动 [15]。但是，爱因斯坦通过自由下落密封舱的思想实验把质量与惯性的相等进一步引申为“等效原理”[16]：

> 物体在引力场中的行为好像在没有引力场中一样，只要 …… 用一个均匀加速的坐标系 (代替惯性系) 作为参照系。

如此表述的“等效原理”认为引力只是相对于一个加速参照系的表观的惯性力，而不是真实的物理作用。然而，没有任何加速参照系能够替代物质源产生的实际引力场。“等效原理”的准确表述应当是：“在无限小时空区域内自由下落的参照系与惯性系等价”。按照这一表述，同样无法构建能够在非无限小区域替代引力的参照系。在建立张量方程 (33) 的过程初期，“等效原理”对于爱因斯坦有重要的启发作用，但是它不能作为爱因斯坦场方程所表述的弯曲空间是作为时间-空间框架的“弯曲时空”而非“位形空间”的理由。

要求场方程对惯性系和非惯性系都成立的“广义相对性原理”(“广义协变原理”)，是广义相对论的另一个重要设定。在广义相对论已经成形的 20 世纪 30 年代，关于引力、空间和广义相对性，爱因斯坦 [17] 作过如下陈述：

> 对于空间的非无限小区域，假设有广义黎曼度规存在 …… 形式如下：
>
> $$\mathrm{d}s^2 = \sum_{\mu\nu} g_{\mu\nu} \mathrm{d}x_\mu \mathrm{d}x_\nu$$
>
> …… 系数 $g_{\mu\nu}$ 暂时是坐标 x_1 到 x_4 的任何一个函数 …… 只有规定了那些为 $g_{\mu\nu}$ 的度规场所满足的定律，空间的结构才能比较严格地确定下来。根据物理上的理由，这就是假定：度规场同时也就是引力

> 场。既然引力场是由物体的组态来确定，并且随它而变化的，那么这种空间的几何结构也该取决于物理的因素。…… 空间不再是绝对的了；它的结构取决于物理的影响。…… 引力问题就归结为这样一个数学问题：要找出最简单的基本方程，这些方程对于任何坐标变换都是协变的。

在以上论述中，直接把描述非无限小区域引力场的黎曼度规 $g_{\mu\nu}$ 的存在性作为基本假设，不再提及仅适用于无限小区域的引力与时空参照系的“等效原理”。爱因斯坦接着申明：$g_{\mu\nu}$ 是时空坐标的任意函数，它们由物理定律确定，而表述度规场的方程应满足广义协变要求，与时空坐标无关。这样的论述似乎可以避免对于一个非无限小区域，如何把无穷多个不同取向的参照系整合成单一参照系的困难，但是却存在另一个要害问题，即如何保证满足所谓的“广义协变性”要求的度规是时空度规，而不是非时空的其他物理参量空间的度规？

建立广义相对论的第一篇完整论文 [18] 的出发点是“等效原理”和“广义相对性假设”，但爱因斯坦在该文中已经明确表述 $g_{\mu\nu}$ 不取决于局域坐标系，而是相对于一个选定的参照系来描述引力场的量，在这个参照系中引力场中的质点自由运动。在爱因斯坦的推演中，还使用了分析力学系统在无势位形空间中的最短路径原理 (22)。几乎同时，希尔伯特 [19] 用分析力学的变分原理成功地推导出了引力场方程；随后，爱因斯坦“哈密顿原理和广义相对论”[20] 一文也从分析力学原理出发导出了引力场方程 (33)。

分析力学的基本方法就是用标架为广义坐标、具有黎曼度规 $g_{\mu\nu}$ 的位形空间表述一个物理约束下的力学系统。因此，爱因斯坦关于存在引力场度规 $g_{\mu\nu}$ 的假设相当于认定分析力学方法适用于描述引力场。爱因斯坦对 $g_{\mu\nu}$ 的数值没有作任何限制，可以是坐标的任何函数，即选取黎曼度规的最宽泛的形式，它的存在性或分析力学的适用性就更不会成为问题。而且，在分析力学的表述形式下，一个有限系统位形空间里的力学状态与背景空间坐标无关 (§1.1.5)，自然地满足了所谓的“广义协变性”。分析力学公式的“协变性”来源于：在物理条件约束下的位形空间里，用广义坐标表述的系统运动同该系统在背景位置空间的整体移动无关。所以，爱因斯坦场方程 (33) 能够具有所谓的“广义协变性”，只不过是分析力学表述的一个优点，而同引力与加速参照系的等价性无关；不能依据所谓的“广义相对性”就把描述引力的度规场 $g_{\mu\nu}$ 等同于背景时空参照系。

很明显，广义相对论度规 $g_{\mu\nu}$ 所描述的弯曲空间既不是非局域背景时空，也不是局域洛伦兹空间，而是由分析力学的广义坐标所构建的局域位形空间：线元 $\mathrm{d}s^2=\sum g_{\mu\nu}\mathrm{d}q_\mu\mathrm{d}q_\nu$ 描述的是广义坐标 (引力势) $\boldsymbol{q}$ 构成的弯曲位形空间 (四维位势空间)，而不是局域背景时空 $(ct,\boldsymbol{x})$。

在爱因斯坦的论著中，很多地方的“空间”或“时空”应当解读为“位形空间”；“坐标”有时指时空坐标，有时指广义坐标，需要小心区别。以上面引用的这段文字为例：

“对于空间的非无限小区域, 假设有广义黎曼度规存在 …… 形式如下：

$$\mathrm{d}s^2 = \sum_{\mu\nu} g_{\mu\nu}\mathrm{d}x_\mu \mathrm{d}x_\nu\text{”}$$

——黎曼度规是位形空间的度规，这句引文里的“空间”应当是“位形空间”。作者并没有指明此处的“空间”就是该度规所描写的空间，所以也可以是标注事件时空位置的“空间”。但是黎曼度规构成的线元 $\mathrm{d}s^2$ 是位形空间的线元，线元公式右侧的微分应当是广义坐标 $\boldsymbol{q}$ 的微分，而不是时空坐标 $(t, \boldsymbol{x})$ 的微分。位形空间线元应表示为

$$\mathrm{d}s^2 = \sum_{\mu\nu} g_{\mu\nu}\mathrm{d}q_\mu \mathrm{d}q_\nu$$

在非完整的运动约束情况下时空坐标可以是广义坐标的下标，广义坐标可以和时空坐标对应, 这是“位形空间”容易同“背景时空”混淆的一个原因。参照 §1.1.4 对于经典引力场的弯曲位形空间的分析①，要描述实际被测量到的质点在时空中的运动，应当用最短路径原理和位形空间的线元

$$\mathrm{d}s^2 = \sum_{\mu\nu} g_{\mu\nu}\mathrm{d}q_\mu \mathrm{d}q_\nu$$

求出质点在弯曲的位形空间 $\boldsymbol{q}$ 里的路径，再将其投影到平直的洛伦兹背景空间 $(t, \boldsymbol{x})$。爱因斯坦在这里和在别的不少地方，混淆了“背景时空”与“位形空间”。

“系数 $g_{\mu\nu}$ 暂时是坐标 x_1 到 x_4 的任何一个函数 …… 只有规定了那些为 $g_{\mu\nu}$ 的度规场所满足的定律，空间的结构才能比较严格地确定下来”——这个句子里的“坐标”显然应当是洛伦兹空间坐标，而后面所谓“空间的结构”则应当是“位形空间的结构”。

“既然引力场是由物体的组态来确定，并且随它而变化的，那么这种空间的几何结构也该取决于物理的因素。…… 空间不再是绝对的了；它的结构取决于物理的影响”——前面一句里的“这种空间”指的是由物体组态确定的引力场的位势空间，即“位形空间”。后面一句里取决于物理影响的“空间”显然也是位形空间。但是，分析力学里所有的位形空间都不是由时空坐标构成的“空间”，没有任何人说过位形空间是绝对的。而爱因斯坦在“空间不再是绝对的”这句话里

① 广义相对论的引力场在场源静止时即为经典力学中的静止引力场，则广义相对论的“弯曲时空”也应对应于经典力学的时间和如图 1 所示的弯曲的势空间。

的“空间”指的却是背景时空，他混淆了作为时空标架的“空间”和引力势标架的“位形空间”。

广义相对论是描述引力势场的局域引力理论，其场方程所描述的弯曲的位形空间与分析力学中其他种种位形空间一样，并不是物理事件的背景时空。背景时空为各种事件提供确定其时间和空间位置的标架。迄今物理学只有两类时空：伽利略空间——非局域的绝对时间 + 平直欧氏空间，以及洛伦兹空间——被作为局域背景时空的平直闵可夫斯基空间。时空不能决定物质如何运动。决定物质运动的是物理条件和物理定律，这些物理条件和物理定律 (几何约束、运动约束、位势分布、能量-动量守恒) 决定一个动力学系统弯曲的位形空间，由变分原理可以从位形空间的几何构形导出系统的运动。不存在所谓的“弯曲时空”；广义相对论著作中的“弯曲时空”应当改为“弯曲的位形空间”，或简称为“弯曲空间”，但这里的“空间”指的是物理参量 (广义坐标) 构成的空间，而不是时空。对广义相对论的著名解说

“物质告诉时空如何弯曲，时空告诉物质如何运动。”

应当被解读为：

物质告诉**位形空间**如何弯曲，**位形空间**告诉物质如何运动。

或者

物质决定**势场**的时空分布，**位势和守恒律**决定物质如何运动。

引力只是物质间相互作用力的一种。引力场与“时空”(包括全域背景时空和局域背景时空) 的关系跟电磁场与“时空”的关系一样。对于物理学普遍规律的表述，不需要也不存在比狭义相对性更广义的“广义相对性”。作为局域引力理论的广义相对论并非时空理论，不能像狭义相对论那样成为所有局域物理理论的基础，更不可能成为非局域的宇宙动力学的基础 [21]。

2.2 相对论引力的局域背景时空和位形空间

2.2.1 时空坐标与广义坐标

曹天予 [22] 在《20 世纪场论的概念发展》一书 §4.1 中指出

> 广义相对论一个显著而神秘的特征是张量 $g_{\mu\nu}$ 的双重功能，它一方面作为四维黎曼时空流形的度规张量，另一方面也作为引力场的一种表示。

无论多么复杂的引力势都可以用四维黎曼弯曲空间中有 10 个独立分量的二阶对称张量 $g_{\mu\nu}$ 来描述，对此并不存在疑问。但是，为什么 $g_{\mu\nu}$ 还可以作为时空坐标？这是一个对于相对论引力理论的基础框架至关重要的问题，在广义相对论经

典文献中却只有语焉不详、含糊其词的说明，甚至不加说明而直接被“假设”“设定”。

例如，为导出运动质量引力场的性质，爱因斯坦和格罗斯曼在《广义相对论和引力论纲要》[23] 一文中，引入“广义坐标变换”，把静止引力场的洛伦兹坐标系 $K(x,y,z,t)$ 变换到具有运动状态的新坐标系 $K'(x',y',z',t')$：

根据广义相对论，自由质点按照下列关系式而运动

$$\delta\left\{\int \mathrm{d}s\right\}=\delta\left\{\sqrt{-\mathrm{d}x^2-\mathrm{d}y^2-\mathrm{d}z^2+c^2\mathrm{d}t^2}\right\}=0 \qquad [a]$$

…… 借助于任意的变换

$$\begin{aligned} x'&=x'(x,y,z,t)\\ y'&=y'(x,y,z,t)\\ z'&=z'(x,y,z,t)\\ t'&=t'(x,y,z,t)\end{aligned} \qquad [b]$$

我们引进新的空间-时间坐标系 $K'(x',y',z',t')$。

如果在原来的参照系 K 中引力场是静止的，那么在这种变换的条件下，方程[a] 转换为如下的形式：

$$\delta\left\{\int \mathrm{d}s'\right\}=0 \qquad [c]$$

并且

$$\mathrm{d}s'^2=g_{11}\mathrm{d}x'^2+g_{22}\mathrm{d}y'^2+\cdots+2g_{12}\mathrm{d}x'\mathrm{d}y'+\cdots \qquad [d]$$

而量 $g_{\mu\nu}$ 是 x',y',z',t' 的函数。如果以 x,y,z,t 相应地代替 x',y',z',t'，并把 $\mathrm{d}s'$ 写成 $\mathrm{d}s$，那么相对于坐标系 K' 的质点运动方程取如下形式：

$$\delta\left\{\int \mathrm{d}s\right\}=0 \qquad [e]$$

并且

$$\mathrm{d}s^2=\sum_{\mu\nu}g_{\mu\nu}\mathrm{d}x_\mu\mathrm{d}x_\nu \qquad [f]$$ ①

在上面的论述中，爱因斯坦用分析力学中的最短路径原理 (文中的公式 [a], [c] 和 [e]) 代表物理规律。他用一个所谓的“广义坐标变换”[b]，将具有物理规律

① 引文中方程的编号是本书作者添加的。

[a] 的静止引力场的洛伦兹平直坐标系 K，转换为一个具有相同的物理规律 [e] 及度规 $g_{\mu\nu}$ 的弯曲时空 K' [f]。

上述推导的主要问题是：时空坐标系 K 的空时坐标 (x,y,z,t)，经过变换 [b] 后得到的新坐标 (x',y',z',t')，还是空间-时间坐标吗？新的坐标系 K' 还是空时坐标系吗？

从某点的空时坐标 (x,y,z,t) 通过一个任意的数学变换 [b] 可以得到一个新数组 (x',y',z',t')；一般地，x',y',z' 的量纲已不是长度，t' 的量纲也已不是时间，而可能是具有复杂量纲的“任意的”的物理量，怎么能说 x',y',z' 就是该点在某个新坐标系中的空间坐标，t' 就是时间坐标，而公式 [d] 定义的线元 $\mathrm{d}s'^2$ 就一定满足分析力学的最短路径原理？

分析力学位形空间的广义坐标 $\boldsymbol{q}$ 并不是质点在背景时空中的位置坐标，而是针对一个特定的系统，根据该系统的质点在背景时空坐标系中的位置 $\boldsymbol{x}$ 和速度 $\dot{\boldsymbol{x}}$ 所受到的约束条件 (12) 以及在平直的欧氏空间里的物理定律导出。我们不能任意地应用分析力学于“广义坐标变换”所导出的任意坐标系。如 §1.1.2 所述，遵从最短路径原理 (22) 的线元 (21) 是位形空间 $\boldsymbol{q}$ 的线元，不是背景时空 $\boldsymbol{x}$ 的线元；公式 (21) 右侧的坐标微分 $\mathrm{d}q_{_i}$ 和 $\mathrm{d}q_{_j}$ 是广义坐标 $q_{_i}$ 和 $q_{_j}$ 的微分，不是时空坐标 $x_{_i}$ 和 $x_{_j}$ 的微分。位形空间 $\boldsymbol{q}$ 的度规是由主动力为有势力、机械能守恒以及要求位形空间无势等物理条件决定的，它们不可能仅从时空位置坐标借助于形如式 [b] 的“任意的变换”导出。对于静止中心引力场中检验质点的运动问题 (§1.1.4)，广义坐标是标量势 $q_{_{xy}}=\phi(x,y)$。虽然空间位置坐标 x,y 是广义坐标 $q_{_{xy}}$ 的下标量，但广义坐标构成的坐标系并不是构成时空标架的空间位置坐标系。弯曲的位形空间描述的是物理力场的弯曲构形，并不是背景时空本身被弯曲了。用分析力学方法表述的相对论电动力学中，电磁场的位形空间 $(\phi/c,\boldsymbol{A})$ 也不可能从洛伦兹空间坐标系 $(ct,\boldsymbol{x})$ 借助“广义坐标变换”导出，而只能根据电磁场在平直的洛伦兹空间里的物理规律 (麦克斯韦方程) 构建 (见 §1.2.2)。与经典力学一样，洛伦兹空间坐标是电磁场位形空间坐标的下标，电磁场的位形空间是弯曲的，但平直的闵可夫斯基空间并没有被电磁场所弯曲。

在阅读广义相对论著作时，除了“弯曲空间”或“弯曲时空”中的“空间”或“时空”应无例外地被解读为“位形空间”之外，对于“空间坐标”或“时空坐标”中的“空间”或“时空”，以及更大量单独出现的“空间”或“时空”用词，都需要小心地甄别它们指的究竟是“背景时空”还是“位形空间”。

2.2.2 动力学的两种表述方式

力学系统的动力学有两种表述方式：微分方式和积分方式。动力学表述的微分方式用运动方程——惯性坐标系里每个质点的空间位置坐标 $\boldsymbol{x}$ 对于时间的二阶微分方程来描述质点在外力作用下的运动。质点运动路径是在平直的背景时空——牛顿力学是绝对时间 + 欧氏空间，相对论力学是闵氏时空 (洛伦兹空间) 中的一条曲线，不受外力的自由质点运动路径是直线。动力学表述的积分方式是分析力学：力学系统的状态被广义坐标和广义速度确定；在以广义坐标 $\boldsymbol{q}$ 为标架的弯曲的位形空间里，两点间系统的变化路径为测地线。对于一个特定的力学系统，广义坐标是被系统的物理条件 (系统的约束条件和所遵从的物理定律) 所决定的：特定的物理条件决定了位形空间特定的对称性以及其中的测地线路径。

欧氏/闵氏几何及黎曼几何分别是用微分方式或积分方式表述动力学的数学工具。物理学的基础是实验观测；对物理客体的位置、作用力和运动变化的实际测量都是在平直的背景时空 (经典力学的绝对时间和欧氏空间或相对论的洛伦兹空间) 中进行的。平直时空中的非均匀、非各向同性现象——如作用力的非线性、运动轨迹的弯曲等是各种物理条件 (约束条件、相互作用、物理定律) 和物理过程的结果。微分运动方程或场方程是由分析实验结果得出的平直时空中动力学过程的普遍规律。在解决具体的动力学问题时，可以利用对运动方程积分所导出的能量-动量守恒定律，而不去直接求解微分运动方程。分析力学的积分方式更利用微分几何工具，将一个特定力学系统的具体的物理条件数学地转化为位形空间中一个超曲面的几何位形，从而把平直时空里的物理学转化为曲面的几何学。关于高斯和黎曼的曲面几何思想，克莱因 (Kline M) 作过如下的说明 ([24] §37.2)：

> 曲面的几何可以集中在曲面本身上进行研究 …… 曲面本身可以看成是一个空间，因为它的全部性质被 $\mathrm{d}s^2$ 所确定。人们可以忘掉曲面是在位于一个三维 (欧氏) 空间中的这个事实。假如把曲面本身看成是一个空间，那么它具有哪一种几何呢？如果把测地线当成曲面上的“直线”，则几何是非欧几里得的。…… 这个几何对于曲面是内蕴的，而与周围的空间没有关系。

分析力学的位形空间就是在平直背景时空中的一个高斯-黎曼曲面，一个特定系统的物理条件决定了它的广义坐标、广义速度和广义力，线元表述的曲面内蕴几何 (局域系统内的物理) 与该系统整体在背景时空中的位置和运动没有关系，与曲线坐标的选取也没有关系，所以用黎曼几何表述的系统动力学规律总是“广义协变”[①]的。换言之，用广义坐标架构中的曲面线元及变分原理所表述的动力学，其广义协变性源自高斯-黎曼曲面的几何内蕴性，而同引力质量与惯性质量的“等效原理”或引力场与加速坐标系的“等效原理”无关。

① “广义协变”是一个局域物理系统的普遍性质。一个孤立晶体内的物理现象，与晶体在背景位置空间中的位置及晶体整体运动没有关系，与描述晶体中的晶格结构和振动所选用的坐标系也没有关系。

2.2.3 黎曼如何认识弯曲空间

在缺乏平直时空引力场知识的情况下，爱因斯坦用黎曼几何在位形空间中建立了广义相对论引力场方程。复杂的广义相对论引力场方程提供了可能性去解释牛顿理论解释不了的引力现象——如水星近日点的进动，在部分物理学者中造成了一个假象，似乎引力系统位形空间的广义坐标是被弯曲了的背景时空坐标；似乎引力并非真实的物理作用力，而是弯曲时空的效应。在流行的相对论引力理论中，引力不同于其他各种相互作用，其位形空间的几何不是被时空中的物理条件和物理过程决定的，而是反过来，引力物理是被时空几何决定的。

克莱因《古今数学思想》[24] 的第 36 章和第 37 章考察了 19 世纪非欧几何和微分几何的发展。非欧几何使数学家对于数学与物质世界关系的观点发生了根本的转变：即便是对于表述空间整体性质的几何，欧几里得几何或非欧几何，其公理的真理性也源于经验性的物理学或天文学。黎曼发展了对于一个由 n 个参数 $q_1,\cdots,q_n$① 构成的 n 维局部空间——n 维流形 (manifold) 的内蕴几何，其线元

$$\mathrm{d}s^2=\sum_{\mu,\nu=1}^{n}g_{\mu\nu}\mathrm{d}q_\mu\mathrm{d}q_\nu$$

其中，度规 $g_{\mu\nu}$ 是 n 个可变参数 (流形的坐标)$q_1,\cdots,q_n$ 的函数。用逐点可变的度规构成的线元可以描写几乎任何连续的流形结构。黎曼指出：

> 因为物理空间是一种特殊的流形，其空间几何不能只是从流形的一般概念推出来。把物理空间同其他三维流形区别开来的那些性质，只能从经验得到。

黎曼的结论是：

> 所以，或者作为空间基础的客体必须形成一个离散的流形，或者在作用于它上面的约束力之下，我们应当从它的外部寻找其度规关系的根据…… 这就把我们引到另一门科学——物理学的领域。

黎曼说得很清楚：物理空间的几何，即弯曲空间的度规关系，是被作用力决定的，是被物理决定的，而不是相反。黎曼弯曲空间的线元是几何量，它决定了空间的内蕴几何性质，与坐标系的选择无关 (几何量的内蕴性)；线元也是相应的物理不变量 (广义协变：物理流形的不变性) [25]。换言之，对于用来表述一个系统的物理过程的黎曼弯曲空间，选用什么样的物理参数 (广义坐标)$q_1,\cdots,q_n$ 作为

① 为了更清楚地表明黎曼几何不限于由空间位置坐标构成的三维空间，或由时空坐标构成的四维空间，本文将原文中的 $x_1,\cdots,x_n$ 改写为 $q_1,\cdots,q_n$。

线元的可变参数 (几何流形的坐标)，以及线元有什么样的度规 $g_{\mu\nu}$，都是被物理决定的。

将黎曼的论述应用于广义相对论：爱因斯坦方程 (33) 的引力场度规 $g_{\mu\nu}$ 不是时空几何决定的，而是由特定系统的物理条件 (约束条件、质量和速度分布的初始条件) 以及引力物理的经验规律决定的。广义相对论引力场方程中的度规，描述的是引力位势的时空分布，即黎曼所说的“物理空间”。引力度规场，或相应的黎曼物理空间，并不是物理事件的背景时空，时空只是引力势 (度规) 场的下标量。但是，爱因斯坦将引力度规场混同于时空本身，而观测支持了广义相对论场方程的狭义相对论基础 (光线弯曲) 以及复杂的张量场方程所可能包含的类磁引力 (水星进动)，使得物理学家们广泛地接受了时空几何决定物理规律的观点，从而形成了一个奇怪的局面：创建微分几何的数学家清醒地认识到了物理空间的度规结构取决于约束力，取决于物理；而众多物理学家却反过来主张物理过程是被空间几何决定的，欢呼麻烦的作用力终于可以被清除出物理学！

2.3　物理与几何

2.3.1　两种协变性

对于所有的惯性参照系，牛顿力学的动力学方程在伽利略变换下不变，麦克斯韦电磁场方程和狭义相对论的质点动力学方程在洛伦兹变换下不变。爱因斯坦认为宇宙中力场无处不在，不可能存在惯性参照系，因此必须摒弃任何优越坐标系，并提出了他的“广义相对性原理”[18]：

> 普遍的自然规律是由那些对一切坐标系都有效的方程来表示的，也就是说，它们对于无论哪种变换都是协变的 (广义协变)。

“广义相对性原理”受到过一些相对论专家的质疑。例如，20 世纪中叶，福克在《空间、时间和引力的理论》一书中 ([5]“引论”) 批评了爱因斯坦的观点：

> 优越坐标系是否存在的问题，引力理论的创始者爱因斯坦和我们的观点不同，他在所有情况下否认这种坐标系的存在，…… 其所以如此是因为他对用来研究空间性质且作为黎曼几何基础的局部方法评价过高，而对研究整个空间的重要性却又估计不足。

对于优越坐标系是否存在的问题，福克指出：

> 伽利略空间具有最大限度均匀性。…… 假定空间在无穷远处是均匀的 (在洛伦兹变换的意义下)，是一种最简单同时也是最重要的情况。在

> 这种情况下，因质量而引起的非均匀性具有局部的性质；质量及其引力场仿佛浸沉在无限大的伽利略空间中。…… 在伽利略空间中，通常的笛卡儿坐标和时间就是优越的，这些变量的集合称为伽利略坐标，其所以有优越地位是因为在这些坐标中表示空间均匀性的洛伦兹变换是线性的①。

福克还进而论证了 (见 [5] §49“对于相对性原理和方程协变性的理解”)：

> 作为物理原理的广义相对性原理对任意计算系都适用是不可能的。

“相对性原理”要求表述力学普遍规律的方程，其数学形式与惯性坐标系无关，惯性坐标系对于表述力学定律是等价 (平权) 的。为什么对任意参照系都适用的“广义相对性原理”是不可能的？首先，需要满足相对性原理的只是力学的普遍性规律，而一个特定质点的运动过程，或一个系统状态随时间的变化过程，同相对性原理无关。不随时间和空间位置改变的普遍规律必须在线性的均匀时空参照系中表述；用具有局部结构的曲线坐标系描述的对象随时空点而变化，不会是力学的普遍规律，不是相对性原理关注的对象。其次，在加速运动的非惯性参照系中，动力学方程同参照系的运动有关，同过程的初始条件、边界条件及其他物理条件有关，不可能满足相对性原理。再者，表述力学定律的两个参照系时空坐标间的变换必须是线性的，否则不能保证两个参照系都具有表述普遍规律所必要的均匀性。因此，时空坐标系的均匀性与时空变换的线性是物理规律能够满足相对性原理的前提条件。相对性原理要求时空坐标系只能在伽利略空间或洛伦兹空间里构建，任何曲线坐标系都不能作为时空参照系。

例如，在牛顿力学中，以微分形式表述质点速度变化与外力关系的牛顿第二定律公式 (1) 是一个普遍规律，它适用于任意位置上以任意速度运动的质点，不随质点的运动而改变。牛顿第二定律满足相对性原理，惯性系中第二定律的方程形式在伽利略变换下不变。但是，对于一个特定的质点，需要从质点的初始位置坐标和初始速度的数值及方向开始，积分第二定律的微分方程，才能求得其运动路径。与在均匀空间中用微分形式表述的运动定律不同，分析力学用广义坐标构建的弯曲空间所表述的并不是普适的力学规律，而是一个特定系统的运动，同关于普遍规律的相对性原理不相干。我们用图 1 所示平面上一个质点运动的位形空间的例子指出过：分析力学描述引力场中一个特定质点运动过程的广义坐标空间——弯曲的位势空间，其坐标的量纲及维度都与背景时空不同，并且随质点的初始位置

① 福克正确地指出：能使物理规律在线性坐标变换下不变的均匀坐标系就是优越坐标系。但是，他把广域的和局域的均匀时空都称为“伽利略空间”。本书中只把具有伽利略不变性的广域均匀时空称作“伽利略空间”，而把具有洛伦兹不变性的局域均匀时空称作“洛伦兹空间”。

和初始速度而变化，不可能是表述普遍规律的时间和空间坐标 (见 §1.1.5 “曲线运动源于空间弯曲吗?”)。

与以微分形式表述的力学普遍定律不同，分析力学以积分形式描述的对象是一个特定力学系统的位形空间，普遍的物理规律和特定的物理约束 (几何约束、运动约束、初始条件等) 决定了一个特定保守系统的广义坐标超曲面具有与变分原理相应的对称性质：一个系统在特定的初始和结束状态间的演化路径满足最小作用量原理 (16)，或一个质点在特定的初始位置与结束位置之间的运动满足最短路径原理 (22)。不同于以微分形式表述的适用任何时空点的动力学定律，分析力学的最小作用量原理或最短路径原理是对系统力学状态在背景时空中一段演化过程共性的概括。分析力学中用广义坐标和广义力表述的动力学方程——拉格朗日方程，同定义广义坐标时使用的初始时空坐标系无关；广义力中包括了惯性力，因而即使初始坐标系非惯性也可以导出相同形式的拉格朗日方程。分析力学描述的对象是一个具体的力学系统，它的位形空间是背景时空中的一个黎曼超曲面，其弯曲构形具有“内蕴性”——限定这个系统的所有条件已经完全确定了曲面的度规和线元，通过变分原理也就完全决定了系统的运动，与系统周围的空间已经没有关系。不能把分析力学表述约束系统运动的坐标无关性混同于相对性原理所要求的表述普遍物理规律的坐标无关性。分析力学的“协变性”只是表明，完整地界定一个系统的全部条件和力学定律可以完全确定该系统的运动——位形空间超曲面度规与背景时空坐标系无关。

麦克斯韦方程综合了静电场的库仑定律，运动电荷磁场的毕奥-萨伐尔定律，以及运动电磁场相互转换的法拉第定律等电磁场普遍规律，可以用它计算具有任意空间及速度分布的电荷系统的电磁场。而在建立相对论引力场方程时，爱因斯坦只了解静止质量标量势，不知道运动质量引力势场的形状，只得把所有时空点上的 10 个引力势场度规 $g_{\mu\nu}$ 都作为未知变量。广义相对论方程有太多的可调参数，可以描述任何系统的引力场，却缺少必需的物理规律，无法准确计算一个最简单的二体系统的运动。因此，广义相对论场方程 (33) 的“广义协变性”是对于一个有特定初始物质分布及运动速度的局域系统，其引力势场 $\boldsymbol{q}$ 与背景时空坐标系无关。所谓的“广义协变性”与分析力学表述一个特定约束系统运动的位形空间与背景坐标无关一样，都不是相对性原理对于表述普遍物理规律所要求的坐标无关性。

必须区分两种不同的协变性：相对性原理针对的是普遍的物理规律，要求它的数学表述形式在惯性系间的时空坐标变换下不变；“广义相对性原理”针对的是一个特定的力学系统，它的物理位形空间构形与背景时空坐标无关。前者要求的是物理规律的普遍性——适用于任何惯性系的任何时空点；后者则表现了一个确定系统的特殊性——该系统的运动被广义坐标、广义力等广义变量完全确定，与背景时空无关。

一些学者已经注意到需要区分这两类协变性。例如，瓦尼安和鲁菲尼 ([26] 序) 认为：

> 爱因斯坦对引力本质深刻和早熟的洞察力更多靠的是直觉而不是逻辑。他建立狭义相对论的基础具有令人赞叹的精确性和清晰的可操作性；与之相比，他建立广义相对论的基础却是模糊难解的。…… 就连这一理论的名称也表明一个误解：并没有比狭义相对论更广义的相对论。

福克 ([5] “引论”) 明确指出：

> 方程协变性本身绝不表示任何物理定律。例如，在质点系力学中，第二类拉格朗日方程对任意坐标变换都是协变的，而用直角坐标系写出的第一类拉格朗日方程则不是协变的，但前者与后者比较，并不表示任何新的物理定律。…… 如果考虑到在牛顿力学中我们接触过广义协变的第二类拉格朗日方程，那就一定会说，牛顿力学也已包含了“广义相对性”的内容了。

温伯格 ([6] §4.1 “广义协变原理”) 也强调指出：

> 广义协变本身并没有物理内容，任何方程都可以被做成广义协变的，只要在任意一个坐标系里把它写下来，然后算出它在任意其他的坐标系中是什么样子就行了。…… 广义协变原理并不像伽利略原理或狭义相对性原理那样是一个不变性原理，而是对于引力效应的一个表述，除此没有其他的意思。特别是，广义协变并不包含洛伦兹不变性——存在着广义协变的引力理论 …… 它们满足伽利略相对性而不满足狭义相对论。

温伯格进而提出：

> 任何物理原理，如广义协变原理，它采取一个不变性原理的形式，而它的实际内容只局限于对某一特定的场的相互作用加上一个限制，这样的原理称为动力学对称性。

爱因斯坦混淆了两类不同的协变性，将黎曼曲面的内蕴性 (与背景坐标无关的线元可以完全确定一个约束系统位形空间的构形) 和自然规律的协变性混为一谈，将描述一个局域引力系统的方程 (33) 提升为表述引力普遍规律的方程，更将度规 $g_{\mu\nu}$ 所描述的引力位势分布解释为被弯曲了的背景时空。这一混淆改变了爱因斯坦对于实验与理论以及物理与几何关系的观点，并深刻地影响了百年来物理理论的发展。

2.3.2 守恒律与对称性

为什么“广义协变性”并非如爱因斯坦所声称的那样，把对于惯性系的“狭义相对性”推广到了对于任意参照系的所谓“广义相对性”，而只是如温伯格所指出的，限制了一个特定系统的“动力学对称性”？①

分析力学用位形空间的几何性质——变分原理来表述系统的运动。如果构成位形空间的广义坐标、广义力、线元，物理定律以及运动始末位置等，包含了确定一个质点系统运动的所有必要条件，则表述系统运动的最小作用量原理 (16) 或最短路径原理 (22) 与背景时空参照系的选取无关，或者与系统相对于背景位置空间的运动无关。所以，对于一个被完备地限定了的力学系统，可以与背景时空坐标无关地构建系统自己的坐标系，包括用质点运动的世界线标识系统事件的时间顺序；一个特定系统的动力学可以用一个特定黎曼曲面内蕴几何的对称性表述——这就是作为“动力学对称性”的所谓“广义协变性”。

惯性系中一个不受外力作用的物体做匀速直线运动，而引力场中的物体运动轨迹则被引力弯曲，如图 4 显示在中心引力场中一个运动物体的椭圆轨迹，图中下凹的背景为引力势场。引力场中物体运动的弯曲轨迹可用积分动力学方程来求出，也可以用轨迹上两点间引力势曲面的测地线表述。从图 4 可以看出，轨迹上两个小圆球标示的两点间的轨迹不是连接两点的直线，而是椭圆上的一段曲线，在引力势曲面上连接这两点的所有路径中这段曲线最短 (最短路径原理)。这里的“所有路径”不是在背景时空中的空间路径 (在背景时空中空间坐标和路径的量纲为长度)，而是引力势空间曲线坐标系中的路径 (在引力势空间中坐标和路径具有能量的量纲)。引力势曲面上短程线之内的路径，由于其上各点引力势数值大，其积分的能量数值较大；引力势曲面上短程线之外的路径，由于路径总长度较大，其积分的能量数值也较大。所以，测地线由位形空间的几何性质 (引力势曲面的对称性) 决定，而一个力学系统位形空间的构形则取决于物理规律和条件。例如，§1.1.2 中的机械能守恒定律 (18) 和无势条件 (20)，是导出最小路径原理 (22) 的必要条件。

与用微分形式表述的适用于任何时空点的普遍规律 (例如牛顿第二定律) 不同，也与普遍适用的守恒律不同，最短路径原理表述在一个特定系统中，一个遵从力学普遍规律的质点，在其运动过程中由初始条件决定的两个特定位置之间，其运动路径的积分性质。分析力学对运动规律的几何表述的对象是具体系统的具体力学过程；最小作用量原理或最短路径原理表述的对象是如此之具体，以至于

① 温伯格正确地意识到，同狭义相对论的相对性原理相比，所谓“广义协变原理”的内容是有局限的。但是，他仍然高估了“广义协变原理”的内容。实际上，如果要在不完全了解相互作用规律的情况下用分析力学方法去建立场方程，“广义协变性”并不能对相互作用提供任何新的限制，而只是要求方程必须足够的复杂：能够包含未知的作用规律所可能产生的任何奇形怪状的场。所以，广义相对论引力场方程是异常复杂的非线性方程。只有实验观测结果或理论自洽性的要求能够对相互作用加上限制，从而简化复杂的“广义协变性”方程。

位形空间及其测地线会随检验质点的初始位置及速度的不同而改变 (见 §1.1.5 和图 1)。

图 4　中心引力势场中物体的运动

表述力学普遍规律的背景时空需要平坦、均匀、无任何局部结构，而所有形成与制约质点运动的物理条件及物理定律共同构建了位形空间的几何结构 (对称性)。因此，质点的运动轨迹才能用位形空间中的测地线来描述。几何方法是理论研究的有力工具。物理学者可以构建各种物理参数空间 (位形空间)，借助物理空间的几何特性描述特定系统的物理过程。物理条件和物理定律决定了位形空间的几何，而不是相反；如果把时空背景与物理空间混同起来，把普遍的物理定律与特定的物理过程混同起来，把表述具体过程的物理位形空间曲解为“弯曲时空”，就会颠倒物理过程与几何描述的因果关系。

2.4　平直时空引力场方程

爱因斯坦在仅仅知道静止引力场标量势、完全不了解运动质量和变化引力势场的情况下，即在没有掌握必要的洛伦兹平直空间引力场规律的条件下，直接把弯曲位势空间度规 $g_{\mu\nu}$ 作为时空的待定函数建立了引力场方程。引力场方程 (33) 仅能处理个别最简单引力场中检验质点的运动问题，对于简单的二体问题就已经无法严格处理。对任何局域系统运动的直接观测都是相对于平直的洛伦兹背景时空进行的，而且理论的实验检验和实际运用最终也需要在平直时空进行。虽然采用哈密顿原理在弯曲位形空间中也可以表述电磁现象，但是在电磁学研究和应用中实际使用的还是洛伦兹空间中的麦克斯韦方程。因此，如图 3 所示，对于引力现象，除了爱因斯坦场方程，还需要建立平直时空中的引力场方程。

2.4.1　物理方案

爱因斯坦按照“物理方案”在 1907—1915 年期间为建立满足守恒律的相对论引力场方程进行了多年艰难的努力，历经曲折反复，却始终未能成功。现在看来，就像只对电场去建立相对论场方程一样，不考虑磁型引力场及相应的矢量势场，不计及它们与电场及标量势场间的相互转换，建立一个满足守恒律的相对论引力理论是不可能的。

由光速恒定决定的洛伦兹不变性是相对论理论的前提条件。2017 年同时观测到双中子星合并事件 GW170817 产生的引力和电磁信号 [27,28]，表明了引力也是以光速传播。其实，早在 21 世纪初，中国学者汤克云就已经指出：日食期间地球在月球和太阳引力作用下产生固体潮；通用的固体潮理论模型隐含着引力场光速传播的假定。汤克云及合作者 [29] 通过测量分析 2009 年 7 月日全食期间西藏狮泉河及新疆乌什地震台站的高质量固体潮观测数据，得出了引力作用的传播速度为 $(0.93-1.05)c$，相对误差 $\sim 5\%$。此外，激光干涉仪探测到真空中传播的引力波对于电磁波的调制，也证实了引力波以光速传播。所以，宏观尺度上的引力以光速传播，已经是一个观测事实，从而引力场同电磁场一样也必须满足洛伦兹不变性，应当存在洛伦兹平直时空中准确遵从狭义相对论的引力场方程。

验证爱因斯坦的广义相对论引力场方程 (33) 的实验观测有：太阳引力场中光线的偏折和红移，以及行星轨道近日点的进动。前者用广义相对论的线性近似已足以解释，即光在引力场中的偏折和红移是狭义相对论效应，毋需用广义相对论；而后者通常认为只能用方程 (33) 的施瓦西 (Schwarzschild) 解处理，只能用广义相对论解释 ([26] §7.4)。但是，汤克云 [30] 用线性化引力场方程及推迟引力势计算了水星近日点进动，也得出了同广义相对论方程 (33) 的施瓦西解一致的结果。空间 Gravity Probe-B 实验对自转陀螺进动的测量 [31] 也显示出引力势中包含类似于电磁场所具有的矢量势，即运动质量和变化引力场会像运动电荷和变化电场产生磁场那样产生磁型引力场。天体物理中广为应用的一个广义相对论效应——旋转天体的“时空拖曳”效应，其实也是由平直时空中的磁型引力产生的 ([32] §6.6 “Lense-Thirring 效应”；[33])。

不同于 100 年前爱因斯坦建立广义相对论场方程时的条件，建立狭义相对论引力场方程的实验基础现在已经具备。类似于 §1.2.2 中所述相对论电磁学的实验基础 [E1]、[E2] 及 [E3]——光速、库仑定律及运动电荷磁场，相对论引力的实验基础是：

[G1] 洛伦兹不变性

[G2] 平方反比的静引力场 (标量势)

[G3] 磁型引力场 (矢量势)

基于 [G1]、[G2] 和 [G3]，即根据三个观测结果——引力传播速度、牛顿引力定律及运动质量的磁型引力，可知相对论引力场方程应当与电磁场方程 (27) 有相同的形式。令 $\boldsymbol{g}$ 为 (电型) 引力场强度，$\boldsymbol{b}$ 为磁型引力场强度，$\boldsymbol{j}_m$ 为质量流的

流强，则真空介质中的相对论引力场方程应为

$$\begin{aligned}
\nabla \cdot \boldsymbol{g} &= -\frac{\rho_m}{\epsilon_g} \\
\nabla \cdot \boldsymbol{b} &= 0 \\
\nabla \times \boldsymbol{g} &= -\frac{\partial \boldsymbol{b}}{\partial t} \\
\nabla \times \boldsymbol{b} &= \mu_g \left(\boldsymbol{j}_m + \epsilon_g \frac{\partial \boldsymbol{g}}{\partial t} \right)
\end{aligned} \tag{35}$$

方程组中的 ϵ_g 和 μ_g 是两个真空介质常数。第一个方程描述的是静止质量的引力场，由牛顿引力场方程 (4) 可定出对于电型引力场的介质常数

$$\epsilon_g = -1/4\pi G \tag{36}$$

由 ϵ_g 和引力传播速度 $c = 1/\sqrt{\mu_g \epsilon_g}$ 可定出对于磁型引力场的介质常数

$$\mu_g = -4\pi G/c^2 \tag{37}$$

所以，平直时空中的相对论引力场方程同电磁场方程的形式一致；只要将麦克斯韦方程 (27) 中的参量作如下替换：

电场强度 $\boldsymbol{E} \to$ 电型引力强度 $\boldsymbol{g}$，磁场强度 $\boldsymbol{B} \to$ 磁型引力强度 $\boldsymbol{b}$
电荷密度 $\rho \to$ 质量密度 ρ_m，电流密度 $\boldsymbol{j} \to$ 质量流密度 $\boldsymbol{j}_m$
真空介电常数 $\epsilon_0 \to \epsilon_g = -1/4\pi G$，真空磁导率 $\mu_0 \to \mu_g = -4\pi G/c^2$

即为相对论引力场的线性方程组 (35)。

平直时空中的相对论引力场方程 (35) 表明，引力场同电磁场一样，除标量势外，还存在矢量势。引力场的标量势 ϕ 和矢量势 $\boldsymbol{A}$ 与引力强度 $\boldsymbol{g}$ 和磁型引力强度 $\boldsymbol{b}$ 的关系为

$$\begin{aligned}
\nabla \times \boldsymbol{A} &= \boldsymbol{b} \\
-\frac{\partial \boldsymbol{A}}{\partial t} - \nabla \phi &= \boldsymbol{g}
\end{aligned} \tag{38}$$

用势函数表述的相对论引力场方程为

$$\begin{aligned}
\left(\nabla^2 - \frac{1}{c^2} \frac{\partial^2}{\partial t^2} \right) \phi &= -\frac{\rho_m}{\epsilon_g} \\
\left(\nabla^2 - \frac{1}{c^2} \frac{\partial^2}{\partial t^2} \right) \boldsymbol{A} &= -\mu_g \boldsymbol{j}_m
\end{aligned} \tag{39}$$

2.4.2 如果存在斥力物质

Schwartz [12] 已经证明：只要有正、负两种符号的电荷，就可以仅从静电场的平方反比定律出发，用电中性的电流导出相对论电磁场方程 (见 §1.2.3 “如果电荷只有一种符号”)。作为引力源的质量只有一种符号，即只存在符号为正的 (产生吸引力的) 引力质量，不存在符号为负的 (产生排斥力的) 引力质量，似乎不能应用上述电动力学的方法，从牛顿万有引力定律推导洛伦兹空间的引力场方程。但是，宇宙学的观测结果已经表明，实际上宇宙中存在着产生排斥力的物质成分 (暗能量)，因此我们已经可以 (至少在思想实验里) 用这一新的宇宙组分构成引力中性的质量流。

因此，相应于相对论电磁场的充分条件 [E1]、[E2] 和 [E3]′，我们也已经具备了在洛伦兹空间建立相对论引力场方程的下列充分条件：

[G1] 洛伦兹不变性

[G2] 平方反比的静引力场 (标量势)

[G3]′ 正负引力质量

基于 [G1]、[G2] 以及 [G3]′，即基于三个观测结果——引力传播速度、牛顿引力定律以及存在两种符号的引力质量，我们可以按照文献 [12] §3-4 中的步骤，仅从牛顿引力定律出发导出满足狭义相对论要求的引力场方程。

暗能量的引力质量符号为负①。沿实验室系 S 的 $\boldsymbol{x}$ 方向构造一个半径为 r 和流密度为 j_x 的引力中性物质流 $\boldsymbol{j}$，它由通常物质流和同等数量但反向运动的暗能量构成；对于该中性物质流外面的一个质点，物质流的引力质量密度 $\rho_m = 0$，即不存在静止引力场。距物质流 $R > r$ 处有一个质点 m 沿 $\boldsymbol{x}$ 方向以速度 v 运动。若物质流 $\boldsymbol{j}$ 和质点 m 组成的系统遵从狭义相对论，则在质点 m 静止的坐标系 S' 中的物质流密度和质量密度应为

$$j'_x = \frac{j_x}{\sqrt{1 - v^2/c^2}} \quad j'_y = j'_z = 0$$

$$\rho'_m = \frac{-vj_x}{c\sqrt{1 - v^2/c^2}}$$

静引力场与静电场都是平方反比场，则运用静电场的高斯定理可求得半径 R 处的径向引力场

$$g'_R = -k_g \frac{Iv}{\sqrt{1 - v^2/c^2}R}$$

① 一些学者认为驱动宇宙加速膨胀的斥力随距离的变化规律与万有引力不同，距离愈远则作用愈强，所以只有在宇宙尺度上才显现。例如，萨斯坎德 (Susskind L) 在斯坦福大学的公开课《广义相对论》([34] 第 10 讲) 就对此作了论证。实际上，这是均匀的平方反比力场的共性。将萨斯坎德的论证用于物质密度为常数的均匀分布引力场，检验质点离中心愈远，产生引力场的总质量则愈大，同样会得出距离愈远则作用愈强的结果。

式中，$I = \pi r^2 j_x$ 为总流强；k_g 为一个表述真空性质的常数。作用在质点 m 上的力为 $mg'_{_R}$，它应等于 S' 系中横动量 p'_y 的变化率，即有

$$\frac{\mathrm{d}p'_y}{\mathrm{d}t'} = -mk_g \frac{Iv}{\sqrt{1-v^2/c^2}R}$$

将 $\mathrm{d}p'_y = \mathrm{d}p_y$ 和 $\mathrm{d}t = \mathrm{d}t'/\sqrt{1-v^2/c^2}$ 代入上式，得到实验室系中质点 m 受到的力

$$f_y = -\frac{\mathrm{d}p_y}{\mathrm{d}t} = -mvb_g \tag{40}$$

式中

$$b_g = k_g \frac{I}{R} \tag{41}$$

以上基于牛顿引力定律和排斥性物质的存在，从洛伦兹协变条件导出了运动质量的矢量势和磁型引力：式 (41) 相当于电磁学中载流直导线的磁感应强度公式，b_g 是运动质量的磁型引力强度；而式 (40) 则相当于洛伦兹力公式中的磁作用部分。由此，可以导出同电磁场方程形式一致的相对论引力场方程 (35)。

如上所述，只要存在着排斥性的物质成分，就能从静止引力场的平方反比定律，导出适用于任何局域系统的相对论引力场方程。如果爱因斯坦知道暗能量，他难道还会舍弃在洛伦兹空间中直接推出相对论引力场方程，而仍然从无穷小邻域里自由下落的思想实验开始，历时 10 年，去构造一个基于无穷多个无穷小惯性参照系的，高度非线性的，而且无法对实际系统求解的广义相对论方程？

电磁场和引力场都是服从平方反比律的长程力场，它们的相对论场方程，方程 (27) 和方程 (35)，除了系数以外形式完全相同，显示出狭义相对论的相对性原理 (洛伦兹对称性) 对于局域物理定律施加了深刻的限制 [26]。用几何语言的表述就是：局域电磁场和引力场的拉格朗日量都具有整体规范不变性①，即 $U(1)$ 群对称性。

局域引力系统具有洛伦兹对称性——洛伦兹空间引力场方程 (35) 成立，表明引力应当如电力一样总体上是中性的。宏观世界的电中性，是宏观物理学——狭义相对论和热力学的基础；宇观世界的引力中性，不但使局域引力系统得以遵从狭义相对论，更是宇宙动力学和宇宙热力学所不可或缺的基础。宇宙的引力中性可以避免由引力质量符号的单一性导致的纽曼-西利格 (Newman-Seeliger) 悖论和奇点困难，而且为惯性系的存在性和宇宙的均匀及各向同性、引力热能化、宇宙热平衡和背景辐射黑体谱 (见本书第 3 章)，以及宇宙动力学 (见本书第 4 章)，提供了合理的物理基础。

① 这里的“整体”指的是一个局域系统的整体，不是非局域的宇宙整体。

2.4.3 线性化的爱因斯坦场方程

将弱引力场的度规 $g_{\mu\nu}$ 表示为平直时空度规 $\eta_{\mu\nu}$ 叠加上一个扰动 $h_{\mu\nu}$

$$g_{\mu\nu} \simeq \eta_{\mu\nu} + h_{\mu\nu} \tag{42}$$

式中，$\eta_{\mu\nu}$ 为平直时空度规 $(1, -1, -1, -1)$；$h_{\mu\nu}$ 为对于平直时空的偏离。将式 (42) 代入广义相对论引力场方程 (33)，略去 $h_{\mu\nu}$ 的高阶项，可以导出线性化的引力场方程。不少工作，例如文献 [35]–[39]，在洛伦兹规范条件下导出 (或采用) 了下列线性化的引力场方程

$$\begin{aligned}
\nabla \cdot \boldsymbol{g} &= -\frac{\rho_m}{\epsilon_g} \\
\nabla \cdot \boldsymbol{b} &= 0 \\
\nabla \times \boldsymbol{g} &= -\frac{\partial \boldsymbol{b}}{\partial t} \\
\nabla \times \boldsymbol{b} &= 4\,\mu_g \left(\boldsymbol{j}_m + \epsilon_g \frac{\partial \boldsymbol{g}}{\partial t} \right)
\end{aligned} \tag{43}$$

线性化方程 (43) 的形式同闵可夫斯基平直时空中的相对论引力场方程 (35) 几乎完全一致，只是在描述磁型引力场旋度的第 4 个方程右侧多出了一个因子 4。

引力的弱场近似应当具有洛伦兹不变性；而对广义相对论场方程线性化的过程也显示，式 (42) 中的 $h_{\mu\nu}$ 是洛伦兹变换下的张量，由此导出的线性化引力场方程与麦克斯韦方程的形式应当完全一致。但是，方程 (43) 中多余的因子 4 却破坏了方程的洛伦兹不变性。近来，周再通过线性化广义相对论引力场方程导出了与平直时空相对论引力场方程 (35) 完全一致的结果，并不出现方程 (43) 中额外的因子 4 (见本书附录 1“广义相对论引力场方程的线性化”)。

需要注意，麦克斯韦方程 (27) 中的参量 μ_0，虽然被称为“真空磁导率”，其实并不是一个独立的物理量；对于介电常数为 ϵ_0 的真空，其磁导率 μ_0 必须满足方程 (29)，即满足光速条件 $\mu_0\epsilon_0 = 1/c^2$，才能使局域真空具有洛伦兹对称性。周再的做法是：先在 $G = c = 1$ 的设定下导出线性化方程，然后用牛顿引力定律定出常数 μ_g，最后由光速条件

$$\mu_g \epsilon_g = 1/c^2 \tag{44}$$

定出 ϵ_g；而出现了多余的因子 4 的方程 (43) 不满足光速条件 (44)，不是闵可夫斯基时空中一个正确的方程。

广义相对论场方程的线性化是在弱场条件 (42) 下进行的。但是，导出相对论引力场方程 (35) 的过程同导出相对论电磁场方程的过程一样，都不需要弱场条件。我们能够通过线性化爱因斯坦非线性引力场方程得出闵可夫斯基平直时空的线性方程 (35)，表明引力场的基本规律与电磁场规律一样是线性规律。

2.4.4 引力波

平直真空引力波方程 令相对论引力场方程 (35) 中的 $\rho = 0$ 和 $\boldsymbol{j} = 0$ 可得到真空中的引力场方程

$$
\begin{aligned}
\nabla \cdot \boldsymbol{g} &= 0 \\
\nabla \cdot \boldsymbol{b} &= 0 \\
\nabla \times \boldsymbol{g} &= -\frac{\partial \boldsymbol{b}}{\partial t} \\
\nabla \times \boldsymbol{b} &= \frac{1}{c^2}\frac{\partial \boldsymbol{g}}{\partial t}
\end{aligned} \tag{45}
$$

同真空中的电磁场方程 (28) 一样, 方程 (45) 是波动方程。真空中的引力场就是引力波。显然，引力波和电磁波都是在平直时空中传播的力场波动。

激光干涉探测引力波 激光干涉仪引力波天文台 LIGO 探测到了 13 亿光年外双黑洞并合产生的引力波, 测得的干涉信号被解释为：黑洞并合导致的时空弯曲 (时空涟漪) 改变了两个干涉臂的长度 [40]。这个解释给出一个错误的物理图像。梅晓春等 [41] 质疑：时空背景的弯曲若能改变干涉臂长，就应当同样改变激光波长，而不会出现任何干涉信号。对于引力波传播和作用过程的错误解释源于广义相对论中弯曲的“位形空间”被误认为“弯曲时空”。

图 5 右上角所示为一个双黑洞系统 (引力波源)，系统中质点的运动由场方程 $G_{\mu\nu} = 8\pi G T_{\mu\nu}$ 决定，其中 $T_{\mu\nu}$ 为双黑洞系统的能量-动量张量，方程的度规场 $g_{\mu\nu}$ 所对应的“弯曲时空”是描述双黑洞系统局域运动的一个局域的位形空间。平直真空引力场 (引力波) 方程 (45) (图中用 $G_{\mu\nu} = 0$ 表示) 所对应的“弯曲时空”是描述辐射运动的位形空间。图 5 左下角银河系里质点的运动，或者，LIGO 干涉臂的长度，应当由银河系的场方程 $G_{\mu\nu} = 8\pi G T^*_{\mu\nu}$ 决定, 方程中 $T^*_{\mu\nu}$ 为银河系的能量-动量张量，和双黑洞系统无关 (准确的说法是：双黑洞对 $T^*_{\mu\nu}$ 的贡献可以忽略)。

1962 年，两位苏联物理学家 Gertsenshtein M E 和 Pustovoit V I 首先提出用激光干涉方法探测引力波 [42]。他们在论文中明确地论证了不可能用物质实体的变化探测到引力波；只有同引力辐射一样也在光锥上运动的激光束，才能有效地受到引力波的调制 [43]。

所以，同经典力学 (见 §1.1.4) 和相对论电磁学 (见 §1.2.2) 一样，广义相对论的“弯曲时空”也不能混同于作为物理学基础框架的“时空”，只有解读为“位形空间”才能为引力波的传播和探测建立自洽的物理图像。在应用广义相对论时，还必须区分质点动力学的位形空间和辐射动力学的位形空间：场方程 (33) 可应用于处理一个引力系统内检验质点的运动[①]，而波动方程 (45) 则适用于系统外真空中传播的辐射过程。

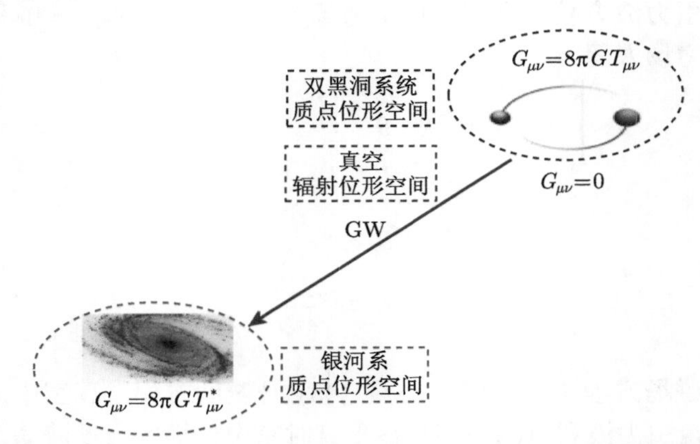

图 5　引力波的产生、传播和作用。为了简便，图中用广义相对论场方程表示引力场，但是狭义相对论场方程 (35) 或 (39) 才是准确的和可以实际计算的引力场方程

在应用广义相对论的引力场方程时，把描述引力场位势分布的弯曲位形空间视为时空本身，甚至用作为时空参照系，导致在涉及引力辐射的概念和物理图像方面出现了不少紊乱和怪异的结果；对于引力波是否存在、是否携带能量等问题在一大批相对论学者之间存在长期的激烈争论：广义相对论将引力场归结为“时空弯曲”是在引力波研究中出现种种怪异结果和导致长期争议的根源。

弯曲时空产生和传播引力波吗？ 1916 年，在提出引力波的论文里，爱因斯坦本人就怀疑引力波的真实性，因为他发现从弯曲时空的观点导出的引力波可以不带有能量 [44]：

> 奇怪的结果，即不传递能量的引力波是可能存在的。原因是它们并不是“真实的”波，而是“表观”波，表观波起源于所采用的参考系，其坐标原点存在实波状的起伏振动。

1918 年，爱因斯坦进一步论述了弯曲时空引力波的非真实性 [45]：

> 那些引力波不传输任何能量，因此，它仅仅是在无场系统通过单纯的坐标变换而产生的；它们的存在 (在这个意义上) 不过是种表象而已。

爱因斯坦说的“无场系统”指洛伦兹平直时空，所谓“坐标变换”是把引力波源系统的弯曲位形空间错误地取作时空参考系造成的。把弯曲的引力场位形空间误

① 广义相对论场方程 (33) 无法实际应用，只有平直时空相对论引力场方程 (35) 才能处理局域引力系统的运动问题。

解为弯曲的时空，导致爱因斯坦把平直时空中传播的真实引力场处理成了虚无缥缈的表象。

基于广义相对论场方程，胡宁 [46] 计算了相等质量圆周轨道运动双星系统的辐射阻尼，得到的阻尼为负值，即引力辐射不但没有减少反而增加了系统的能量。胡宁和其他相对论学者的后续工作 [47–49] 表明，要得到引力辐射问题的合理结果，需要选择特殊的坐标条件，并引入无穷远处的引力辐射条件。按照广义相对论，坐标条件不应影响观测到的现象；一个描述局域系统的理论需要无穷远处的物理条件，显示这个理论的基本框架是不自洽的。

此外，局域系统弯曲空间的引力波还应当产生波动方程不能描述的尾状物，它会阻止受扰动的系统回复平衡 [50]。

引力波的存在还对引力与加速参照系不可区分的“等效原理”提出了诘难：一个自由下落的物体和一个被固定的物体，哪一个应该产生辐射？通常认为被加速的下落物体才会辐射引力波。但依照“等效原理”，一个自由下落的人看到那个自由下落的物体是静止的，被固定的物体正在被加速并辐射出引力波。而按照广义相对论的观点，它们都是沿测地线在运动，都没有加速，都不会辐射引力波。据纽曼 (Newman E) 讲述 [51]，惠勒 (Wheeler J) 曾要一批相对论学者投票，结果有一半学者认为产生辐射的是被固定的物体！

探测到天体并合产生的引力波，被普遍认为是证实了运动质量确实导致时空弯曲和产生时空涟漪。实际上，激光干涉探测引力波的结果，不是解决了而是进一步强化了弯曲时空框架下的各种引力波悖论。引力波只有像电磁波一样被视为在真空中传播的物理场，激光干涉的探测结果才能得到适当的解释。引力波的成功探测提示我们需要认真审视对于广义相对论的弯曲时空解释。

2.4.5 两个引力场方程

电磁场和引力场都同时存在着平直时空中的场方程以及弯曲 (位形) 空间中的场方程。

对于电磁场，除了确定势函数需要附加规范条件外，两个场方程是等价的。如 §1.2.2 中所述，平直时空中电场强度 $\boldsymbol{E}$ 和磁场强度 $\boldsymbol{B}$ 的场方程 (27) 可以从弯曲空间中用势函数 ϕ 和 $\boldsymbol{A}$ 表述的场方程推导出来。平直时空 $(ct, \boldsymbol{x})$ 中的麦克斯韦方程和弯曲空间 $(\phi/c, \boldsymbol{A})$ 中的场方程都是“物理方案”的产物：它们都是对实验测量结果的归纳，只是前者在背景时空中表述，而后者在位形空间中表述，它们互相等价。

但是，对于引力场，平直时空中 (电型) 引力强度 $\boldsymbol{g}$ 和磁型引力强度 $\boldsymbol{b}$ 的方程 (35) 或 (39) 似乎具有两重身份：在 §2.4.1 和 §2.4.2 中是平直时空中满足狭义相对论的准确的引力场方程，而在 §2.4.3 中则是弱场情况下弯曲空间引力场方程

(33) 的线性近似。引力场方程组 (35) 究竟是一个如麦克斯韦方程那样的完备方程组，还只是一个近似的方程组？

标量势 ϕ 及矢量势 $\boldsymbol{A}$ 完全决定了电磁场位形空间的弯曲度规 $g_{\mu\nu}$。而对于爱因斯坦场方程 (33) $G_{\mu\nu}(g_{\mu\nu}) = -8\pi G T_{\mu\nu}$ 中的引力势度规 $g_{\mu\nu}$，除了在弱静场条件下方程 (33) 回归到牛顿方程 (4)

$$\nabla^2\phi = 4\pi\rho_m$$

之外，不存在其他的物理限制。由于缺少关键的实验引力物理知识，对于描述引力场，广义相对论场方程是一个过于宽泛 (过于抽象) 的张量方程，形式上简洁优美而实际上却极其复杂：包含 10 个独立的对于四维时空变量的未知函数 $g_{\mu\nu}$，以及描述 $g_{\mu\nu}$ 如何随时空变化的 40 个一阶导数和 100 个二阶导数，它们还以复杂的方式相互相加或相乘；用爱因斯坦方程可以构造出无数个比任何真实的引力势场的构形要复杂得多的黎曼弯曲空间，却只能对完全中心对称的引力场有解 (施瓦西解)，而对于最简单的二体问题都无法准确求解。将哲学家黑格尔关于认识由抽象发展为具体的著名论断 [52] (卷一，p.29)：

> 如果真理是抽象的，则它就是不真的。…… 哲学是最敌视抽象的，它引导我们回复到具体。

应用于物理学，我们可以说：数学宽泛、物理贫乏的爱因斯坦方程，不应成为引力理论的终结，其引力场度规 $g_{\mu\nu}$ 需要有比标量势 ϕ 更多的物理限制；完备的引力场方程应当比爱因斯坦方程在物理上更具体，而数学上却只需要是爱因斯坦方程的特例或“近似”。

观测已经证实：引力场和引力波的传播速度都是光速，局域引力服从狭义相对论。§2.4.1 和 §2.4.2 中的论证表明，引力场与电磁场一样同时具有标量势 ϕ 和矢量势 $\boldsymbol{A}$，可以且必须用麦克斯韦型的方程组描述。而且弯曲空间中的非线性场方程并不是引力场所特有的，电磁场也一样可以用弯曲位形空间中的非线性场方程描述 (§1.2.2)。仿照相对论电磁学，我们可以在引力场的位形空间 $(\phi/c, \boldsymbol{A})$ 中构建出弯曲度规场的方程，该度规场不是爱因斯坦场方程 (33) 的一般性度规场 $g_{\mu\nu}$，而是其特例或“近似”。所以，满足洛伦兹不变的引力场同电磁场一样，既有平直时空中的线性场方程，也有弯曲空间中的非线性场方程，它们相互等价。但是，由于缺少运动质量引力场的知识，广义相对论引力场方程 (33) 并不能与平直时空引力场方程 (35) 或 (39) 等价，从张量方程 (33) 并不能推出引力场的矢量势 $\boldsymbol{A}$。

如果不知道牛顿第二定律，只知道 $\boldsymbol{x}$ 轴方向的外力 F 会令物体产生与外力同方向的加速度，在这种情况下能满足牛顿惯性定律的运动方程应为 F 的幂函数

$$\frac{\mathrm{d}^2x}{\mathrm{d}t^2} = \frac{F}{m} + \frac{F^2}{m_2} + \frac{F^3}{m_3} + \cdots \tag{46}$$

对于弱力，上述非线性方程可以简化为线性方程

$$\frac{\mathrm{d}^2x}{\mathrm{d}t^2}=\frac{F}{m}$$

即牛顿第二定律 (1)。上述一般性的非线性方程 (46) 并不能准确表述存在外力时的运动规律，不能作为经典力学的运动方程，而牛顿第二定律的线性方程才是伽利略协变的运动方程；不能认为非线性方程 (46) 才是准确的“运动方程”，而牛顿第二定律只是运动方程的弱力近似或线性近似。

类似地，线性方程组 (35) 或 (39) 才是洛伦兹协变的相对论引力场方程；爱因斯坦不知道运动质量的引力势，只知道静止质量的引力规律，使得广义相对论非线性引力场方程 (33) 并不能准确地表述一个物质系统的引力场，不是一个名副其实的相对论引力场方程，不能认为线性方程组 (35) 或 (39) 只是广义相对论方程的弱场近似或线性近似。

2.5 周培源-彭桓武时空观

2.5.1 弯曲时空与运动的背景时空

在《论爱因斯坦引力理论中坐标的物理意义和场方程的解》[53] 一文中，中国物理学家周培源对于球对称质量的静态引力场、带有均匀线物质密度的无穷长杆的静态引力场，以及带有均匀面物质分布的无穷大平面的静态引力场，求解爱因斯坦场方程，其结果表明狭义相对论的闵可夫斯基空时也是爱因斯坦引力理论的运动学基础。周培源进一步指出：

> 爱因斯坦、因费尔德和霍夫曼用逐级逼近的方法求解场方程时，实际上用的就是闵可夫斯基空时。近似方法仅仅是一种数学方法，它不可能改变空时的特征。既然平直空时是近似求解方法的运动学基础，它也必定能适用于场方程的严格求解，包括本文所述的三个特殊问题的求解，而且平直空时和量子场论、规范场理论是一致的。因此，场方程和谐和条件描述的是在闵可夫斯基空时中物质的运动和引力现象。

该文最后，周培源概括他的观点：

> 笛卡儿空间坐标和时间定义了一个闵可夫斯基空时，在这个空时里的爱因斯坦场方程及谐和条件是物质的引力规律。黎曼弯曲空时不过是描述引力现象的数学语言。

彭桓武在《理论物理基础》[54] 一书中采用了周培源的观点处理引力问题，他在书中评介道：

> 爱因斯坦引入物理几何化解释 …… 引力现象归结为时空的弯曲，与坐标选取无关。…… 但在处理具体引力问题，如引力波或两物体受引力作用运动时，爱因斯坦等为避免不定性又引入附加的四个方程，称为谐和条件。…… 我国周培源先生则说谐和条件为物理条件，而运动学的背景时空仍是狭义相对论的时空即洛伦兹空间。…… 这个洛伦兹空间中的引力理论，其坐标即物理时空的位置和时间，与实际联系比较直观，与理论物理其他部分有共同语言。…… 应该指出，尽管方程大体相同，但物理解释不同，仍应作为不同理论来对待，只能在与物理实际联系中考察得失，以定取舍或等效。

本书第 1、2 章对于背景时空及位形空间概念的梳理和分析表明，无论对于经典力学还是相对论，周培源-彭桓武的时空观都是正确的。水星进日点的进动以及致密星体并合产生的引力波，被认为是广义相对论的观测证据。实际上，水星进动和引力波并不支持爱因斯坦的弯曲时空观；相反地，正是这两个天文观测结果，为周培源-彭桓武时空观的正确性提供了有力的证据。

2.5.2 水星近日点进动

牛顿轨道没有进动 在太阳的中心引力场中，牛顿力学的行星轨道是运动平面上一个封闭的椭圆：球坐标系 (r,θ,φ) 中变量

$$u=\frac{1}{r}$$

的行星运动方程为

$$\frac{\mathrm{d}^2u}{\mathrm{d}\varphi^2}+u=a \tag{47}$$

式中，$a=GM/l^2$，M 为太阳质量，积分常数 l 为单位质量的等效角动量。方程 (47) 的解即为行星运动轨道

$$u=\left(\frac{GM}{l}\right)^2(1+e\cos\varphi) \tag{48}$$

式中，e 为轨道偏心率。但是，观测到的水星轨道并不闭合，每百年其近日点进动约 5600″，扣除岁差和行星摄动的影响后，还存在约 43″ 的进动在牛顿力学框架内得不到解释。

弯曲时空中也没有进动 爱因斯坦用时空弯曲解释水星进动。本书 §2.2 “相对论引力的局域背景时空和位形空间” 一节里已经指出：所谓 “时空弯曲” 是将位形空间混淆为时空背景的结果。因此，爱因斯坦对水星进动的解释需要重新审视。

为了与平直背景时空中的球坐标 (r,θ,φ) 相区别，我们用 (r^*,θ^*,φ^*) 表示弯曲位形空间 (引力势场) 中的球坐标 (广义坐标)。对位形空间中的变量

$$u^* = \frac{1}{r^*}$$

广义相对论的行星轨道方程为黎曼弯曲空间中的下列非线性方程 ([55] §6.4；[56] §20.1)

$$\frac{\mathrm{d}^2u^*}{\mathrm{d}\varphi^{*2}} + u^* = a + b\,u^{*2} \tag{49}$$

式中，$b = 3GM/c^2$。

广义相对论在处理水星进动问题时，将非线性方程线性化，用牛顿轨道作为零级近似代入方程 (49)，略去小项和高阶常数项，得出百年进动值 $\approx 43''$；汤克云指出，高阶项与低阶项的量级相同，不应被忽略。2011 年，本书作者邀请清华大学、北京师范大学和中国科学院高能物理研究所师生在清华大学天体物理中心共同研讨汤克云提出的问题。其间，为了考查弯曲空间中轨道 $u^*(\varphi^*)$ 的稳定性，胡剑用变量

$$p = u^*/a \quad q = \mathrm{d}p/\mathrm{d}\varphi^*$$

将方程 (49) 化为平面微分动力系统方程

$$\mathrm{d}\boldsymbol{X}/\mathrm{d}\boldsymbol{Y} = 0 \tag{50}$$

其中，$\boldsymbol{X} = [p,q], \boldsymbol{Y} = [q, -p+1+kp^2], k = ab$。通过研究矢量场 $\boldsymbol{Y}$ 的性质，胡剑证明了：方程 (50) 在平衡点附近的解轨迹为 $\boldsymbol{X}$ 平面上的闭合曲线族 (见本书附录 2 “施瓦西引力场中轨道的稳定性”)。

在 (p,q) 平面上的闭合曲线，在 $(u^*, \mathrm{d}u^*/\mathrm{d}\varphi^*)$ 平面以及 $(r^*, \mathrm{d}r^*/\mathrm{d}\varphi^*)$ 平面上，仍然保持闭合。广义相对论的质点运动轨迹是黎曼曲面上的物理流形；而对于黎曼曲面理论 [57]

> 这样一个简单的性质——如果某事对一个坐标系成立，则必对所有坐标系成立是这个理论的一个关键性的特性。

这也就是广义相对论中所谓的“广义协变性”。所以，由广义相对论方程 (49) 所决定的在 $(r^*, \mathrm{d}r^*/\mathrm{d}\varphi^*)$ 平面上的闭合轨道，在 (r^*,φ^*) 坐标平面上也应闭合，即广义相对论弯曲时空中的行星轨道，同牛顿轨道一样，也是闭合的曲线，没有进动。

爱因斯坦弯曲时空中的自由质点运动轨迹为短程线，由广义相对论方程 (49) 解出的轨迹应当闭合；否则，再高明的几何学家也无法在球对称的施瓦西空间里

构造出一条旋转进动的短程线。方程 (49) 的解如果有进动，则表明该方程并不是广义协变的方程，或者表明，除引力外还存在着被忽视了的其他作用在影响行星的运动。

平直时空中才有进动　水星进动是在平直时空里构造的天球坐标系中测量的；而广义相对论得出水星 43″ 百年进动值的计算过程表明：水星轨道确实也是在平直时空中进动的。

广义相对论计算水星进动过程的要点是：把非线性的轨道方程 (49) 线性化。为此，将牛顿轨道 (48) 作为零级近似解代入方程 (49) 右侧的非线性项，略去小项，得到线性方程

$$\frac{\mathrm{d}^2u}{\mathrm{d}\varphi^2}+u\simeq a+6a^2e\cos\varphi \tag{51}$$

由方程 (51) 解出的轨道，其两个相邻近日点方位角之差，即水星近日点的进动值

$$\Delta\varphi\simeq 6\pi\left(\frac{GM}{cl}\right)^2 \tag{52}$$

上述进动结果 (52) 是把广义相对论的轨道方程 (49) 线性化后得到的。方程 (49) 的坐标是弯曲的施瓦西引力势场中的球坐标 (r^*,θ^*,φ^*)。我们在 §2.4.3 和附录 1 中的论述表明，将弯曲坐标系中的非线性引力场方程线性化后，得到的是平直时空里的方程；而且，线性化过程中作为零级近似代入的方程 (48)，其中的方位角 φ 也是平直时空里的坐标。所以，线性方程 (51) 的坐标是平直时空中的球坐标 (r,θ,φ)，水星进动 $\Delta\varphi$ (52) 也是平直时空中物理过程的结果。

所以，对水星近日点的观测结果只是表明，伽利略空间中的牛顿力学不能精确表述行星的运动，行星运动轨道的进动是洛伦兹空间 (闵可夫斯基时空) 中的力学现象，而周培源-彭桓武的时空观是完全正确的：弯曲空间或弯曲“时空”只是表述动力学的数学语言，物质在平直背景时空里的作用和运动才是动力学的真实对象。

弯曲时空无法解决进动问题　由于爱因斯坦引力场方程没有包含对于运动质量引力场规律的知识，广义相对论无法准确处理任何存在着运动物体的局域系统运动问题。用施瓦西解处理水星运动，太阳只能静止，水星则只能是对引力场没有任何影响的一个检验质点。温伯格在《引力论和宇宙论》([6] 第 9 章) 中认为：

> 爱因斯坦方程是非线性的，因而一般不能严格解出。确实，附加上与时间无关和空间各向同性的对称性要求后，我们可以求得一个有用的严格解，即施瓦西度规，但我们实际上并不能利用这个解的全部内容，因为太阳系事实上并不是静态和各向同性的①。

① 满足洛伦兹协变性的势场不能有高于一阶的张量成分，爱因斯坦场方程中的度规场 $g_{\mu\nu}$ 是二阶张量场，场方程的解中高于一阶张量的项都不是真实的引力场，都是没有用处的内容 (见 §9.5.1)。

郑炳南 [58] 指出：应当用太阳和行星绕质心的运动来处理近日点进动问题，但是，运动着的太阳与水星这样一个简单的二体系统却是广义相对论场方程所无法处理的。

实际上，水星进动问题是一个比二体问题还要复杂得多的多体力学问题：太阳与多个行星的互动，以及运动的行星之间的相互牵引，这诸多因素都会影响水星的运动。只有应用平直时空中引力和运动的普遍规律，分别计算各个因素对水星轨道的贡献，才能准确地计算出水星轨道，也才能从水星进动观测值中准确扣除行星摄动的影响。广义相对论将引力势等同于弯曲时空，将处理运动问题归结为求解非线性张量方程。广义相对论对于解决实际运动问题的无能为力，根本原因不在于求解非线性张量方程的数学困难，而是物理规律的缺失和物理概念的失误：将引力场度规用一个广义协变的张量方程来描述，并不能解决缺乏运动质量引力势知识的困难；而且，根本就不存在这样一个弯曲的背景空间，它的短程线可以表述一个多体系统的运动。如 §1.1.5“曲线运动源于空间弯曲吗？”所述，不同初始条件检验质点的轨迹需要用不同位形空间的测地线表述。同一引力场中不同轨道的两个质点已不能用同一弯曲空间的测地线来表述，对于两个以上物体的运动就更不可能用一个弯曲空间的几何性质来描述。

所以，无法依靠将位形空间混淆为时空背景的广义相对论来准确处理行星运动问题。只有在周培源-彭桓武时空观的基础上，运用引力场和力学运动在平直时空中的普遍规律，才有可能准确地处理包括水星进动在内的行星运动问题。

2.5.3 平直时空引力波

在引力波的探索历史中，弯曲时空能否产生引力波是一个长期争议的问题，因为引力波形成区域的时空如果弯曲会导致诸多严重的困难 (见 §2.4.4)。但是，没有人怀疑波动方程 (45) 描述的是在平直真空中传播的引力波。LIGO 激光干涉探测引力波的结果，对于周培源-彭桓武的观点，即广义相对论场方程描述的是平直洛伦兹空间中的现象, 提供了有力的支持。奇怪的是，引力波的成功探测却被广泛地宣传为弯曲时空理论的胜利，甚至断言：

> 引力波就是时空弯曲的直接后果。平直时空里不可能有引力波，只要有弯曲的空间就必然会产生引力波。

一个挑战了弯曲时空理论的实验观测结果，竟匪夷所思地被颠倒成为一场庆祝该理论成功的狂欢！

实际上，引力波和电磁波都是存在矢量势场的结果，而不是什么时空弯曲的结果。§1.1.4 中图 1 所示的标量势空间也是弯曲的，但并不产生任何引力波！同“平直时空里不可能有引力波”的论断相反，描述真空引力场的引力波方程 (45)

与描述真空电磁场的电磁波方程 (28) 二者的形式完全相同，都是平直的洛伦兹空间里的波动方程。真空中传播的引力波与真空中传播的电磁波都不会使时空弯曲。LIGO 的探测结果表明，正如狭义相对论所预期的那样，在平直真空的光锥上传播的引力波会作用于同在光锥上的两束电磁波，并使它们发生干涉。梅晓春等指出，激光干涉无法探测到弯曲时空中传播的引力波 [41]。所以，同水星进动一样，引力波探测非但没有验证广义相对论，反而挑战了弯曲时空观，支持了周培源-彭桓武的时空观，表明了运动学的背景时空确实是狭义相对论的平直时空——洛伦兹空间。

周培源-彭桓武关于洛伦兹空间与弯曲时空关系的论述，表达了他们对于引力理论回归到物理理论 (从基于几何的理论回归到基于物质形态、相互作用及运动转化的理论) 的期望和努力。由线性化弯曲时空引力场方程得到的结果 (43)，同基于对引力传播速度、磁型引力及排斥性引力的观测结果，直接在平直时空中导出的引力场方程 (35) (见 §2.4.1 和 §2.4.2)，二者完全一致。这种一致性表明：引力场方程描述的确实是平直时空中的引力现象；将弯曲空间中的张量方程应用于具体引力过程所采用的洛伦兹规范、谐和坐标等附加条件，以及弯曲空间中的非线性方程线性化的过程，都是将弯曲位形空间中表述的引力现象还原 (投影) 到平直的背景时空。也就是说，平直时空相对论引力场方程与线性化广义相对论方程的一致，是对于周培源-彭桓武时空观的强烈支持。

第 3 章　相对论宇宙学

3.1　局域和非局域物理

3.1.1　相对论引力的局域性

论述广义相对论的著作经常把“等效原理”作为相对性引力理论具有“广义协变性”的原因。如 §2.2.2 所述，用微分几何的流形表述一个局域引力系统势场结构及其演化的广义相对论，其理论表述与坐标无关的“广义协变性”是黎曼曲面几何内蕴性的结果，与“等效原理”无关。实际上，引力场与加速参照系的等效仅在无限小的范围内成立。对于一个无限小的区间，可以有引力和加速度，却难以定义场和参照系。在非无限小的局域时空中，根本就无法用一个加速参照系去替代引力场。

服从广义相对论场方程 (33) 的度规场 $g_{\mu\nu}$，是描述具有能动张量 $T_{\mu\nu}$ 的一个局域物质系统的引力势场。$g_{\mu\nu}$ 场的局域性表现在它只适用于对 $T_{\mu\nu}$ 有贡献的那些物质所构成的一个有限区域。由于度规场的局域性，方程 (33) 是广义协变的，与背景时空坐标以及位形空间曲线坐标无关，可以用于处理在这个区域里检验质点的运动问题，但也只能用于处理在这个区域里检验质点的运动问题。

广义相对论是局域性理论的另一个原因是已经观测证实的引力及引力波传播速度的有限性。一个物质系统的动力学过程 (如双星并合) 对外界的影响，包括在真空中传播的引力辐射 (以及电磁辐射)，其作用范围都被局限于该过程视界内的区域 (图 6 中的浅蓝色区域)，这是相对论引力通过引力场和引力波能够到达的最大范围。

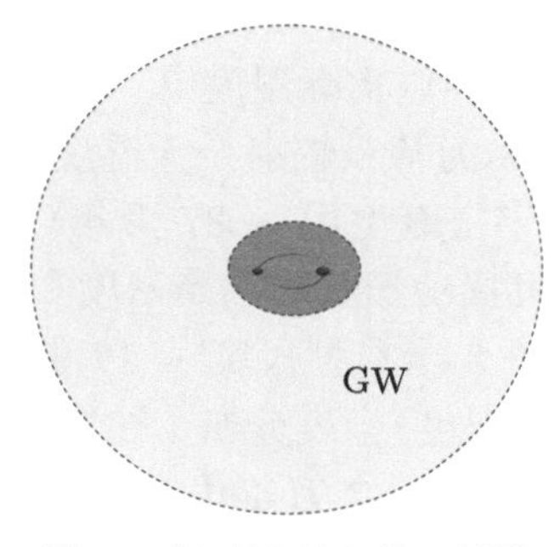

图 6　相对论引力的局域性

引力和电磁力都是长程力。由于正、负电荷在大尺度上相互中和，引力就成为决定宇宙大尺度结构和动力学过程的唯一的相互作用，作为引力理论的广义相对论似乎也就应当是宇宙学的物理基础。但是，服从狭义相对论的引力作用，其传播速度和电磁作用一样有限，相对论引力理论必定是局域性的理论，不可能成为宇宙动力学的基础。

对于一个有限尺度的局域引力场，已经不可能存在一个等效的加速参照系；而对包含无数个局域系统的非局域宇宙，谈论引力场与加速参照系的等价更是毫无意义。更重要的是，局域引力系统满足洛伦兹对称性预示存在着具有排斥性引力的物质 (§2.2.1)，宇宙学的观测结果更要求产生斥力的物质是宇宙的一个主要组分，所以，即便是原初意义上的“等效原理”——引力质量与惯性质量相等，也不能应用于宇宙尺度。

3.1.2 非局域的宇宙

物理学中的“弯曲时空”是局域系统物理参数的位形空间，不是也替代不了系统置身于其中 (或黎曼所说系统周围) 的平直背景时空。引力的几何化——用位形空间的弯曲描述局域系统的引力场并不能否定平直背景时空的存在。宇宙学原理假设在大尺度上宇宙是均匀及各向同性的；而观测到的宇宙背景辐射全天分布非常直观地显示出：宇宙中无数的局域系统的确存在于一个均匀平坦的全域背景之上。

星系的宇宙学红移与距离的正比关系表明宇宙在膨胀。宇宙起源的热大爆炸模型预言：在宇宙年龄约 38 万年宇宙气体复合时期的后期，与实物退耦的光子形成温度随膨胀下降的背景辐射。*COBE*, *WMAP* 和 *Planck* 卫星载微波天线相继对宇宙背景辐射进行了全天扫描观测。图 7 左图为在赤道坐标系中消除了前景天体贡献后的背景温度分布，图上存在着一个朝着赤经、赤纬为 $(l_0, b_0) = (264°, 48°)$ 的方向以速度 $v_0 = 384\text{km·s}^{-1}$ 运动的多普勒效应造成的偶极各向异性 [59]。对温度观测数据逐点扣除 (l_0, b_0) 方向 v_0 速度运动的多普勒效应后，得到图 7 右图显示的宇宙复合时期经宇宙学红移后的热辐射温度分布：一个平均温度为 $T_0 = 2.725\text{K}$ 的均匀背景，各点实际温度 T 与各向同性的偏离仅有约十万分之一，$\Delta T/T_0 \sim \pm 10^{-5}$。图 8 为背景辐射全天温度差 ΔT (温度各向异性) 的分布 [60]，它显示出复合时期 (宇宙诞生后 ~ 37 万年) 物质密度微小涨落的空间分布。原初宇宙物质密度的随机扰动形成局部高密度和低密度区域，在宇宙介质中传播的扰动到复合时期成为图 8 上典型尺度 $\sim 1°$ 的数万个热斑和冷斑。一次原初密度扰动在高度均匀的宇宙温度/密度分布 (图 7 右图) 上形成一个不均匀的密度斑结构，它的边界是扰动事件经 37 万年传播后到达的空间位置 (事件在 37 万年时的视界)，即斑的时空范围是运动约束 (光速不变) 下的一个位形空间，一个局域洛伦兹空间。均匀宇宙空间 (图 7 右图) 是这个局域洛伦兹空间以及相应于其他密度斑的所有局域洛伦兹空间共同的背景空间。

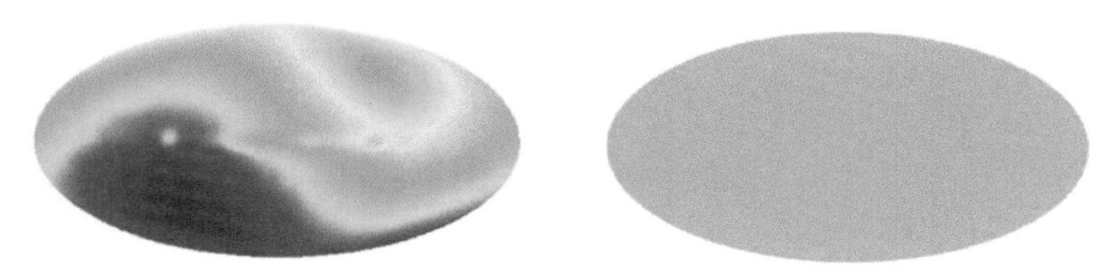

图 7 对全天微波背景温度的测量结果。左图：未扣除偶极各向异性 (微波天线相对于宇宙背景运动的多普勒效应)。右图：扣除偶极各向异性后的宇宙背景温度分布

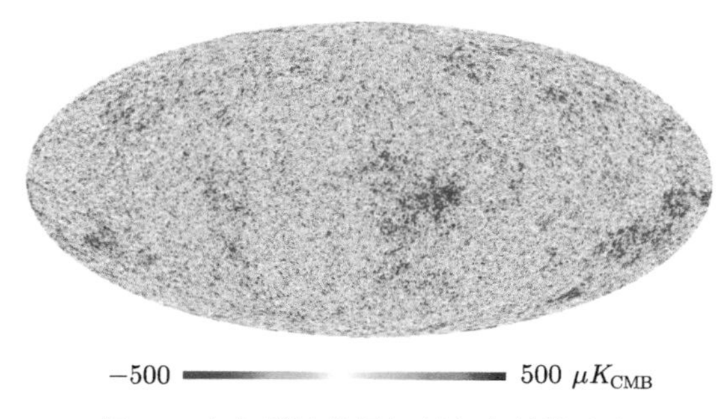

图 8 宇宙微波背景辐射各向异性分布

用 CMB 各向异性分布还可以测量宇宙背景空间的曲率。联合 *Planck* 卫星及其他天文观测得到的宇宙空间的曲率参数为 [61]

$$\Omega_{k,0} = 0.000 \pm 0.007$$

上推到宇宙初期，则

$$\Omega_{k,Planck} < 10^{-58}$$

所以，平坦的宇宙空间已不仅仅只是一个理论假设，而是一个高精度的观测事实。

图 8 上的每一个密度斑都随着时间的流逝形成不同层次的引力系统。在某一个密度斑的范围内，随着宇宙膨胀形成了今日的可观测宇宙，其中的每一个局域引力系统 (星系团、星系、恒星、……) 的运动，都可以用平直洛伦兹空间里的相对论引力场方程 (35) 描述①。全部可观测宇宙只是图 8 上某一密度斑的一部分，而图 7 右图显示的均匀宇宙空间是图 8 上所有密度斑 (所有局域系统) 的共同背

① 如果担心引力场还存在比矢量势更复杂的位势，也可以用度规逐点可变的弯曲位形空间里的广义相对论场方程 (33) 描述，只不过这个过于宽泛的场方程连最简单的二体问题都无法求解。

景, 是宇宙中所有局域物理的共同背景。宇宙动力学的对象不是任何局域物理过程，而是这个超局域超视界的宇宙背景空间的整体膨胀运动；显然，作为标准宇宙模型理论基础的“相对论宇宙学”，是由局域理论和非局域对象构成的一个相互矛盾的组合。因此，对于相对论宇宙学及其标准宇宙模型需要进行认真的审视。

3.2　标准宇宙模型

物质密度　宇宙尺度的物质分布是均匀和各向同性的，在宇宙动力学方程中物质只需要用一个与空间坐标无关的变量——密度 ρ_m 来描述。在宇宙尺度上，物质是电中性的，只有引力起作用，宇宙中少量重子物质的质量在宇宙动力学中可以被平均地添加到均匀的暗物质中。

宇宙学常数　1917 年，爱因斯坦 [62] 分析了用牛顿引力理论建立宇宙模型的困难后指出, 如果将牛顿引力场方程 (4) 修改为

$$\nabla^2\phi - \lambda\phi = 4\pi\rho_m \tag{53}$$

式中，λ 为一个普适常数，则方程 (53) 可以有一个空间物质均匀分布的解。爱因斯坦也类似地在广义相对论场方程 (33) 中添加了一个含宇宙学常数 $\lambda\,(\lambda > 0)$ 的项，从而得到一个静止的有限宇宙的相对论场方程

$$G_{\mu\nu} + \lambda\, g_{\mu\nu} = -8\pi\, T_{\mu\nu} \tag{54}$$

R-W 度规　一个常曲率 k 均匀及各向同性空间的度规是 R-W 度规 (Robertson-Walker metric) [63]

$$\mathrm{d}s^2 = c^2\mathrm{d}t^2 - a^2(t)\left[\frac{\mathrm{d}r^2}{1-kr^2} + r^2\mathrm{d}\theta^2 + r^2\sin^2\theta\mathrm{d}\varphi^2\right] \tag{55}$$

式中，r, θ, φ 为共动坐标；若 $R(t)$ 和 R_0 分别为 t 时刻和现在的宇宙半径，则宇宙尺度因子 $a(t) = R(t)/R_0$。

理想流体　在相对论宇宙学中，物质被理想化为理想流体，即取方程 (54) 右侧的能量-动量张量为 [64]

$$T_{\mu\nu} = (\rho_m + P)u_\mu u_\nu + P g_{\mu\nu} \tag{56}$$

式中，$\boldsymbol{u}$ 为 4-速度；P 为流体压力。流体压力和密度的关系由状态方程

$$P = \omega\rho_m \tag{57}$$

确定。

能量方程 将宇宙理想流体的能量-动量张量 (56) 代入 R-W 度规 (55) 下的场方程 (54)，所得即为相对论宇宙学场方程，其时间-时间分量 (0-0 分量) 为描述宇宙尺度因子时间演化的弗里德曼第一方程 (能量方程) [65]

$$\dot{a}^2 = \frac{8\pi G}{3}\rho_m a^2 + \frac{\lambda}{3}a^2 - k \tag{58}$$

或写为

$$H^2 = \frac{8\pi G}{3}\rho_m + \frac{\lambda}{3} - \frac{k}{a^2} \tag{58$'$}$$

式中，哈勃参数 $H = \dot{R}/R = \dot{a}/a$。宇宙物质的总能量守恒，则能量密度

$$\rho_m = \rho_0/a^3 \tag{59}$$

式中，ρ_0 为当前的密度。将式 (59) 代入方程 (58)，则弗里德曼方程可写为

$$\dot{a}^2 = \frac{8\pi G}{3}\rho_0 a^{-1} + \frac{\lambda}{3}a^2 - k \tag{58$''$}$$

动力学方程 由相对论宇宙学场方程的空间-空间分量可导出弗里德曼第二方程 (动力学方程)

$$\ddot{a} = -\frac{4\pi G}{3}(\rho_m + 3P)a + \frac{\lambda}{3}a \tag{60}$$

标准宇宙模型的物理基础 两个弗里德曼方程 (58) 和 (60) 以及状态方程 (57) 构成标准宇宙模型 ΛCDM 描述宇宙膨胀的一个完全的方程组。所以，ΛCDM 宇宙学的三个物理假设为：

[C1] 宇宙引力场服从 R-W 度规下的广义相对论方程 (54)

[C2] 宇宙介质为具有能量-动量张量 (56) 及状态方程 (57) 的相对论流体

[C3] 存在非零的宇宙学常数 λ

在相对论宇宙学的三个基本假设 [C1]–[C3] 中，局域的理想流体模型及局域的场方程被用于非局域的宇宙，弯曲的位形空间被用作时空背景，而且膨胀的空间具有恒定的非零能量密度，使得 ΛCDM 是存在诸多矛盾且违背物理学基本规律的一个不自洽的理论模型。

3.3 相对论宇宙学的困难

3.3.1 运动方程与牛顿宇宙学相同

记宇宙的总质量为 M，忽略宇宙学常数，将方程 (58)$''$ 中各项乘以 $MR_0^2/2$，则能量方程又可写为

$$\frac{1}{2}M\dot{R}^2 - \frac{GM^2}{R} = -\frac{MR_0^2}{2}k \tag{61}$$

上式左侧两项分别为遵从经典力学的膨胀宇宙总动能和总势能，右侧为一常数，即膨胀宇宙的总机械能。所以，相对论宇宙学的弗里德曼方程是在经典背景时空中膨胀宇宙的能量守恒方程。

20 世纪 30 年代米尔恩 (Milne E) 等指出，用牛顿力学也可以推出弗里德曼方程 (58) [66–68]，也可以建立与相对论宇宙学基本相同的膨胀宇宙模型 [63,69–72]，这一出人意料的发现引起了困惑：为什么对于膨胀宇宙，平直欧氏空间中的牛顿引力和弯曲时空中的广义相对论会得到同样的结果？

一些相对论宇宙学的学者辩称道，宇宙空间为弯曲空间是广义相对论对于宇宙学的贡献，只有广义相对论的时空弯曲才能将弗里德曼方程中的常数 k 解释为空间曲率，才能导出具有空间曲率的宇宙模型。早期的宇宙学论著中的确常用大量篇幅分别讨论对应于 $k>0$ (开放) 和 $k<0$(封闭) 的宇宙模型。但是，精确宇宙学观测已经确定宇宙空间在大尺度上不但是高度均匀及各向同性的，而且是极其平坦的，即 $k=0$ (见 §3.1.2)，则在与膨胀宇宙共动的坐标系中，时空度规只能是 $k=0$ 的 R-W 度规

$$\mathrm{d}s^2 = c^2\mathrm{d}t^2 - a^2(t)\left[\mathrm{d}r^2 + r^2\mathrm{d}\theta^2 + r^2\sin^2\theta\,\mathrm{d}\varphi^2\right] \tag{62}$$

所以，观测结果已经表明：再去讨论曲率 $k>0$ 或 $k<0$ 的宇宙模型是没有意义的。而且，对于 $k=0$，方程 (61) 表述宇宙的总机械能为 0，这也同经典力学对于无穷远处势能为 0 的设定一致。

宇宙时空度规 (62) 是一个观测事实，不但同广义相对论无关，而且与广义相对论的基本出发点不相容。与广义相对论场方程 (33) 中点点变化、时空纠缠的度规所描述的“弯曲时空”不同，服从“宇宙学原理”用度规 (62) 描述的宇宙时空是平直的、处处均匀的，而且还存在着与空间坐标无关的普适 (绝对) 时间 t①。一个具有度规 (62) 的平坦、均匀和各向同性的宇宙空间，既不需要，也不允许用弯曲时空来描述；而且，还存在着一个对于所有空间点都普适的时间，宇宙也不可能是局域性的洛伦兹空间。因此，宇宙时空只能由绝对时间和欧氏空间构成，宇宙动力学必须具有在伽利略变换下的不变性，描述宇宙尺度因子 $a(t)$ 演化的方程本来就应当用非局域的经典力学导出；需要探究其原因的反倒是：为什么从局域弯曲时空的相对论场方程也得能得出同牛顿宇宙学一致的结果？

R-W 度规下的爱因斯坦场方程导出了与牛顿宇宙学相同的能量方程，只是表明代入的 R-W 度规将相对论场方程的背景空间 (至少其时间分量) 强制地均匀化

① Misner, Thorne & Wheeler 在 *Gravitation* “均匀和各向同性的几何含义”一节 ([64] §27.3) 中用广义相对论“弯曲空间”几何的语言论述过宇宙时空：完全的均匀性与各向同性使得宇宙存在三维类空超曲面，超曲面上的密度、压强、温度处处相同；借助于超曲面的“单参数族”可以把整个空时几何“切成薄片”，这个参数可以命名为“时间”，从而使宇宙“在给定瞬时”可以被翻译成“在给定的类空超曲面”。由以上论述可以看出，含绝对时间的宇宙时空度规 (55) 是被宇宙的均匀性 (宇宙学原理) 决定的，与广义相对论无关。

了。弗里德曼方程表述的是满足宇宙学原理的 R-W 度规 (平直的伽利略空间) 的特性，并非广义相对论的贡献；而广义相对论的弯曲时空及其局域性却是相对论宇宙学中诸多疑难问题的根源。

除空间曲率 k 外，宇宙学家们还认为在相对论宇宙学动力学方程 (60) 中的压力 P，以及在场方程 (54)、能量方程 (58) 和动力学方程 (60) 中的宇宙学常数 λ，也是广义相对论对于宇宙学的实质性贡献。在以下五节 (§3.3.2–§3.3.6) 中我们将指出：正是经由广义相对论引入的压力 P 和宇宙学常数 λ，造成了相对论宇宙学的重大困难。

3.3.2 两个弗里德曼方程相互矛盾

在能量方程 (58)″ 右侧，除宇宙尺度因子 a 外，其余皆为常数。所以，能量方程完全决定了宇宙尺度的演化，而动力学方程 (60) 则是多余的 (参见 [64] §27.8 中的讨论：“为什么动力学方程是多余的”)。

宇宙介质的引力质量密度 ρ_m 通过能量方程完全决定了宇宙膨胀速度 $\dot{a}$，表明控制宇宙膨胀的是而且仅仅是宇宙介质的引力相互作用，同宇宙中物质的状态及状态方程所决定的压力无关。但是，动力学方程 (60) 却含有压力项，意味着膨胀加速度 $\ddot{a}$ 以及宇宙演化还依赖于压力 P，即依赖于物质的状态。因此，动力学方程不仅是多余的，而且还同仅含引力能量密度 ρ_m 的能量方程矛盾。描述宇宙演化的两个基本方程相互矛盾，表明相对论宇宙学模型是一个不自洽的模型，它的基础框架存在着不容忽视的问题。

3.3.3 驱动宇宙的是引力还是压力？

关于宇宙膨胀的动力源，存在着两种对立的观点。

引力驱动 建立在相对论引力理论基础上的宇宙动力学，驱动宇宙膨胀的动力只能是引力。相对论宇宙学场方程 (54) 和完全表述了宇宙膨胀历史的弗里德曼方程 (58) 中的能量密度 ρ_m，是对于宇宙引力场有贡献的各种能量形式——例如实物 (星系、宇宙射线、星系际气体等) 的静止质量及其动能，电磁场，辐射能量 (电磁辐射、中微子辐射、引力辐射等) 的贡献之和，当然也已经包含了运动物体压力以及辐射压的贡献，单独地讨论压力 P 如何驱动宇宙的膨胀是没有意义的。

压力驱动宇宙膨胀的观点与宇宙学原理不相容。瓦尼安 (Ohanian H C) 和鲁菲尼 (Ruffini R)《引力与时空》一书 ([26] §10.1) 明确指出：

> 按照这一方程 (辐射主导的宇宙的爱因斯坦方程)，辐射压对于宇宙的膨胀没有任何作用。

他们分析说，具有能量-动量张量 $T_{\mu\nu}$(56) 的流体在共动坐标系中是静止的。将式 (56) 代入 R-W 度规下的场方程 (54) 后，在导出式 (58) 的过程中，流体能量-动

量张量 (56) 中的压力被消去了，不再出现在弗里德曼方程 (58) 中：

> 流体压力不能影响宇宙动力学的原因是，流体是均匀的。在流体中所有的点，压力都是一样的，没有压力梯度。因而，每一流体元承受的来自各个方向的压力严格相同，没有可能引起流体加速或减速的净力作用于流体。虽然有时候把大爆炸描述为原初的“爆炸”，但它与通常的爆炸有一个关键性的区别——它的向外运动是初始条件的结果，而不是向外的压力所造成的。

观测到的宇宙结构和运动也同压力驱动宇宙膨胀的观点不相容。宇宙学家常用气球来比喻膨胀宇宙，如图 9 所示：气球球面表示宇宙空间；嵌在球面上的星系相对于与球面共动的坐标系是静止的，宇宙膨胀只是使它们彼此退行，并不引起星系自身膨胀及星系物质状态的变化 ([72] Chapt.14)。可以用一个思想实验来考察物态及压力与宇宙膨胀的关系：如果所有的星系物质都同时转变为辐射，会使宇宙膨胀发生变化吗？答案显然是否定的：任何一个星系的物态变化都是局域事件，其影响都被限制在事件的视界之内，彼此分离的星系物态变化将改变各自的几何及动力学过程，但不会影响宇宙的膨胀。

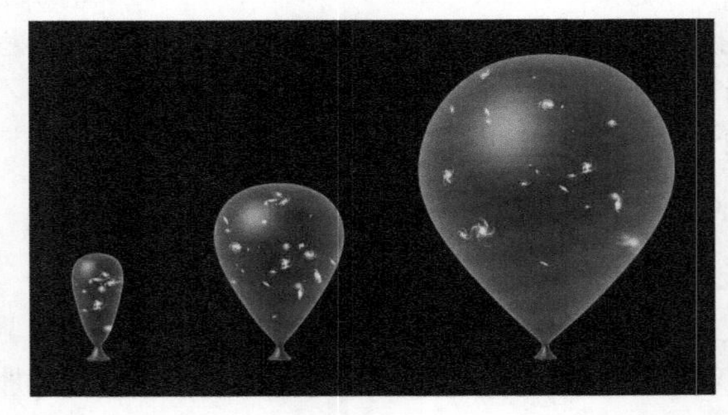

图 9 膨胀宇宙 (图片取自 http://news.cecb2b.com/info/20161118/3480945.shtml)

在爱因斯坦的气球模型中，物质集中在各个星系里，星系间的空间 (气球膜) 是真空，宇宙膨胀是真空的膨胀。但现今的宇宙学观测已经揭示，宇宙中星系物质只占不到 5%，绝大多数宇宙介质均匀地分布在球膜上构成不发光的暗宇宙 (dark sector)，它们在与暗宇宙共动的坐标系里始终都是静止的。宇宙膨胀是气球膜 (或暗宇宙，或共动坐标系) 的膨胀，在共动坐标系里描述膨胀宇宙动力学的方程不应当出现静止介质的压力。如果把一个星系的物质理想化为用能量-动量张量 $T_{\mu\nu}$ (56) 描述的理想流体，则 P 为星系中物质运动产生的压力。如果该星系物质全部转化为辐射，辐射压将驱动星系膨胀，但不影响该星系整体——球膜上的一个斑点随着由绝大多数宇宙介质构成的暗宇宙的膨胀。如果一定要用理想流体的能量-动量张量来表述暗宇宙，则压力 $P=0$。用带压力的局域理想流体模型表述非局域的宇宙介质，是相对论宇宙学动力学方程同能量方程矛盾的原因。

压力驱动 也许是为了同牛顿宇宙学划清界限，不少宇宙学家不理会同宇宙学原理的根本性矛盾，反而声称物态方程 (57) 及压力对于宇宙演化至关重要，主张动力学方程 (60) 的压力项才是广义相对论对宇宙学的实质性贡献 (例如，[63] §7.5.1，[71] §12.3)。

在对早期宇宙的描述中，经常将宇宙理想流体的物质密度表示为实物 (substance) 密度 ρ_{sub} 和辐射密度 ρ_{rad} 之和

$$\rho_m = \rho_{sub} + \rho_{rad} \tag{63}$$

以及流体的压力

$$P = P_{sub} + P_{rad} \tag{64}$$

在以辐射为主温度很高的早期宇宙，压力 $P \simeq P_{rad} = \rho_{rad}/3$，似乎辐射压在推动宇宙膨胀。然而，对于宇宙，辐射压同实物运动产生的压力一样，都是增添到作为宇宙引力源的能量密度 ρ_m 中，通过引力实现对膨胀的驱动。辐射压同实物的动压一样，都是局域性的作用，只不过比实物压力的传播速度要快一点而已；但是，同宇宙尺度相比，光的传播速度仍然是很慢的。

膨胀宇宙的气球模型容易引起对于早期宇宙图像的误解：似乎宇宙随时间回溯而收缩，星系间距离变小，以至于构成星系的物质会填满整个宇宙；宇宙学教科书中，经常用“宇宙充满了”或“宇宙弥漫着”光辐射来描绘早期宇宙，似乎以辐射为主的早期宇宙是一个局域系统，辐射压推动着宇宙膨胀。然而，这个早期宇宙的图像是错误的。在任何演化阶段，宇宙都如图 9 所示的那样是在均匀的暗宇宙背景上分立地散布着实物和辐射密集的斑点，不能将宇宙视同为一个局域的物质系统。对宇宙背景辐射的精确观测已经提供了更符合实际的早期宇宙图景。宇宙超光速暴胀后，以不超过光速的速度传播的原初均匀宇宙介质中的随机密度扰动事件形成了各个分立的局域物质系统。图 8 上视角 $\sim 1^\circ$ 的密度/温度斑就是在 138 亿年前的这些分立的区域，在各个区域里物质 (包括辐射) 的相互作用及其传播形成了今日宇宙各种尺度的局域结构。因此，任何时期的宇宙，包括仅由高温辐射构成的早期宇宙，物态的变化、压力 (包括辐射压) 的消长，都是局域过程，只能影响局部区域，对宇宙的整体膨胀没有影响。更重要的是，如图 7 右图所示，大尺度宇宙的密度分布是极其均匀的。现今宇宙的全部结构都是由原初密度涨落形成的，而图 8 上的涨落幅度只是宇宙平均密度的十万分之一。宇宙动力学的对象是图 7 右图所示均匀宇宙的整体膨胀，局部区域里能量份额又如此微小的局域物理过程不可能成为它的动力源。

相对论宇宙学模型是一个不自洽的体系。信奉标准宇宙模型的学者常常不理会理论自洽性的要求，取实用主义态度各自使用相互矛盾的方程。但是，即使不考虑与能量方程的矛盾，不考虑压力的局域性，在相对论宇宙学中压力也不能成为宇宙的动力源。皮布尔斯 (Peebles P J E) 指出：在动力学方程 (60) 中，压力 P 和质量密度 ρ_m 有相同的符号，所以，压力不但不会推动宇宙膨胀，反而如物质的引力一样也使膨胀减速 ([73] §6)。

动力学方程 (60) 中的压强 P 是理想流体能量-动量张量 $T_{\mu\nu}$ 表示式 (56) 中的压强通过相对论引力场方程 (54) 引入的。理想流体模型是一个局域的物质系统模型，相对论场方程也是一个描述局域引力系统的方程；而能量方程 (58)，如 §3.3.1 所述，则是被具有普适时间和欧氏空间的非局域 R-W 度规决定的。相对论的局域性同宇宙时空的非局域性的矛盾是相对论宇宙学不自洽的根源：辐射压力在辐射为主的时期推动宇宙膨胀的观念源自将早期宇宙视为一个局域物质系统。在宇宙学中，宇宙很平、很大，实物很少，星系很小，光速很慢，需要认真区分局域和非局域的物理对象，不能随意地应用包括相对论在内的对于局域实物系统的物理理论于宇宙动力学。

3.3.4　违背能量守恒

宇宙学常数　为维持宇宙为静态，爱因斯坦在宇宙学场方程 (54) 中加入了一个含宇宙学常数 $\lambda > 0$ 的项，即加入了含相应的能量密度

$$\rho_\lambda = \frac{\lambda}{8\pi G} \tag{65}$$

的项。在学术论著和媒体宣传中广为流传的故事是：爱因斯坦把描述排斥性真空能量的宇宙学常数引入宇宙学场方程 (例如，见 [72] p.272，[74]，[75] p.106，[76] p.59)，但这是一个完全错误的故事。与此相反，按照爱因斯坦在建立相对论宇宙学的经典论文 [62] 中的说法，宇宙学常数 $\lambda > 0$ 只不过是“宇宙中物质密度的平均值”而已，他更具体地论述道：

> 这个新引入的普适常数 λ，既确定了那个在平衡中能够保存的平均分布密度 ρ，而且也确定了球形空间的半径 R 和体积 $2\pi^2R^3$。根据我们的观点，宇宙的总质量 M 是有限的，而且等于
>
> $$M = \rho \cdot 2\pi^2 R^3 = 4\pi^2 R/k = \pi^2\sqrt{32/k^3\rho}$$

在回答德西特 (Willem de Sitter) 质疑宇宙常数是一种“超自然质量”的“宇宙物质”时，爱因斯坦 [77] 进一步明确地解释说：

按我的观点，除了恒星，并不存在或者说起码不需要存在什么“宇宙物质”。在我的论文中，密度 ρ 是当凝聚在恒星中的物质均匀地分布于星际空间时所得到的那种质量密度①。

当哈勃发现宇宙在膨胀后，一个不随膨胀减小的能量密度不再与守恒律相容。因此，爱因斯坦从宇宙学场方程中撤除了宇宙学常数项。但是，当宇宙膨胀加速被发现后，ΛCDM 模型又重新将宇宙学常数项加到宇宙学场方程中作为宇宙膨胀加速的动力源；然而，用宇宙学常数解释宇宙膨胀加速的代价是能量守恒定律被破坏。

能量方程 在 ΛCDM 模型中，实物为主阶段的能量方程为

$$\begin{aligned}\dot{a}^2 &= \frac{8\pi G}{3}\rho_0 a^{-1} + \frac{\lambda}{3}a^2 - k \\ &= \frac{8\pi G}{3}(\rho_0 a^{-1} + \rho_\lambda a^2) - k\end{aligned} \tag{66}$$

将 ρ_0, λ 和 k 作为自由参数，用能量方程 (66) 拟合对宇宙膨胀速度 $\dot{a}$ 的观测数据得到图 10 中的倒钟形曲线：尺度因子超过 $a \sim 0.6$ 时，宇宙能量密度以 ρ_λ 为主，膨胀由减速转为加速；未来，$a > 1$，宇宙将持续地加速膨胀，膨胀速度

$$\dot{a} \simeq \sqrt{\frac{\lambda}{3}}\, a \longrightarrow \infty$$

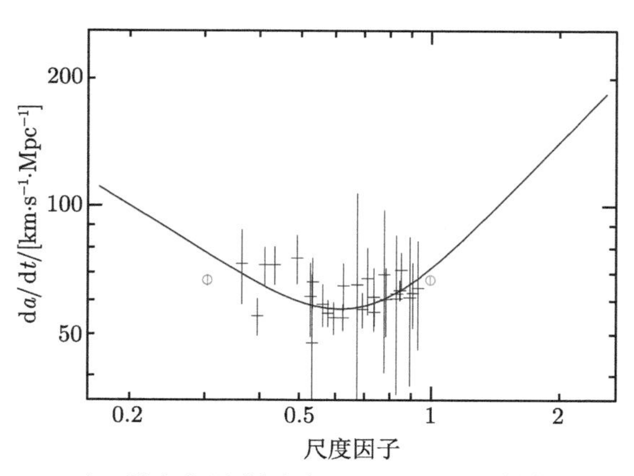

图 10 膨胀速度 $\dot{a} = \mathrm{d}a/\mathrm{d}t$ 随宇宙尺度因子 $a = 1/(1+z)$ 的变化。曲线为弗里德曼方程 $\dot{a} = \sqrt{\frac{8\pi G}{3}\rho_0 a^{-1} + \frac{\lambda}{3}a^2 - k}$，式中 ρ_0, λ 和 k 由拟合对 $\dot{a}$ 的观测数据确定。$a = 1\ (z = 0)$ 点的数据 (红圈) 来自 *Planck* + WP [61]，$a = 0.31(z = 2.36)$ 点 (蓝圈) 来自 BOSS/SDSS-III [78]，其余取自文献 [79–86]

① 文献 [62] 和 [77] 中的密度 ρ 在本书中写为 ρ_λ。

爱因斯坦将宇宙学常数 λ 设定为正值，并明确地申明其对应的能量密度就是当今宇宙物质的平均质量密度；相应地，能量方程 (58) 中具有能量密度 ρ_λ 的宇宙学常数同物质密度 ρ_m 一样都是引力源，都只能使膨胀减速，为什么 ρ_λ 为主的宇宙会加速膨胀？

在 §3.3.1 中，不包含宇宙学常数的能量方程 (61) 表述了膨胀宇宙能量守恒。而包含了宇宙学常数项的弗里德曼方程 (66)，其等号右侧 $\rho_\lambda a^2$ 项随尺度因子 a 增大，导致等号左侧的膨胀速度 $\dot{a}$ 无限上升，在宇宙体积 V 中的总质量 M 也以变化率为

$$\dot{M} = \dot{V}\rho_\lambda = 4\pi R_0^3 a^2 \dot{a}\rho_\lambda$$

无止尽地增长，宇宙单位体积质量增长率

$$\dot{M}/V = 3H\rho_\lambda \tag{67}$$

在宇宙学发展历史上，邦迪 (Bondi H)，戈尔德 (Gold T) [87] 以及霍伊尔 (Hoyle F) [88] 于 1948 年提出过物质不断创生的“稳恒态”膨胀宇宙模型。稳恒态模型要求宇宙单位体积物质创生率为 $\dot{M}/V = 3H(\rho_m + P)$ ([73] §14.8)；对于物质为主的宇宙 $P \simeq 0$，则要求

$$\dot{M}/V = 3H\rho_m \tag{68}$$

比较 (67) 和 (68) 两式可以看出：标准模型 ΛCDM 与稳恒态模型一样，都违背了守恒律，它们描述的都是一个连续不断地创生着物质的宇宙。稳恒态模型由于需要物质创生从提出之初就引起了大多数学者的怀疑，而为什么 ΛCDM 模型却能被广泛地接受？一个重要的原因是爱因斯坦宇宙学场方程 (54) 左侧的张量 $G_{\mu\nu} + \lambda g_{\mu\nu}$ 满足毕安基 (Bianchi) 恒等式

$$\nabla^\mu (G_{\mu\nu} + \lambda g_{\mu\nu}) = \nabla^\mu T_{\mu\nu} = 0 \tag{69}$$

因而被认为它会自动符合能量-动量守恒的条件 [26,71]。但是，能量守恒定律成立的一个先决条件是被研究的对象必须是一个保守系统，而有宇宙学常数的膨胀宇宙却是一个物质以恒定速率 (67) 创生的系统，不可能是保守系统。换句话说，能量守恒的宇宙不可能具有一个非零的宇宙学常数。

《普林斯顿数学指南》[89] 指出：毕安基恒等式仅在微分水平上体现了能量-动量张量的守恒；对于一般的度规张量 $\boldsymbol{g}$，它并不会给出“总能量”和“总动量”的守恒，基本的守恒律一般地只在无限小层次上仍然保留。爱因斯坦场方程在坐标变换下的协变性，其空间几何的对称性，都不能保证它能应用于一个具体的物理系统。对于膨胀宇宙，爱因斯坦将破坏了能量守恒律的宇宙学常数项从他的宇宙

学场方程中删除是完全正确的；而把宇宙学常数作为其理论框架基石的 ΛCDM，则是一个违背了物理学基本规律的模型。

动力学方程 用动力学方程中的宇宙学常数项似乎可以解释宇宙膨胀加速：方程 (60) 右侧含宇宙学常数的项 $\frac{\lambda}{3}a > 0$，导致左侧的加速度 $\ddot{a}$ 随尺度因子 a 一起增长 [90]。但是，爱因斯坦在引力场方程中引入的宇宙学常数 λ 的数值为正，以及在能量方程 (58) 右侧的 λ 与物质密度 ρ_m 有相同的符号，都表明了宇宙学常数与通常物质一样产生引力，为什么又会驱动宇宙膨胀加速呢？对此，教科书 (例如 [73,76]) 中有如下论证。

对于绝热膨胀宇宙中一个能量密度 ρ 和压力 P 的共动体积，由热力学第一定律可得其流体方程

$$\dot{\rho}\frac{a}{\dot{a}} = -3(\rho + P) \tag{70}$$

由能量方程 (58) 的时间微分得

$$\frac{\ddot{a}}{a} = \frac{4\pi G}{3}(\dot{\rho}_m\frac{a}{\dot{a}} + 2\rho_m + \dot{\rho}_\lambda\frac{a}{\dot{a}} + 2\rho_\lambda) \tag{71}$$

假设对物质及对 (对应于宇宙学常数的) 暗能量流体方程 (70) 分别成立，则对于暗能量由方程 (70) 和 (71) 可得

$$-3(\rho_\lambda + P_\lambda) = \dot{\rho}_\lambda\frac{a}{\dot{a}} = 0$$

即标准模型 ΛCDM 中宇宙学常数 ρ_λ(暗能量密度) 的状态方程为

$$P_\lambda = -\rho_\lambda \tag{72}$$

上式表明：宇宙学常数产生排斥力 P_λ，从而可以推动宇宙膨胀加速。

上述论证的问题在于：状态方程 (72) 是将表述能量守恒的方程 (70) 应用于 $\dot{\rho}_\lambda = 0$ 的暗能量导出的，而在一个不断膨胀的体积中能量密度 ρ_λ 为常数的暗能量是不守恒的，能量守恒方程 (70) 根本就不能应用于暗能量。所以，上节 (§3.3.3) 宇宙学常数在能量方程中作为引力源却导致了膨胀加速，和本节宇宙学常数在动力学方程中又作为斥力源导致膨胀加速，都是一个非零的常数能量密度破坏能量守恒的后果，即将能量守恒方程应用于一个能量不守恒系统的后果。

3.3.5 宇宙学常数不能使膨胀加速

宇宙膨胀速度演化和微波背景辐射各向异性的测量结果都表明：宇宙中存在着产生排斥力的物质成分。标准宇宙模型 ΛCDM 用宇宙学常数表述这个斥力成分。但是，爱因斯坦引入的宇宙学常数 λ 或 ρ_λ 的符号为正，表明它所描述的物质其引力质量为正，是同普通物质一样地产生吸引力的物质；或者说，爱因斯坦

引入的宇宙学常数不能用来表述产生斥力的物质成分①。如上节所述，ΛCDM 中的 λ 或 ρ_λ 能加速宇宙膨胀是破坏了能量守恒的结果。

即使把物态方程 (72) 作为一个基本假设，即接受宇宙学常数所表述的暗能量可以通过某种特殊的物态产生斥力，也不能在 ΛCDM 的框架内使宇宙膨胀加速，将式 (72) 和 (65) 代入动力学方程 (60) 得出

$$\ddot{a} = -\frac{4\pi G}{3}(\rho_m + 3P + 2P_\lambda)a \tag{60'}$$

上式表明，物态方程为 (72) 的暗能量，其压力 P_λ 在动力学方程 (60)′ 中同通常物质压力 P 的符号一致，它们都使膨胀减速而不是加速。

所以，在能量守恒律和宇宙学原理的限制下，宇宙学常数及其物态方程，同物质的引力和压力一样，都不能解释膨胀的加速。标准宇宙模型不能对宇宙膨胀及其加速给出合理的物理解释。

3.3.6 等效原理不成立

宇宙膨胀演化和背景辐射角功率谱的观测结果，要求的不是存在负压 (物态方程参数为负) 的物质，而是产生斥力 (引力质量为负) 的物质，即惯性质量为 ρ_λ 但引力质量为 $-\rho_\lambda$ 的暗能量；能量方程 (58) 应改写为

$$\dot{a}^2 - \frac{8\pi G}{3}(\rho_m - \rho_\lambda)a^2 = k \tag{73}$$

在方程 (73) 里，与物质密度 ρ_m 相反，暗能量密度 ρ_λ 使膨胀加速；ρ_λ 不再是不随时间变化的一个常数，为满足宇宙总能量守恒的要求，应有

$$\rho_m + \rho_\lambda = (\rho_0 + \rho_{\lambda,0})/a^3 \tag{74}$$

但是，暗能量的引力质量与惯性质量的符号相反，不符合要求引力质量与惯性质量相等的等效原理。由密度比 ρ_λ/ρ_m 小于 1 、等于 1 或大于 1 构成的物体，在伽利略斜塔实验里在空中分别下落、静止或上升。对于不能忽略暗能量成分的宇宙介质，等效原理从根本上就不能成立：对于宇宙介质，即使只考虑一个无穷小的区域，广义相对论场方程的物理条件——§2.1.1 [G3]* 也不能满足；广义相对论根本就不能应用于表述宇宙介质的运动。

① 这是一件很奇怪的事情：如此之多的学者，既不认真阅读爱因斯坦引入宇宙学常数的原始文献，又不理会爱因斯坦本人对宇宙学常数物理意义的反复申明，就以爱因斯坦的名义声称引入宇宙学常数就是引入了排斥力。原因之一可能是，一些学者在考察爱因斯坦场方程或弗里德曼方程中的宇宙学常数项时，没有注意不同文献约定的度规符号的差异，此外，爱因斯坦张量 $G_{\mu\nu}$ 的定义也有变化。

在物理学中，能否忽略普朗克常数 $\hbar$，被用来区分微观尺度与宏观尺度；而能否忽略暗能量成分 ρ_λ，则应是区分宏观尺度与宇观尺度 (宇宙学尺度) 的物理条件。在宇观尺度上，作为宇宙介质主要组分之一的暗能量不能忽略，不能简单地照搬忽略了暗能量的宏观引力系统的质点动力学，而需要从宇宙介质的物理特性出发来建立宇宙动力学。

第 4 章　均匀、各向同性和平直的宇宙

4.1　绝对运动与绝对时空

如前两章所述，物理学中的“弯曲空间”或“弯曲时空”都是局域系统物理参数的位形空间，即黎曼所指其几何只能从经验得到的物理空间 (见 §2.2.3)，它们不是，也替代不了系统置身于其中 (或黎曼所说系统周围) 的平直背景时空：经典力学的绝对时间及欧氏空间或相对论的洛伦兹空间。引力的几何化——用弯曲的位形空间描述局域系统的引力场，并不能否定平直背景时空的存在。解释牛顿的旋转水桶实验需要绝对空间，而对宇宙微波背景的观测结果则明确地显示了绝对空间的实际存在 (见 §3.1.2)。

图 7 右图显示的均匀宇宙空间是图 8 上所有密度斑的共同背景，是所有局域物理的背景空间，是一个绝对空间。在天球坐标系中引起图 7 左图上的偶极各向异性的运动，不可能是天线绕地球的运动，或相对于任何其他天体及天体系统的运动，只能是相对于均匀的宇宙背景空间的运动——就物理和天文实验观测够得着的所有对象而言，这就是相对于绝对空间的绝对运动。

由上万个热斑或冷斑在极端温度点对齐后叠加得到的平均温差分布图 11 上，呈现出类似于有界区间内的驻波图像：高/低密度扰动产生一个环绕的低/高密度环。运用相对论力学分析微波背景辐射密度斑的波动图像，可以推导出宇宙介质的力学参数，如重子物质、暗物质和暗能量的份额 [91]。

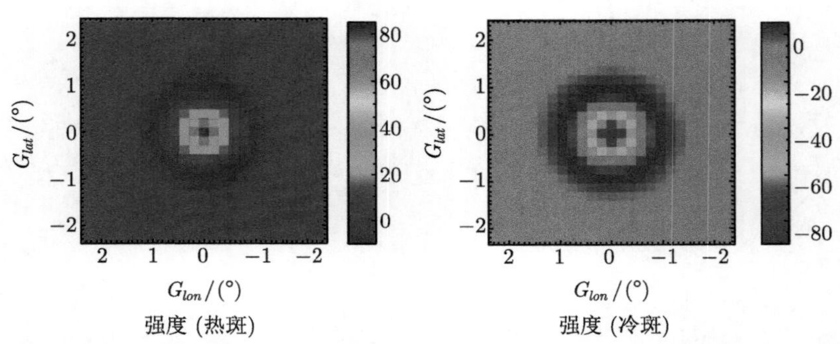

图 11　由微波背景辐射热斑和冷斑分别叠加得到的平均温差分布。左图：热斑。右图：冷斑

宇宙微波背景辐射温度各向异性分布 (图 8) 是精确宇宙学最重要的观测基

础；必须逐数据点地准确扣除探测器在宇宙背景空间里朝 (l_0, b_0) 方向以 v_0 速度运动的多普勒效应，才能从观测数据 (图 7 左图) 导出图 8。2001 年美国宇航局发射了威尔金森微波各向异性探测卫星 *WMAP*，2003 年 *WMAP* 组发布了测得的 CMB 各向异性分布以及由此导出的宇宙学参数精确数值 [92]，使宇宙学步入了精确科学的新时代。我们 [93] 发现 *WMAP* 组发布的 CMB 分布图存在着系统误差后，用刘浩独立建设的数据分析软件系统重新分析了 *WMAP* 的原始数据，得出了同 *WMAP* 组有显著差异的宇宙组分数值 (图 12) [94]。

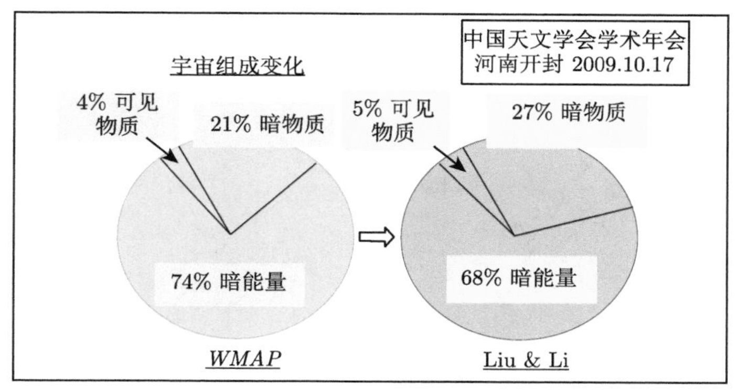

图 12　作者在中国天文学会 2009 年学术年会报告截图，显示我们 (Liu & Li) 独立分析 *WMAP* 原始数据得到了不同于 *WMAP* 组发布的宇宙组成

我们的结果于 2009 年 7 月公布后，引起了广泛的关注和争论。争论中，我们进一步指出，*WMAP* 组发布的温度图上存在着在数据处理过程中产生的不可忽视的噪声：因此，*WMAP* 数据系统存在严重问题 [95]。*WMAP* 组回应称，卡内基梅隆大学 (Carnegie Mellon University) 的小组也独立建设了 *WMAP* 分析软件包，其结果与 *WMAP* 组一致 [96]。从 2009 年 9 月到 2010 年 3 月，我们同卡内基-梅隆组通过邮件按分析流程逐项对比程序输出，结果两个程序包的每个子程序的输出都一致，只有从原始数据产生用于成图数据的四元插值程序的输出有不同：对同一次观测，二者得出的天线指向有半个像素 ($\sim 7'$) 的差别。卡内基-梅隆组虽然独立地研制了程序包，但其四元插值程序却是由 *WMAP* 组提供的。其后，我们又发现，*WMAP* 原始数据的时间标定存在系统误差，卫星指向数据与温度测量数据的时钟不同步：每一个天线指向数据的记录时刻都比同一观测的温度数据落后 25.6ms [97]。我们在清华大学天体物理中心网站开放数据库上公布了使用的程序 [98]，供各国学界检验和应用。波兰学者 Roukema 利用我们的开放程序库，研究时间误差对成图后温度涨落的影响，结果以高统计显著性证明了在 *WMAP* 组的数据处理过程中确实存在着没有被修正的 25.6ms 时间误差 [99]。我们直接研

究成图前的温度差分数据，发现 *WMAP* 时间测量的系统误差会导致在数据校正过程中对多普勒偶极信号的计算存在不能忽视的误差 [100]。所以，*WMAP* 组的插值程序没有考虑时钟的不同步，使得每个温度数据对应的天线指向有 $\sim 7'$ 的误差，从而不能准确地消除天线相对于 CMB 绝对运动的多普勒偏移，导致得出的 CMB 温度及其角功率谱出现误差。

由 *WMAP* 数据导出的两个不同结果孰是孰非的争议持续了多年 [101,102]。宇宙学界普遍地期待欧空局于 2009 年发射的比 *WMAP* 更灵敏的 CMB 卫星 *Planck* 能对争议作出判断。2013 年发布了 *Planck* 的宇宙学结果，其宇宙组成与 *WMAP* 组发布的结果有显著差异，而同我们在准确扣除相对宇宙背景绝对运动的效应之后的结果一致 (图 13)。

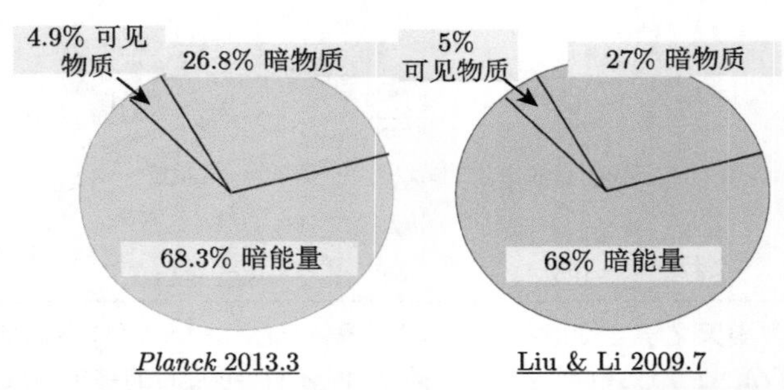

图 13　宇宙的组成。*Planck* 卫星得到的宇宙组成 (左图) 同我们准确扣除 *WMAP* 探测器相对宇宙背景参照系的绝对运动效应后的结果 (右图) 高度一致

所以，一个共同的均匀宇宙背景是真实存在的；对于宇宙学的精确研究，不但无法避开这个绝对的背景框架，而且还必须准确地计及相对于它的绝对运动。

4.2　牛顿力学和牛顿宇宙学的困难

在 §3.3.1–§3.3.6 中陈述的相对论宇宙学的困难，从根本上来源于狭义及广义相对论的局域性同平直均匀的非局域宇宙的矛盾。建立一个自洽、能量守恒、包含排斥性组分的非局域宇宙模型，需要超越标准模型。宇宙动力学的时空标架不可能是服从局域洛伦兹不变性的洛伦兹空间。具有均匀及各向同性的空间背景和统一的绝对时间的宇宙动力学，其时空框架只能是伽利略时空。但是，建立在伽利略不变性基础上的牛顿力学和牛顿宇宙学存在着一些根本性的疑难问题，正是这些问题推动爱因斯坦建立狭义相对论和广义相对论。以伽利略不变性为基础的宇宙动力学，需要面对和解决这些困难。

4.2.1 引力悖论和白夜悖论

宇宙没有中心的哥白尼原理或在大尺度上物质分布均匀且各向同性的宇宙学原理，要求牛顿的宇宙是稳态的，时间是无限的，在无限的空间中充满物质，且具有相同的恒星密度和平均光度。由于牛顿的宇宙只由服从万有引力定律 (2) 的物质构成，使得经典力学和宇宙学中存在着一些重大的疑难问题。

纽曼-西利格悖论 对于一个以密度 ρ_m 均匀分布的物质区域，通过积分牛顿引力场方程 (4)

$$\nabla^2\phi = 4\pi\rho_m$$

可以得出引力场强度，当半径 $R \to \infty$

$$|-\nabla\phi| \sim \rho_m R \to \infty \tag{75}$$

因此，由牛顿引力场不可能构造出一个物质均匀分布的宇宙。

方程 (75) 所显示的引力无穷大困难，来源于牛顿引力场 (4) 中的引力质量密度 ρ_m 只考虑了相互吸引的物质。但是，观测表明：宇宙中还存在着引力质量为 $-\rho_\lambda$ 的暗能量。引力 (gravitation) 除了包括重力物质 ρ_m 的吸引力外，还应包括暗能量 ρ_λ 的排斥力。牛顿引力定律 (4) 可以用于由重子物质坍缩而成的局域引力系统，因为 $\rho_m \gg \rho_\lambda$。但是，在宇宙尺度上，$\rho_m \simeq \rho_\lambda$，方程 (4) 和 (75) 中的引力质量密度 ρ_m 需改为 $\rho_m - \rho_\lambda$；如果宇宙在总体上是引力中性的，$\rho_m - \rho_\lambda = 0$，则引力无穷大困难 (75) 可以避免，可以构建出一个物质均匀分布的宇宙。

奥柏斯悖论 具有相同的平均恒星光度的宇宙，其星光总和应强于太阳光，夜晚天空为什么不像白天一样地光亮？

观测表明，宇宙主要由不发光的暗宇宙 (暗物质和暗能量) 构成，可以发光的物质不到总质量的 5%。发光物质构成的引力系统——星系、星系团或超星系团都是如图 9 所示的气球膜上的斑点那样的局域系统，而且只有一部分发光引力系统在形成之后发出的光能到达地球。所以，夜晚天空不像白天一样光亮只是表明，通过电磁波观测到的宇宙不能简化为具有相同的平均光度的无限空间；在宇宙学研究中，需要把伽利略不变的暗宇宙物理与洛伦兹不变的局域系统物理区别开来。

4.2.2 奇性疑难

奇点 对于仅由相互吸引的重力物质构成的系统，则无论是经典物理还是相对论都存在奇性疑难。例如，仅由两个质点构成的系统，不存在排斥性作用力阻止质点因相互吸引而无限接近；随着距离缩小，引力依牛顿引力定律 (2) 趋于无穷大。在广义相对论场方程的解中也有对应无穷大引力的度规奇点。对于仅由重力物质构成的膨胀宇宙，无论是在牛顿宇宙学还是相对论宇宙学里，膨胀的开端都是一个密度和引力都无穷大的奇点。

观测已经发现宇宙中存在着产生排斥性引力、密度为 ρ_λ 的暗能量；决定一个引力系统是局域系统或宇观尺度系统的物理条件分别是：$\rho_\lambda/\rho_m \ll 1$ 或 $\rho_\lambda/\rho_m \simeq 1$ (见 §3.3.6)。宇宙动力过程的驱动力应当由物质和暗能量的净引力质量密度 $\rho_m - \rho_\lambda$ 决定；如果 $\rho_m = \rho_\lambda$，则在宇宙尺度上不存在奇性困难。所以，为避免奇性困难，服从伽利略不变性的宇宙模型需要引入不破坏能量守恒的暗能量成分。

位能无限大　仅考虑吸引力，则引力势的零点可以任意选取。取无穷远为引力势零点，质点 M 距离 r 处的引力势为公式 (3)

$$\phi = -G\frac{M}{r}$$

由引力势公式 (3)，相对于 $r = 0$ 点处，引力位能无穷大；相对于引力势零点，引力位能总是负的。

引力势公式中的质量 M 应为引力质量 M_g。由总 (惯性) 质量 M_m 的物质和质量 M_λ 的暗能量组成的宇宙，其引力质量为 $M_g = M_m - M_\lambda$，宇宙的引力势公式应为

$$\phi = -G\frac{M_m - M_\lambda}{r}$$

所以，考虑产生排斥力的暗能量后，宇宙的引力位能可正可负，引力势零点由物理条件 $M_m = M_\lambda$ 决定，即引力中性的宇宙其引力位能为零：宇宙并不能提供能量的“免费午餐”。

4.2.3　惯性系疑难

惯性系是不存在引力的理想的“自由”参考系。无论是牛顿力学还是狭义相对论，宇宙中没有不存在引力的空间，惯性系实际上是不存在的。即使是对于广义相对论，基于“等效原理”——惯性质量与引力质量相等，引力作用与加速度等效的“自由”参考系也只是在无限小区域内有惯性参考系，惯性系在微观、宏观和宇宙尺度上也都是不存在的。但是，这个实际上不存在的惯性系，却是物理理论必需的基础框架，牛顿力学和狭义相对论都只在惯性参考系中成立。爱因斯坦认为用广义相对论引力场方程可以避免惯性系；但是，他于 1953 年承认了“迄今没有人发现任何可避开惯性系的方法，除非借助于场论的方法”[103]；然而，直到去世，爱因斯坦也没能借助统一场论避开惯性系。所以，作为基础构架的惯性系是一个长期困扰物理学的疑难问题。

同无穷大引力悖论和奇性疑难一样，惯性系的存在性困难也是源于认为产生吸引力的物质是影响宇宙运动的唯一组分。如果承认产生排斥力的暗能量也是宇宙的一个主要组分，则当 $\rho_m = \rho_\lambda$ 时，引力中性的宇宙引力场为无力场，不可能存在没有引力的空间这一命题不再成立，惯性参考系可以实际存在。

4.3 引力中性的宇宙

4.3.1 哲学家的观点

奇性疑难 (引力无穷大、引力奇点) 和惯性系的存在性疑难，不仅是牛顿力学及牛顿宇宙学，也是相对论力学及相对论宇宙学的基础性困难。如上节所述，产生这些疑难问题的根本原因在于宇宙仅由相互吸引的物质构成。同物理学家相比，德国哲学家早在 18 世纪和 19 世纪就已明确地认识到了存在于物理学基础上的这一重大问题。

康德《自然科学的形而上学初始根据》[104] 一书第 2 章的定理 6 为：

> 没有排斥，仅凭吸引力，就没有物质是可能的。

康德在证明该定理时说：

> 若没有排斥力，仅仅通过接近，物质的一切部分就会毫无障碍地相互靠近，并缩小该物质所占的空间。既然在这里所假定的情况中，各部分并没有那种凭借某个排斥力使吸引所造成的更大接近成为不可能的距离，所以，各部分就会一直朝对方运动，直到它们之间完全找不到任何距离，也就是说，它们被汇集在一个数学的点上，空间就会成为空的，从而没有任何物质。据此，没有排斥力而仅凭吸引力，物质就是不可能的。

在对该定理的注释中，康德进一步地明确道：

> 一个事物的内在可能性当作条件本身所基于的那种属性，就是这种可能性的本质成分。因此，排斥力与吸引力一样都属于物质的本质，而且在物质的概念中哪一方都不能与另一方分离开来。

康德时代对“宇宙”的认识，还大体局限于太阳系。但是他已经洞察到了要理解宇宙的结构、起源和演化，除了牛顿引力之外，还需要有与引力同样基本和普遍的斥力。虽然，在当时实验观测的局限下，康德还无法想象一种真正如引力那样基本的排斥力，而是把这种普遍的斥力，假定为类似于相对论宇宙学的动力学方程中的压力那样——物质系统的某种“压力”[105]。

在 19 世纪 80 年代初，恩格斯《自然辩证法》[106] 在题为“原始物质”(*Primordial Matter*) 的一段中说得更清楚：

> 通常都把重量看作物质性的最一般的规定，这就是说，吸引是物质的必然属性，而排斥却不是。但吸引和排斥像正和负一样是不可分离的，

> 真正的物质理论必须给予排斥以和吸引同样重要地位；只以吸引为基础的物质理论是错误的，不充分的，片面的。

接着，在题为“吸引与引力”(*Attraction and Gravitation*) 的一段又作了进一步阐述：

> 全部引力理论都建立在吸引是物质的本质这一说法的基础上。这当然是不对的。凡是有吸引的地方，它都必定被排斥所补充。…… 物质的分散有一个界限，在这个界限上，吸引转变为排斥；相反地，被排斥的物质的凝缩也有一个界限，在这个界限上，排斥转变为吸引。

长期以来包括爱因斯坦在内的主流物理学者都把宇宙被万有引力主宰作为无可置疑的公理，而恩格斯却明确地断言产生排斥的物质同重力物质一样都是作为宇宙基本组分的原始物质 (primordial matter)，严厉地批评只以吸引为基础的物质理论是错误的，不充分的，片面的；清楚地区分吸引和引力作用 (attraction and gravitation)，主张排斥同吸引一样是物质最一般的属性 (most general determination)，而不是如物质系统的压力或离心力那样衍生的属性；明确地认识到作为基本的相互作用的吸引与排斥，作为物质基本组分的“正”“负”物质，不但同等重要，而且相互转化。

我们不能要求哲学家描述自然在细节上的准确，但精确的宇宙学观测却令人惊异地证实了一个半世纪前恩格斯对传统引力理论的批评是何等的中肯；相比于与他同时代的物理学家以至现在的物理学家，恩格斯对于产生斥力的宇宙原始物质的提法，是何等的前瞻与深刻！而他的预言又可以如此密切地对接于宇宙学的当前进展：作为宇宙学的理论基础，牛顿力学和相对论都是不充分的；排斥性的暗能量与重力物质同等重要；驱动宇宙的排斥力不是由物质或暗能量的状态方程所描述的压力，而是暗能量负的引力质量所产生的负的引力；由不可分离的吸引和排斥 (重力物质和暗能量) 构成的宇宙，可以是引力中性的；宇宙的演化过程和维持宇宙的能量守恒必须考虑吸引和排斥物质的相互转化。

可惜，两位德国哲学家的意见没有引起爱因斯坦的重视。爱因斯坦对恩格斯《自然辩证法》手稿有一个评论：“不论从当代物理学的观点来看，还是从物理学史方面来说，这部手稿的内容都没有特殊的趣味。”如果局限于解释具体现象的理论细节，上述评论可以说是公允的。但是，对于爱因斯坦所述“我想要知道上帝是如何创造这个世界的。…… 我要知道的是他的思想。其他都是细节”而言，优秀的哲学家可能比专业学者更接近上帝：致力于探究基本物理学和宇宙学基础的专业学者，需要更加谦虚地关注优秀的哲学家对于全局更深刻的洞察和更具前瞻性的意见。

4.3.2 局域引力与非局域引力

从 §3.2 和 §4.3.1 可见：作为排斥性引力源、具有负引力质量的暗能量，不仅是解释宇宙膨胀加速和背景辐射角功率谱声学峰结构的需要，而且是构建物理学及宇宙学基础框架所不可缺少的基本物质组分。

虽然存在正、负两种引力质量的物质是建立相对论引力场方程的三个充要条件之一 (见 §2.4.2 中的条件 [G1], [G2] 及 [G3]′)，但是，对于暗能量密度远小于重力物质平均密度的局域引力系统，其相对论引力场方程可以只考虑正引力质量的重力物质。忽略斥力物质的相对论引力场方程虽然有惯性系的存在性困难，但对于以重力物质为主的局域引力系统的动力学还是足够准确的。

驱动宇宙膨胀的动力不是相对论引力场方程所描述的在洛伦兹不变性约束下以光速传播的局域性引力，因为：宇宙是一个超视界的非局域系统，它包含了无数个分离的各自在洛伦兹变换下不变的局域系统 (见 §3.1.2)；宇宙具有普适的宇宙时间且均匀各向同性空间，其时空不可能满足洛伦兹不变的要求 (见 §3.3.1)；在大尺度上，暗能量是一个主要的物质组分，$\rho_\lambda \simeq \rho_m$，仅考虑了正引力质量物质的牛顿力学和局域相对论都不适用于表述宇宙动力学 (见 §3.3.6)。因此，宇宙尺度上的引力应当是具有伽利略不变性、由净引力质量密度 $\rho_m - \rho_\lambda$ 决定的非局域相互作用。

在物理学、天体物理学和宇宙学中，“引力” (gravitation) 一词被用于种种不同类型的相互作用。在天体物理学和宇宙学的研究中，需要区分局域和非局域两种引力；对非局域引力，又需要区分正引力物质相互吸引的“引力”和负引力物质产生的排斥性“引力”，以及由它们合成的净“引力”。可以预期，随着引力物理和宇宙学的发展，一些新词会用来更准确地区分和表述不同物理条件下及不同物理对象间的“引力”作用。如恩格斯所批评的那样，仅考虑万有引力的牛顿宇宙学和基于爱因斯坦局域引力理论的相对论宇宙学，都是不全面和不正确的。

第 5 章 热平衡的宇宙

5.1 热和非热辐射

5.1.1 运动电荷的非热电磁辐射

麦克斯韦建立的电磁场方程 (27) 预言：加速运动的电荷会产生电磁波 ([8] Chapt.8)。1887 年赫兹实验证实了麦克斯韦方程的预言。赫兹检测到的电磁波不是在真空中传播的热电磁辐射，而是由线圈电流的火花放电产生的非热电磁辐射。《物理学史》[107] 评价赫兹的发现对物理学的意义是实现了电、光和热的统一：

“电就这样兼并了光和辐射热的整个领土。”

5.1.2 凝聚体的热电磁辐射

电中性的凝聚态物体，例如晶体，体内的正、负荷电粒子相互作用，形成原子规则排列的晶格，构成晶体周期构造的原胞。晶体的热能是晶格振动——原子在平衡位置附近振动所对应的能量，声子 (振动的元激发波) 是振动的能量量子，是凝聚体的热载流子 [108,109]。晶格振动是多粒子系统的集体运动，声子是不能脱离凝聚体单独存在的准粒子。越过凝聚体边界的声子转变为在真空中传播的热辐射光子。描述荷电粒子的非热辐射过程可以依靠麦克斯韦场方程和质点动力学，但是研究凝聚体的热性质 (声子系统和热辐射) 则需要热力学和统计物理学。

5.1.3 运动质量的非热引力辐射

从 §2.4.1 中的物理条件 ([G1], [G2], [G3]) 或 §2.4.2 中的条件 ([G1], [G2], [G3]′) 导出的平直时空相对论引力场方程与线性化的爱因斯坦引力场方程相同，它们都预期：加速运动的物体会产生在真空中传播的引力波。LIGO 实验证实了上述预言。

5.1.4 宇宙的热引力辐射

赫兹实验探测到的电磁波是相对论电磁场方程所预言、由加速运动的电荷所产生的辐射；而 LIGO 实验探测到的引力波是相对论引力场方程所预言、由加速运动的质量所产生的辐射。赫兹的电磁波是非热电磁辐射，LIGO 探测到的引力波应当是非热的引力辐射。一个很自然的问题是：有没有热引力辐射？

对于电磁作用，非热辐射由加速运动的电荷产生，热辐射则产生于由正、负荷电粒子组成的电中性的宏观系统。对于引力作用，在局域的宏观或天体系统中，暗能量或宇宙学常数可以忽略，只存在引力质量为正的重力物质的非热四极矩引力辐射。

但是，即使在局域的物质系统中，也存在着不是直接由电磁作用产生的热辐射。晶格振动产生的声子可以划分为光学声子和声学声子。光学声子源于电偶极振动：晶格不同离子间的相对振动，保持质心静止。光学声子构成的力学波和光子构成的电磁波可以相互耦合 [110]。而声学声子则源于原胞中所有原子以相同的位相和振幅振动，是电中性晶格整体振动产生的弹性波，是非电磁作用产生的热辐射，它只在晶体内传播 ([108] §5.3)。

在宇宙尺度上，暗物质和暗能量份额相当，由 §4.2 及 §4.3 中的讨论可知，由正引力质量的物质和负引力质量的暗能量构成的宇宙可以是也需要是引力中性的。因此，如图 14 所示，类似于电中性的宏观物体产生热电磁辐射，引力中性的宇宙可以产生热引力辐射。

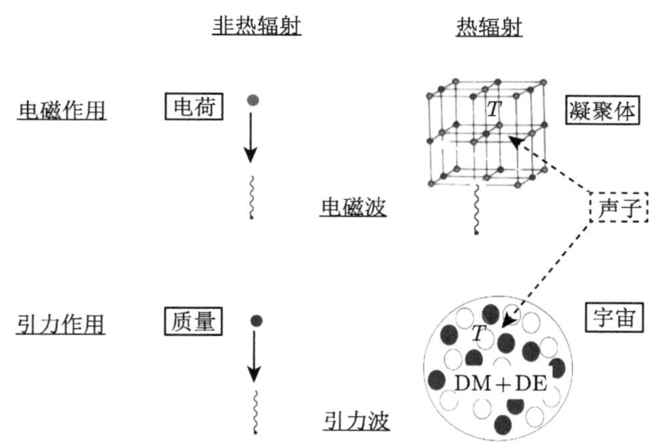

图 14 两种相互作用的两类辐射。上排: 电磁作用。下排: 引力作用。左下: 非热辐射，右下: 热辐射。图中 DM 表示产生吸引力的物质，DE 表示产生排斥力的暗能量

下面我们将指出：作为宇宙热载流子的热引力辐射声子是宇宙的一个主要成分，没有热引力声子就不可能构成不违背基本物理规律的宇宙学模型。

5.2 局域和非局域热辐射

5.2.1 微波背景辐射黑体谱

普朗克黑体辐射公式表述温度为 T 的理想黑体在频率 ν 上的辐射强度

$$I(\nu, T) = \frac{8\pi h}{c^3} \frac{\nu^3}{\mathrm{e}^{h\nu/kT} - 1} \tag{76}$$

式中，h 为普朗克常数；k 为玻尔兹曼常数。空间观测发现，宇宙微波背景辐射能谱是极其完美的理想黑体辐射谱。用只有一个待定参数 T 的普朗克公式 (76)，拟合宇宙背景辐射探测卫星 *COBE* 的测量数据，得到的辐射谱为图 15 上的曲线。*COBE* 卫星的测量结果是如此精确地符合普朗克定律，以至于数十个观测数据点及其标准误差都被理论曲线的细线条完全掩盖了，在图 15 上显示不出来。

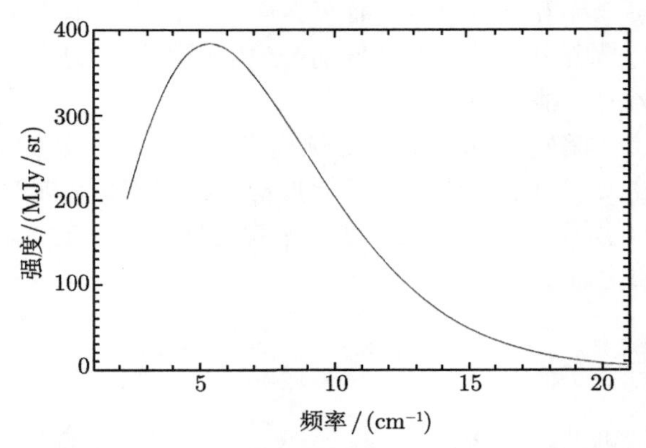

图 15　*COBE* 卫星测得的宇宙微波背景辐射谱 [111]

普朗克和爱因斯坦分别从波的观点和粒子的观点导出了黑体辐射公式 (76)，从推导过程可以看出 ([112] §63；[113] §7.17)，产生一个温度为 T 的普朗克黑体辐射谱需要的物理条件有：

[S1] 温度为 T 的凝聚体

[S2] 辐射场：简谐振子或服从玻色-爱因斯坦统计的热载流子

[S3] 辐射场与凝聚体的热平衡

实验室里用密闭空腔壁上的小孔向外的辐射来产生黑体辐射，见图 16。空腔壁维持温度为 T([S1])；腔壁固体材料粒子的集体振动形成元激发 (声子气体) 和腔中的辐射场，辐射场光子 (热载流子) 服从玻色统计 ([S2])；腔内光子与内壁的多次相互作用使辐射场与腔壁达到热平衡 ([S3])，玻色-爱因斯坦统计使平衡热辐射具有普朗克黑体辐射谱。

在 19 世纪，黑体辐射的能谱形状挑战了经典物理学。普朗克于 1900 年引入能量子的概念成功地导出黑体谱的理论公式，从而奠定了量子理论的基石。

如今，空间观测得到的宇宙背景辐射黑体谱挑战了宇宙学：极其严格地符合普朗克理论公式的宇宙背景辐射，要求宇宙必须是一个绝对黑体，即必须严格满足产生黑体辐射的条件 [S1]－[S3]。将宇宙介质简化为一个理想流体无法解释背景辐射如此完美的黑体谱；需要从温度和热的基本概念及规律出发重新审视宇宙和宇宙的热过程。

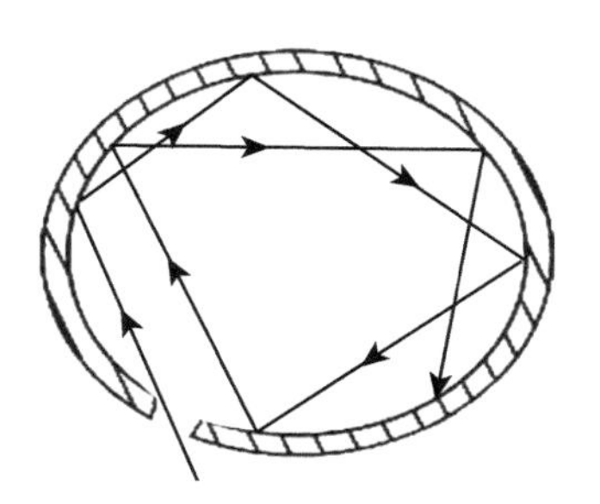

图 16 空腔辐射

5.2.2 没有重子和光子的宇宙

均匀及各向同性既是爱因斯坦宇宙学原理为宇宙学模型设定的基本特性，也是一个高精度的观测事实。以宇宙学原理为基础的宇宙动力学，不取决于基本粒子、宏观物体和天体所形成的形形色色的结构及其相互作用和运动变化，而仅仅同宇宙物质的平均密度有关，并且仅由均匀分布物质间的引力相互作用决定。标准宇宙模型描述宇宙膨胀过程的能量方程 (66) 只包含物质密度 ρ_m 和暗能量密度 ρ_λ 两个参数，它们是包括了所有各种形态能量的平均值，符合宇宙学原理。但是，在标准模型所采用的理想流体能量-动量张量 (56) 和状态方程 (57) 中，却引入了引力之外的其他相互作用所决定的压力和状态，导致动力学方程 (60) 与压力和局域状态有关，违背了宇宙学原理 (见 §3.3.2 和 §3.3.3)。

宇宙学教科书中常用不少篇幅讲述粒子生成、核合成、大尺度结构，以及恒星和星系的形成过程。严格地说，这些过程分别属于粒子物理、核物理或天体物理，并不是宇宙学的研究对象。宇宙的演化为上述各种过程的发生提供了密度及温度条件，但是这种种局域过程对于宇宙的动力学行为并无任何影响。把这些局域物理过程放到宇宙学里来陈述，很容易引起也已经引起了教科书中对于宇宙，特别是早期宇宙图像及动力学过程的种种误解。例如，哈里森 (Harrison E R)《宇宙学》一书中说 ([72] §20“早期宇宙”)：

> 宇宙的早期，即从宇宙诞生到普通物质成为宇宙主要成分的时期，这段时间大约是十万年。

而即使在标准宇宙模型中，普通物质也从来没有成为宇宙的主要成分。该书如此描绘宇宙的“黑暗年代”：

> 宇宙充满了涡流状的气体 …… 宇宙年龄为 150 万年时 …… 弥漫着红色的光，…… 在宇宙年龄大约为 50 万年时，充满明亮的黄光。

这类描述中所谓的“宇宙”，只能是宇宙中某一个远小于宇宙尺度的以普通物质为主的局部区域，即图 7 或图 9 上的一个小斑点 (参见 §3.3.3 关于早期宇宙图像的讨论)。实际上，宇宙从来就没有被气体或光子充满过。基于微观、宏观或天体物理的知识，想当然地将宇宙的不同时期描绘为“弥漫着光”或“充满了气体”或“普通物质成为主要成分”，从根本上都是错误的。

为了避免对于宇宙及其动力学过程的种种误解，在描绘宇宙之前，首先要把所有局域物质系统的质量，包括各种相互作用力场的能量，都平均起来加入到宇宙物质密度里，使宇宙成为一个只有引力作用的均匀连续介质构成的系统；也可以把在宇宙介质中仅占不到 5% 的各种粒子、物体和天体都从宇宙中完全去除掉，作为零级近似，从没有普通物质的“暗宇宙”(dark sector) 出发建立宇宙图像及其动力学。暗宇宙是宇宙的共动标架，宇宙的膨胀就是暗宇宙的膨胀，而普通物质构成的物体，从微观粒子到天体，只是跟随暗宇宙膨胀。

5.2.3　引力的热能化

没有普通物质的暗宇宙不存在电磁作用，也就没有电磁辐射，没有光子。但宇宙学教科书对于宇宙热历史的陈述却离不开光子。例如，温伯格《宇宙学》中说 ([114] §3.1 “热历史”)：

> 首先我们希望搞清楚早期宇宙温度下降的过程。本节只回溯到温度介于 10^4K 和10^{11}K之间的时期，此时的温度已足够低，以致不再有数目可观的 μ 子-反 μ 子对和强子-反强子对产生。…… 在这一时期 …… 光子同荷电粒子可以被设为处于热平衡 …… 在电子正电子湮灭阶段之后，宇宙的能量密度在一个很长的时期内，由光子、中微子和反中微子主导，这些粒子都是高度相对论性的。

上述图像可以代表宇宙学家心目中的早期宇宙：光子与荷电粒子的作用主导了宇宙的热过程。这一图像从根本上不适合于不存在光子和实物粒子的暗宇宙。那么，究竟是什么在主导仅有引力作用的暗宇宙热过程？

各个局域电磁过程以及粒子对产生及湮灭过程，对宇宙热历史的影响甚微。暗宇宙只存在引力作用。但是，彭罗斯 (Penrose R) 明确地阐释了引力的特殊性 ([115] Chapt.27 “大爆炸及其热力学传奇”)：

> 引力自由度根本就不能热能化。…… 引力似乎有着不同于其他场的很特殊的地位。它特立独行，不参与早期宇宙所有其他场都投身于其中的热能化，引力自由度只作壁上观，因此只在不考虑引力自由度时第二定律才发挥作用。由此 (引力不参与热过程) 才能有第二定律，也才能有我们所观察到的自然性状。引力的确是够特殊的！

如果引力不参与热过程，如何能够定义只有引力作用的暗宇宙的温度？宇宙又如何能够达到热平衡？

只有破除引力的这种“特殊地位”，使宇宙尺度上的引力能够热能化，才能定义暗宇宙 (宇宙真空) 的热力学温度，才能理解宇宙的热历史，才能通过引力相互作用达到宇宙的热平衡。吸引和排斥相平衡的电中性宏观凝聚体通过电磁辐射 (声子) 达到热平衡；吸引和排斥相平衡的引力中性暗宇宙可以通过引力辐射 (引力声子) 达到热平衡。均匀及各向同性暗宇宙的温度就是宇宙的平衡温度；而局域的非平衡过程则导致各个局部区域——图 7 上的各个热斑或冷斑与宇宙平衡温度的差别。

5.3 暗宇宙的引力辐射

5.3.1 宇宙的热平衡

COBE、*WMAP* 和 *Planck* 卫星对于微波背景辐射的全天扫描观测高精度地揭示了宇宙图像的两个基本特征，它们也是构建宇宙模型的两个物理基点：一是宇宙物质分布的均匀及各向同性，二是宇宙的热平衡。我们在 §3.1.2“非局域的宇宙”中，通过图 7 的右图和图 8，讨论了如何通过测得的微波背景辐射分布，区分和认识局域物质系统与均匀、各向同性及平直的宇宙。现在，我们从热过程的角度来审视对于背景辐射的观测结果。

局域热辐射　测得的宇宙背景温度——图 7 右图，是高度均匀及各向同性的，显示出一个高度热平衡的宇宙。图 8 上的热斑和冷斑是偏离了平衡温度 T_0 的各个局部区域。需要注意的是，图 7 和图 8 是对于电磁辐射的观测结果，能够产生电磁辐射的普通物质少于宇宙物质总量的 5%，而暗宇宙的热辐射并不能通过电磁辐射被直接观测到。所以，通过微波背景辐射的窗口观测到的只是宇宙中的局域热辐射，宇宙热辐射的主体——非局域的热辐射并没有被直接观测到。

非局域热辐射　由大尺度上发光物质密度的均匀分布，人们自然地推断：由暗物质和暗能量构成的宇宙主体——暗宇宙的物质密度也必定是均匀地分布的。类似地，要产生观测到的微波背景辐射温度的均匀分布 (局部区域偏离热平衡的程度只有 $\Delta T/T_0 \sim 10^{-5}$)，作为宇宙主体的暗宇宙必定处于热平衡：引力驱动的暗宇宙具有温度 T_0 及相应的黑体辐射；非局域的宇宙热引力辐射和局域物质系统的热电磁辐射之间，通过热交换维持宇宙整体上的热平衡。

热平衡和时间同步　我们在 §3.2 中指出，宇宙介质的均匀及各向同性决定了宇宙时空度规是 R-W 度规 (55)，从而可以利用相同物理状态 (如密度、温度等) 的“均匀性超曲面”实现时钟同步 (见 [64] §3.3.1 注)。另一方面，赵峥、裴寿镛、刘辽 [116] 证明了：对于具有普朗克黑体辐射谱的热平衡系统，热平衡的传递性 (热力学第零定律) 等价于钟速同步的传递性，从而可以在全时空定义统一的同步的时间。这一结果揭示出：热力学与时空属性存在深刻的本质联系。宇宙学原理和宇宙的热平衡，相互一致地决定了非局域的宇宙可以实现时钟的同步。

物质分布的均匀、各向同性以及具有普朗克黑体谱的热平衡，这两个重要的观测结果对于宇宙时空的对称性给出了严格的限制：统一的同步时间与爱因斯坦的相对论不相容；表述局域系统质点动力学的广义相对论场方程以及忽略质元间相互作用的理想流体是标准宇宙模型的物理基础 (见 §3.2 [C1] – [C3])，但是，它们与宇宙学的基本观测事实不相容；多体关联系统的热力学是宇宙动力学不可缺少的物理基础，而质点或少体动力学方程不可能描述均匀、各向同性及热平衡条件下的宇宙膨胀。

5.3.2　凝聚态宇宙

作为相对论宇宙学的一个基本物理假设 (§3.2 中的 [C2])，宇宙中的物质被理想化为理想流体，场方程 (54) 中的能量-动量张量为

$$T_{\mu\nu} = \begin{bmatrix} \rho & 0 & 0 & 0 \\ 0 & -P & 0 & 0 \\ 0 & 0 & -P & 0 \\ 0 & 0 & 0 & -P \end{bmatrix} \tag{77}$$

矩阵 (77) 的非对角元皆为 0，对角元上的密度 ρ 和压力 P 同空间坐标无关：只有采用这样简单的物质形态，才能从广义相对论场方程导出一个满足宇宙学原理的均匀及各向同性的宇宙。

为了理解宇宙如何能实现均匀及各向同性，以及为了解决基本物理和宇宙学中存在的诸多疑难问题 (见 §4.2.1–§4.2.3)，都需要构成暗宇宙的介质是引力中性的。但是，对于描述宇宙的热过程，将暗宇宙简化为理想流体由暗物质和暗能量构成的引力中性的理想流体是过于简单的，因为忽略质元间相互作用的任何理想流体都无法产生黑体辐射。

宇宙背景辐射是人们在实验室和天文观测中从来没有见到过的极其完美的黑体辐射，它表明宇宙必定是完全地处于热平衡。宇宙的热过程，特别是早期宇宙的热过程，只能是引力主导的；或者说，只有热能化的引力作用才能理解暗宇宙的热性质。产生黑体谱的两个必要条件——§5.2.1 中的 [S1] 和 [S3] 是：存在一定温度的凝聚体以及辐射场与凝聚体达到热平衡。因此，观测到温度为 T_0 的背景黑体谱，表明宇宙中必定存在着与背景辐射达到热平衡、温度为 T_0 的凝聚体。宇宙学原理决定了这个凝聚体就是暗宇宙自身，即由暗物质和暗能量构成的暗宇宙流体应处于温度为 T_0 的凝聚状态。

引力中性的宇宙真空并非一无所有的虚空，而是具有均匀的惯性质量密度和零引力质量密度的无力场。宇宙真空 (暗宇宙) 通过量子涨落①形成微观尺度上的弹性结构。图 17 用网格代表由暗物质和暗能量构成的引力中性真空 (暗宇宙) 的凝聚。类似于电中性晶格的集体振荡产生固体中传播的声子，引力中性网格的集体激发产生在真空中传播的热引力声子。不同于图 16 所示的空腔黑体辐射装置，保持宇宙黑体辐射温度为 T 的凝聚体，就是背景辐射在其中传播的宇宙介质 (暗宇宙、宇宙真空) 自身。在宇宙真空中传播的是不可见的宇宙热引力辐射声子，以及可见的局域热电磁辐射光子。宇宙的热平衡是暗宇宙与引力辐射声子场的平衡，以及引力声子与局域背景光子的平衡。

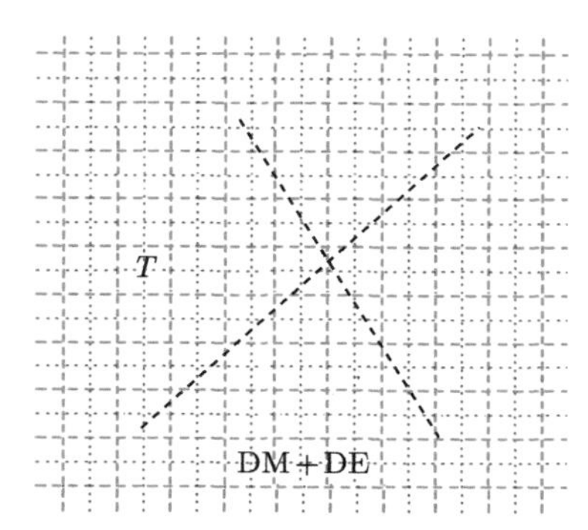

图 17　热平衡的凝聚态宇宙。暗宇宙 (宇宙真空) 的网格由暗物质 (橙色) 和暗能量 (绿色) 交织构成。紫色的短划线和虚线分别代表引力声子和背景辐射光子。宇宙的所有组分，包括暗物质、暗能量、引力声子，以及局域背景光子，都具有相同的温度 T

5.3.3　光子和引力声子

空腔辐射装置依靠腔内光子与腔壁的多次反射达到辐射场与凝聚体的热平衡，而宇宙热辐射场就存在于提供平衡温度的凝聚体里面，传播过程中持续地与暗宇宙物质作用能够自然地实现热平衡。宇宙热引力辐射与通常物质构成的各个局域物质系统的热电磁辐射实现整体上的平衡，需要通过非局域引力声子与局域热辐射光子的相互作用。在凝聚态物理学里，声子-光子耦合是最简单的低阶过程 [117]。虽然对于引力声子–光子作用过程还没有任何实验测量结果或理论表述，但是, 两个作为热载流子的玻色子，没有理由禁戒它们之间的耦合②。

为解释光子和电子的起源，文小刚 [118–120] 提出了弦网凝聚猜想：

① 这里的“量子涨落”是构成宇宙真空的连续暗物质和暗能量场的微观涨落，不是量子场论中通常物质的量子涨落。

② 起源于正、负引力凝聚的热引力声子，其自旋没有理由不同于热电磁声子及光子。虽然普通物质加速运动所发射的四极矩引力波，其引力子可能具有与光子不同的自旋；但 LIGO 实验表明，即使是非热引力波，也能有效地调制激光光波。

> 真空充满了任意大小的弦网状物体，这些弦网组成了量子凝聚态，根据弦网理论，光 (以及其他规范玻色子) 是凝聚弦网的振动，而费米子是弦的末端。…… 弦网凝聚理论为光和费米子提供了共同的起源。

为了统一地解释基本粒子的起源，粒子物理学领域的弦网理论将真空设想为一个凝聚的多体系统；而在基本物理和宇宙学的领域，热平衡的引力中性真空必须是多体凝聚的系统，否则无法解释背景辐射的绝对黑体谱。

5.4 膨胀宇宙的能量转换

在相对论宇宙学的场方程 (54) 中，通过理想流体能量-动量张量 (56) 及状态方程 (57) 引入的物质密度 ρ_m，包含了所有局域系统中各种能量形式——星系质量，恒星和星系的动能和压力，星系际气体，宇宙射线，磁场，热辐射和非热辐射等的贡献 ([64] §27.2)；而且，方程 (54) 是描述引力场的方程，即宇宙动力学中的物质只有引力作用，宇宙动力学中的“宇宙”只能是不存在电磁辐射、仅由暗物质和暗能量组成的“暗宇宙”，宇宙中实际存在的少量普通物质也已转化成暗宇宙中只有引力作用的暗物质。不采用吸引与排斥平衡的引力中性宇宙图像 (见 §5.3) 以实现引力的热能化，不计及宇宙热引力辐射和引力声子，就不可能物理地定义宇宙温度，无法解释宇宙的热平衡和背景辐射的黑体谱，更无法维持宇宙演化的能量守恒。

5.4.1 实物和辐射

通常认为，宇宙物质密度 ρ_m 由具有静止质量的实物粒子能量密度 ρ_{sub} 和热辐射能量密度 ρ_{rad} 构成，如 §3.3.3 中的式 (63) 所示：

$$\rho_m = \rho_{sub} + \rho_{rad}$$

随着宇宙膨胀，尺度因子 a 变大，实物质量密度 $\rho_{sub} \propto a^{-3}$ 下降，背景辐射温度 $T \propto a^{-1}$ 下降，辐射能量密度 $\rho_{rad} \propto a^{-4}$ 下降，则辐射与实物的能量密度比 $\rho_{rad}/\rho_{sub} \propto a^{-1}$ 下降 ([73] §6，[121])。高温高密的早期宇宙以辐射为主。宇宙年龄 $t \sim 1\text{s}$ 时，温度 $T \approx 10^{10}\text{K}$，热辐射光子的典型能量 $kT \sim 1\text{MeV}$，辐射与实物能量密度比高达

$$\rho_{rad}/\rho_{sub} \sim 6 \times 10^5$$

早期宇宙几乎完全由热辐射构成，实物成分微不足道。现在的宇宙，背景辐射温度下降到 $T_0 = 2.725\text{K}$，辐射能量密度减少到只有实物的千万分之一

$$\rho_{rad}/\rho_{sub} \sim 10^{-7}$$

宇宙学教科书在讲早期宇宙时，明确地或隐含地认为：式 (63)$\rho_m = \rho_{sub} + \rho_{rad}$ 中的辐射能量密度 ρ_{rad} 是电磁辐射的能量密度；随着温度下降，热辐射经由光子转换为正反粒子对的过程转化为实物。

但是，早期宇宙的绝大多数热载流子不可能是光子，因为光子加上其他的普通物质粒子不超过宇宙总能量的 5%。而且，当温度 $T \sim 10^{10}$K 时，宇宙几乎完全由辐射构成，而当时的光子能量已低于产生正负电子对的阈能，再也不可能转化成重子或轻子；如果早期宇宙热辐射主要是电磁辐射，则当时宇宙的几乎全部的能量现在都不知去向了，宇宙成为一个能量极端不守恒的系统。

早期宇宙的绝大多数热载流子也不可能是高度相对论的冷暗物质粒子，因为随着宇宙温度的下降，暗物质粒子携带的热能同样难以转换为其他的能量形式。若暗物质粒子与其热辐射能之间存在着未知的转换过程，那么现在的宇宙则应当几乎全部由暗物质粒子构成。

我们在 §3.3.3“驱动宇宙的是引力还是压力?”一节中已指出，对于宇宙膨胀的动力学过程，只有引力才是驱动源，而包括电磁作用在内的所有局域作用的贡献都已包含在质量密度 ρ_m 中。类似地，对于宇宙的热力学过程，也只有引力才是驱动源，热电磁辐射和热光子对应的是局部物理区域的热过程，而只有实现了引力的热能化，用仅由引力作用产生的热引力辐射和热引力声子才有可能对于宇宙的热历史作出自洽的不违背基本物理规律的描述。区别于微观物理、宏观物理和天体物理学，宇宙学中的“宇宙”应当如 §5.2.2“没有重子和光子的宇宙”一节所建议，是一个由只有引力作用的均匀连续介质构成的系统。

因此，公式 (63)$\rho_m = \rho_{sub} + \rho_{rad}$ 只适用于局域的物质系统。对于非局域宇宙的能量密度应表为

$$\rho = (\rho_m + \rho_\lambda) + \rho'_{rad} \tag{78}$$

式中，ρ 为宇宙介质的能量密度；ρ_m 和 ρ_λ 分别为暗物质及暗能量密度；ρ'_{rad} 为宇宙辐射能量密度。

在与膨胀宇宙共动的坐标系里，宇宙介质处于静止状态。因此，适用于宇宙的公式 (78) 中的能量密度 ρ_m 和 ρ_λ 应当分别是暗物质和暗能量的静止质量密度。与宇宙热辐射密度 ρ'_{rad} 对应的实物密度为 $\rho_m + \rho_\lambda$。宇宙物质密度 ρ_m 中已经包括了式 (63) 中的局域电磁辐射能量密度 ρ_{rad}，而式 (78) 中的宇宙辐射密度 ρ'_{rad} 描述的是非局域引力产生的热引力辐射 (引力声子)，不包括局域电磁辐射的贡献。宇宙热辐射起源于吸引与排斥相互平衡的宇宙介质内部组分的随机运动 (如图 17 所示的网格结构的集体振动)。膨胀宇宙温度的变化导致宇宙连续介质的辐射能与静止质量间的转换，同局域系统中热辐射光子与实物粒子间的转换无关。

5.4.2　能量守恒

体积为 V 的宇宙中实物的总质量为

$$\begin{aligned} M &= (\rho_m + \rho_\lambda)V \\ &= M_m + M_\lambda \end{aligned} \tag{79}$$

总辐射能量为

$$E_{rad} = \rho'_{rad} V \tag{80}$$

在与膨胀宇宙共动的参照系里，宇宙介质处于静止状态，热辐射能量同实物的静止质量一样也是宇宙静止能量的一部分①，宇宙的总静止能量可写为

$$E_{rest} = M + E_{rad} \tag{81}$$

宇宙的热辐射能量 E_{rad} 是暗宇宙的整体性能量。描述暗宇宙弹性结构集体激发的热引力声子不可能脱离开暗物质和暗能量而成为一个孤立系统。随着膨胀宇宙的冷却，热引力辐射的能量通过声子-实物关联连续地传递给组成宇宙弹性结构的实物质量 (图 18)，从而使宇宙的总静止能量守恒

$$E_{rest} = \text{const} \tag{82}$$

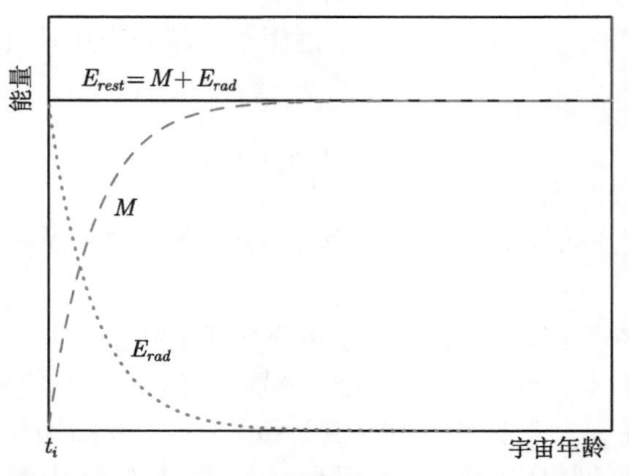

图 18　膨胀宇宙的能量守恒。横坐标为宇宙年龄，t_i 为暴胀结束时间。E_{rest}：共动坐标系中的总静止能量；M：宇宙介质总静止质量；E_{rad}：宇宙热引力辐射总能量

① 宇宙热辐射能量是宇宙静止能量的一部分，以及上节所述局域热电磁辐射能量是宇宙物质质量的一部分，这两个论断对于正确认识和区分局域和非局域系统以及热和非热过程是很重要的。

5.4.3 光子-声子热传递

当膨胀宇宙的温度降至 $kT \approx 0.25\text{eV}$ 时，光子与实物粒子退耦成为背景辐射。背景辐射光子不再同实物粒子发生碰撞，光子总数不随宇宙膨胀变化，而宇宙学红移效应使背景黑体辐射温度 $\propto a^{-1}$ 下降，则辐射总能量 $\propto a^{-1}$ 减少，违背了热力学第一定律。宇宙背景辐射损失的能量到哪里去了？

皮布尔斯在 *Principles of Physical Cosmology* 一书中用题为“膨胀宇宙中的黑体辐射”一节 ([73] §6) 表述了这一疑难问题，其结论是：

> 对这一疑难的解释是：能量守恒是一个局域概念 …… 它可以对于渐近平直空间中的一个孤立系统定义，而在广义相对论里并不存在一个一般的总体能量守恒定律。

也就是说：广义相对论的弯曲时空允许能量不守恒！

相对论宇宙学中的背景辐射能量丢失疑难及其弯曲时空解释，令人想起核物理中的 β-衰变能量不守恒问题。1930 年玻尔在法拉第讲座中质疑 β-衰变的能量守恒 (转引自 [122] p.135 § 玻尔质疑能量守恒定律)：

> 在原子理论的现阶段，我们可以说，无论是从经验上还是从理论上，都没有理由坚持在 β-衰变过程中能量一定守恒。原子的稳定性迫使我们放弃的也许正是能量平衡的观念。

其后泡利和费米提出，弱作用过程中存在着尚未被实验探测到的中微子带走了能量，而不是 β-衰变中能量守恒律被破坏。中微子终于在 1956 年被成功地探测到，证明了量子力学不能成为破坏能量守恒的理由。

当发现一个孤立系统的能量不守恒时，首先应当探寻是否存在着未知的物质形态或能量转换过程，不能轻易地放弃守恒律：量子力学如此，广义相对论也应当如此。宇宙学不应当满足于“广义相对论的时空弯曲导致能量不守恒”这样的解释，从而在弯曲时空无法确保能量守恒的理论局限前止步；不能仅凭与实物粒子脱耦，就认定背景电磁辐射构成了一个孤立系统并轻易地作出宇宙能量不守恒的结论。

宇宙中的正、负 (引力) 质量组分相互作用，达到平衡。宇宙的热能是相对于引、斥作用平衡位置的微观振动能量，其热载流子是引力声子。与宏观物体的热辐射不同的是，引力声子始终在宇宙空间中传播，不断地同宇宙中各局域系统的热辐射光子作用。微波背景辐射的绝对黑体谱要求局域热辐射光子和宇宙引力声子间存在相互作用和能量转递 (见 §5.3.3)，与实物粒子脱耦的背景辐射光子，可以通过与引力声子的作用，将能量传递给宇宙介质，从而保持总能量的守恒。不同于局域热过程，膨胀宇宙中的热辐射光子在超大规模地转化为宇宙背景介质的质量。没有引力声子，没有光子-声子作用，就不可能保持膨胀宇宙的能量守恒；或者说，宇宙总能量守恒要求：必须存在宇宙热引力辐射，以及宇宙热声子和局域热光子间的能量转换。

5.5 热力学中的热质能疑难

5.5.1 过增元问题

在工程热物理研究中，过增元指出，基于狭义相对论，热能应具有质量，当热流密度很大时，其惯性不能忽略，导致傅里叶导热定律不再适用。过增元组[123,124]导出了计及固体声子气质量 (热质能) 的状态方程及其运动守恒方程。过增元向物理学者提出了疑问：在热耗散过程中，与消逝的热能对应的物质质量到哪里去了？耗散掉的热质能是不是形成了宇宙的暗能量？

在局域性的物理学中，晶体的热能——晶体声子的能量，是晶格集体振动的能量。晶体的能量似乎可以划分为两部分：由晶体原子的质量构成的晶体静止质量，以及原子运动所带有的能量。从狭义相对论的观点看，晶体的热能也是该晶体静止能量的一部分，或者说，静止晶体的质量是原子质量及热质能之和。如果晶体是一个孤立系统，其静止质量应当保持不变：温度连续地下降时，热量的减少应当使构成晶格的原子质量连续地增加。但是，微观过程的量子性阻断了两种静止质量间的转换：热辐射能量不可能改变原子固有的内禀质量。同时，与真空的热交换也使晶体不可能是一个孤立系统。宇宙中各个局域系统的热耗散能量最终都将汇流到宇宙真空里。与普通物质的局域系统不同，对于均匀连续介质构成的引力中性宇宙，两种静止能量间，即暗物质-暗能量的静止质量和热引力声子的能量间，可以实现连续地转换。局域热耗散光子-引力声子-宇宙介质构成的作用链，维系着宇宙的静止能量守恒。随着膨胀宇宙的冷却，热能最终将完全转变为宇宙介质的质量——不只是如过增元的猜想那样转变为暗能量，而是暗物质-暗能量构成的引力中性介质的静止质量。

5.5.2 薛定谔问题

薛定谔《统计热力学》[125] 第 7 章用吉布斯系综统计研究 n 质点理想气体问题后，在第 8 章里指出：如果取消粒子数为常量这一条件，即容许粒子在碰撞中产生或湮灭，会导致气体极迅速地变为极度稀薄。薛定谔说：

> 当同时考虑物质湮没的任何其他可能性时，例如物质转化为热辐射，我们也会得到同样典型的结果。除非我们认为这类转化不可能，否则我们将惊奇宇宙中尚有这样多物质被留存下来。唯一的解释似乎是假设

> 这种转化是很缓慢的过程，并且假设宇宙的情况在不太远的过去与现在很不相同。

薛定谔提出的问题表明，即使研究局域系统的热力学，最终也需要计及宇宙的热环境和宇宙总体能量守恒的物理限制。

本书第 4 章“均匀、各向同性和平直的宇宙”论述了：吸引与排斥平衡的引力中性宇宙介质，不仅是解释宇宙的平直、均匀及各向同性的需要，同时也是避免物理学中一些重大疑难问题，如纽曼-西利格悖论、奥柏斯悖论、奇性疑难、惯性系疑难等问题的需要。本章又进一步指出：为了解释宇宙的热平衡、黑体谱，同时也避免统计热力学中的一些基础性疑难和宇宙总能量不守恒问题，引力中性的宇宙介质除了具有静止质量的实物 (暗物质和暗能量)，还需要包括热引力辐射声子，并且存在光子-引力声子-宇宙实物间的耦合。

第 6 章 宇宙动力学

6.1 宇宙时空的对称性

为了构建膨胀宇宙的动力学，首先需要明确其时空的对称性。

6.1.1 非洛伦兹的宇宙时空

远在实现对微波背景辐射的全天观测之前，一些学者就已明确地指出：宇宙背景辐射的各向同性和黑体谱会破坏爱因斯坦的相对性原理。

关于背景辐射的各向同性，1962 年邦迪 (Bondi H)[126] 指出：

> 如果我们高速地运动，就看不到这样的各向同性，因为前方的红移将远小于后方。我想不出有任何办法可以否认环绕我们的宇宙确实为我们确定了一个特殊的优越速度。…… 这里清楚地显示出宇宙学与通常的物理学之间的冲突。在通常的物理学里，我们被教导，相对性原理，速度无关性原理，是如此之绝对正确，如此之重要和基本；在实验室物理中很多事情都是从这一原理推导出来的，我们不敢去质疑优越速度的不存在。

关于背景辐射的黑体谱，1970 年伯格曼 (Bergmann P G) 在文献 [127] 题为“相对性原理的破坏”一节中指出：

> 相对论的基础是相对性原理：在彼此相对做匀速直线运动的惯性参照系中不存在一个绝对静止的特殊参照系；没有实验可以发现两个惯性参照系性质上的任何差别。…… 如今，存在一类受到宇宙环境影响的实验，它们包含着与原始火球产生的弥漫背景辐射——温度为2.7K的黑体辐射的作用。黑体辐射在洛伦兹变换下会发生变化，只在一个参照系中它才是各向同性的，在这个意义上这个参照系可以被称为是“静止”的。…… 换句话说，相对性原理只对某些类型的实验 (例如，不涉及与背景辐射作用的实验) 成立，或者对精度或灵敏度还不够高的实验成立。

微波背景辐射探测卫星 *COBE*、*WMAP* 和 *Planck* 测得的全天微波背景温度分布的偶极矩 (见 §3.1 图 7 左图) 证实了上述与相对性原理不相容的优越速度的存在；只有在准确地扣除了探测器相对于宇宙背景的运动效应之后，才能有背景辐射的各向同性，才能得到高度准确的黑体谱，也才能导出宇宙参数的准确数值(见 §4.1)。

所以，洛伦兹不变性与基本的宇宙学观测不相容，洛伦兹空间不能作为构建宇宙动力学的框架，各种相对论宇宙学从根本上都是错误的。

6.1.2 伽利略协变、洛伦兹协变和“广义协变”

是否满足爱因斯坦的相对论被广泛地用作为判断物理理论的标准。实际上，不少重要的物理理论无法被相对论化，特别是对于多体系统物理及统计热力学，非相对论性的理论描述是必要的。

例如，凝聚态及核物理的多体量子场论就是非相对论的。陆埮在罗辽复《量子场论》[128] 一书的序言中指出：

> 非相对论量子场论对于处理统计物理和凝聚态物理等多粒子体系问题是极为有用的。许多复杂问题经量子场论处理后可以变得十分简单；许多精辟的新概念，如准粒子概念等，可以通过量子场论而自然引入。

再如，麦思纳、索恩和惠勒在《引力论》[64] 一书中用 §22.2 一节讨论了“弯曲时空中的热力学”。他们在爱因斯坦引入的弯曲时空中推导宏观流体系统的热力学定律和方程，得到的结果却是：

> 上述全部热力学定律和方程，在弯曲时空中与在平直时空中完全一样；在相对论性的平直时空中，与在经典的非相对论性的热力学中完全一样——只是在ρ(总质量-能量密度) 和μ(静止系中重子的化学势) 中，除了包含静止质量外，还应包括全部其他形式的能量。理由很简单：所有定律都表为联系各热力学变量的标量方程，而这些热力学变量是在流体静止系中测量的。

为什么弯曲时空与平直时空中的热力学可以完全一样？

在同一个背景时空里可以发生各种物理过程，而表述它们的位形空间各不相同。本书 §1.1.4 中已指出，所谓“弯曲空间”一词里的“空间”，并不是位置空间或背景时空，而是位形空间；§1.1.6 和 §2.1.2 中还指出，在分析力学的表述形式下，无论是经典力学还是相对论力学，都是“广义协变”的。广义相对论场方程只不过是在未知运动质量引力势形状的条件下，对于引力势场的一种宽泛的数学表述而已；场方程中的弯曲度规场，并不是被弯曲的时空，而是平直的背景时空中弯曲的引力势场；不存在一个比狭义相对论更一般的所谓的“广义相对论”。广义相对论场方程的度规场 (弯曲空间) 只能用于求解质点在引力场中的运动——虽然，连最简单的二体问题都解不了；在描述别的物理过程，例如晶体晶格的集体振荡时，没有任何理由要求把这个弯曲的度规场取作时空背景。因此，宏观系统的热力学可以不去考虑什么“弯曲空间”或者“广义相对论”，是一件很自然的事情。

但是，狭义相对论的洛伦兹空间是局域物理过程的背景时空，为什么宏观系统的热力学也仍然可以是经典的非相对论性的热力学呢？

其实，如 §1.2.1“洛伦兹空间”一节所述和图 2“背景时空和位形空间”所显示的，洛伦兹空间也是一种位形空间，是广义坐标为 $(ct, \boldsymbol{x})$ 的位形空间，其中 t 和 $\boldsymbol{x}$ 分别为在光速不变约束下测量得到的时间和空间位置；只不过洛伦兹空间是一个平直的而非弯曲的四维空间，可以被用作局域的背景时空。宏观物质系统里一个质点的动力学服从 (狭义) 相对论。宏观物体中的一个微观粒子同时具有两种时空坐标：该粒子所在的局域洛伦兹空间里的时空坐标和宏观物体静止系里的时空坐标。宏观物体的热过程是一个相互关联的多体系统的统计过程，例如晶体的热运动是中性的晶格围绕平衡位置的集体振荡。虽然一块晶体的机械运动也应服从相对论，但它的热力学过程，则如麦思纳、索恩和惠勒所得出的结论那样，需要同时考虑两个参照系：在非相对论的惯性系里建立热力学的方程，但其中的热力学参数为局域相对论的数值。

物理理论的背景框架应当根据具体的研究对象和实验观测条件来选取。描述局域系统与描述非局域系统，描述单个质点或少体系统与描述多体关联系统，需要采用不同的基础时空标架。虽然，在光速有限而且恒定这一运动约束的条件下构成的局域物理空间——平直的四维洛伦兹空间可以普遍地用作为构建质点动力学的背景时空。但是，并没有理由要求一切物理理论都必须是洛伦兹不变的。

6.1.3 宇宙时空的伽利略对称性

在消除了相对于宇宙背景的绝对运动效应后，从微波背景辐射各向异性分布图 8 上，我们可以清楚地区分出无数局部洛伦兹区域和一个超视界的非局域宇宙。初期宇宙密度涨落在均匀的宇宙介质中以光速 c 缓慢地传播，到 37 万年时形成图 8 上尺度仅 $\sim 1^\circ$ 的各个局部的热斑或冷斑区域。在一个局域斑内，涨落传播过程满足洛伦兹协变性，不存在优越速度和绝对时间。分立的各个局域斑内的局域物理过程彼此无关，但都是在均匀的宇宙背景之上发生的。宇宙空间的均匀膨胀和温度的均匀下降，在任何时候都为任何地方的密度和温度提供了一个均匀的背景，各向异性的局域涨落幅度只有各向同性的均匀背景的十万分之一。

宇宙背景时空可以用统一的宇宙时间 t，统一的密度 ρ，统一的温度 T，统一的尺度因子 a，以及共动坐标系里的位置坐标 (r, θ, φ) 来描述：宇宙背景时空是由具有最大对称性的绝对时间和欧氏空间构成的伽利略时空。但是，对于任何一个局域物理事件，还需要用洛伦兹协变的闵可夫斯基空间坐标 $(ct, \boldsymbol{x})$—— 局域位形空间的广义坐标来描述。虽然宇宙时间和闵可夫斯基时间都用字母 t 表示，但它们是两个完全不同的时间，前者是由宇宙能量密度决定的统一的宇宙时间，后者则是相对于一个特定的惯性系、用传播速度 c 有限且恒定的电磁波测定的局域性时间。宇宙动力学同局域斑内的物理过程没有关系。宇宙动力学研究宇宙尺度因子、密度、温度与统一的宇宙时间的关系，只能在伽利略时空框架里表述，不存在其他的选择。

尽管邦迪和伯格曼早就明确地指出，宇宙学与爱因斯坦相对性原理不相容 (见 §6.1.1)；而且，用局域相对论构建出的标准宇宙模型，存在着诸多严重的疑难问题 (见 §3.3.1–§3.3.6)：主流学者们却仍然坚持宇宙学的基础必须是广义相对论，坚持用具有无数个未知参数的弯曲空间，或更有甚者，用 11 维的高维空间，来描摹一个具有极大对称性的均匀平滑至极的宇宙！这种古怪的状况，就像是娴熟于宫廷法式的高明建筑师，坚持要用《阿房宫赋》的语言来描摹《吊古战场文》中的荒漠 (图 19)。

图 19 宫殿与荒漠的对称性 [129, 130]

6.2 中性真空动力学

6.2.1 膨胀宇宙的物理图像

均匀各向同性系统 对于一个均匀各向同性的物质系统——系统中的能量密度 ρ 处处相同，物质运动只能是均匀地膨胀 (或收缩)，可以定义一个在平直的欧氏空间中的共动坐标系，三维空间坐标随物质的膨胀一起运动。在共动系中，两点间的空间坐标间隔保持为常数 (见 [26]§9.7; [63]§7.4.2; [114]§1.1)，即具有常数线元

$$\mathrm{d}l^2 = a^2(t)\left[\mathrm{d}r^2 + r^2\mathrm{d}\theta^2 + r^2\sin^2\theta\,\mathrm{d}\varphi^2\right] \tag{83}$$

式中，r, θ, φ 为共动球坐标系中的坐标；$a(t)$ 为系统膨胀因子 (系统尺度因子)。令 $a(t_0) = 1$，而 t_0 时刻系统的实际尺度为 R_0，则 t 时刻系统实际大小为 $R(t) =$

$a(t)R_0$。尺度因子 $a(t)$ 随时间增大的膨胀系统满足哥白尼原理：所有地点都是平权的，都有相同的密度和膨胀速度；没有膨胀中心，或者每点都是膨胀中心，任何两点都以正比于其间距的速度相互退行。系统的总静止能量 E_{rest} 应守恒：若时刻 t 的系统体积为 $V(t)$，则能量密度

$$\begin{aligned}\rho(t) &= E_{rest}/V \\ &= \rho_0/a^3(t)\end{aligned} \tag{84}$$

式中，ρ_0 为 t_0 时刻的密度。基于方程 (84)，我们可以用测量系统的能量密度来决定系统的时间。

均匀各向同性系统的运动学和动力学的对象可以归结为时间的函数 $a(t)$。质点或物体在系统里的运动 (本动，peculiar motion) 需要在洛伦兹空间中表述；但是，均匀各向同性系统自身的运动——与空间位置无关的膨胀因子 $a(t)$ 随时间 t 的变化，只能在伽利略时空中表述：存在一个统一的伽利略时间 t；空间间隔 (83) 是不变量；系统的运动只能是在伽利略时空中的均匀膨胀 (或收缩)，变量 $a(t)$ 根本就不允许出现在洛伦兹协变的方程中。在任何时刻 t，系统各处的膨胀因子 $a(t)$ 都相同，各处的膨胀速度和加速度都相同；导致系统运动的原因不可能是相对论力学中的作用力和推迟势；直线上 A, B, C 三点间在任一时刻的退行速度符合伽利略速度变换 $v_{AC} = v_{AB} + v_{BC}$，而不遵从洛伦兹变换。

膨胀宇宙 爱因斯坦宇宙学原理 (哥白尼原理) 假定宇宙是一个均匀各向同性的物质系统。精确宇宙学观测已经证实了宇宙的物质分布和膨胀运动都同宇宙学原理高度符合。所以，宇宙动力学就是：在用不变空间间隔 (83) 描述的欧氏空间和用物质密度 ρ 测定的宇宙时间 t 所构成的伽利略时空中，尺度因子 $a(t)$ 的动力学。

但是，相对论宇宙学却用四维洛伦兹空间里的 R-W 度规 (62)

$$\begin{aligned}\mathrm{d}s^2 &= c^2\mathrm{d}t^2 - \mathrm{d}l^2 \\ &= c^2\mathrm{d}t^2 - a^2(t)\left[\mathrm{d}r^2 + r^2\mathrm{d}\theta^2 + r^2\sin^2\theta\,\mathrm{d}\varphi^2\right]\end{aligned}$$

来表述宇宙时空 (见 §3.2 和 §3.3.1)，而度规中的时间 t 却是统一的宇宙时间。如此定义的 R-W 度规并不是一个不变量，不能用来描述一个真实的物理时空。洛伦兹空间中的时间 t 是在光的传播定律基础上定义的“电磁时间”或“洛伦兹时间”；而空间间隔 (83) 或 R-W 度规中的时间 t 却是用均匀系统或宇宙的物质密度决定的系统“绝对时间”或“伽利略时间”。相对论宇宙学使用的 R-W 度规与洛伦兹不变性不相容；或者说，相对论宇宙学不允许使用 R-W 度规。

还原与涌现 一个始终保持均匀各向同性的物质系统，其膨胀也必定是均匀各向同性的——任意两点间的距离都与系统膨胀因子 $a(t)$ 同步地增大；膨胀不是

系统的物质相对于系统的运动，而是系统本身的均匀膨胀，或者说是固定于系统上的坐标系的膨胀。安德森 (Anderson P W)[131] 指出：

> 将万事万物还原成简单基元及其基本规律的能力，其实并不蕴含着从这些规律出发重建整个宇宙的能力 …… 当面对尺度与复杂性的双重困难时，以还原论为基础的建构论的假定就完全崩溃了。其结果是，大量基本粒子构成的巨大复杂聚集体的行为并不能依据少数粒子的性质外推就能理解。

其实，即便是一个尺度有限具有最简单对称性 (均匀各向同性) 的局域系统，其运动已不可能还原为质元在外力作用下的相对论运动，质元运动的叠加不可能产生出均匀各向同性的整体膨胀。

凝聚态物质系统的相变是一个多体关联系统的集体行为，可以导致系统热力学量的同步变化 (涌现或演生，emergence)。系统温度的同步变化，可以引起系统尺度均匀各向同性的膨胀：同地点无关的系统膨胀因子 $a(t)$ 随时间改变；不存在一个特定的膨胀中心，只要系统足够大，从系统内的每个地点都可以看到同样的膨胀图像；系统中任意两点都以正比于其间距的速度相互退行。因此，热力学系统的集体演生过程，能够产生和维持一个物质系统的均匀各向同性的机械运动。

膨胀的宇宙不仅是一个空间尺度很大的均匀各向同性系统，而且，如 §5.3.1 “宇宙的热平衡” 和 §5.3.2 “凝聚态宇宙” 所述，还是一个热平衡的多体关联系统：所有地点都有相同的温度，其热辐射谱为绝对黑体的普朗克谱。相对论宇宙学的原初奇点大爆炸模型，既无合理的物理图像，也产生不了符合哥白尼原理的膨胀，更无法解释背景辐射的黑体谱。宇宙膨胀的均匀及各向同性，是一个热力学系统涌现过程的特征：宇宙真空是引力中性凝聚体，其膨胀及加速源于背景真空的一个有限区域的相变。

宇宙既在物质的分布上具有极大的对称性，又是一个处于完美平衡状态的热力学系统。我们在 §6.1.2 节中引述过麦思纳、索恩和惠勒《引力论》关于宏观系统热力学的结论：“全部热力学定律和方程 …… 与在经典的非相对论性的热力学中完全一样——只是在 ρ 和 μ 中，除了包含静止质量外，还应包括全部其他形式的能量 …… 这些热力学变量是在流体静止系中测量的。” 宇宙动力学与宏观系统热力学的情形很相似：宇宙动力学参量 ρ(宇宙介质能量密度) 也是除静止质量外，还包括全部其他形式的能量；在共动参照系中，宇宙介质也是静止的；而且，如 §3.3.1 所述，从弯曲时空中的爱因斯坦场方程导出的弗里德曼方程，也与

牛顿宇宙学一致 ①。所以，与宏观热力学系统一样，作为一个热力学系统的宇宙时空是经典的伽利略时空。

宇宙时空是伽利略空间，并不意味宇宙动力学要回归到牛顿力学。§4.2 中列举了牛顿力学和牛顿宇宙学的一系列严重困难，如引力悖论、白夜悖论、奇性疑难、惯性系存在性困难等，其中的奇性和惯性系疑难也同时是相对论力学和相对论宇宙学的困难。只有将负引力质量的暗能量作为基本物质组分，并同重力物质耦合形成引力中性的宇宙真空，才能避免物理学的基础性困难，才能为构建满足宇宙学原理的宇宙提供物质基础 (见 §4.3“引力中性的宇宙”)。类似于构建电中性宏观物质系统的热力学，理解宇宙的热平衡和背景辐射的绝对黑体谱，也需要一个伽利略时空里的引力中性暗宇宙 (见本书第 5 章“热平衡的宇宙”)。所以，伽利略时空背景下的宇宙动力学，并不是从相对论的倒退，而是在经典及相对论力学的基础上，基于对非局域宇宙系统的观测事实所构建的引力中性真空的动力学②。

6.2.2 能量方程和运动方程

能量方程 均匀各向同性的膨胀宇宙具有统一的宇宙时间和最大对称性的空间。在同宇宙共动的坐标系中，空间间隔 $\mathrm{d}l^2$ 是伽利略变换的不变量。宇宙动力学研究宇宙共动坐标系自身的膨胀，即研究间隔 (83) 中宇宙尺度因子 $a(t)$ 随时间的变化，或宇宙半径 $R(t) = R_0 a(t)$ 随时间的变化。

作为宇宙膨胀的标示物，宇宙动力学中的物质必须在共动系中保持静止；共动系中测得的总惯性质量 M_I 包含了宇宙介质所有形式的质量-能量，包括辐射能以及相对于共动系运动的动能 (见 §5.4.2 中式 (79) 和 (81))，即

$$\begin{aligned} M_\mathrm{I} &= E_{rest} \\ &= (M_m + M_\lambda) + E_{rad} \end{aligned} \tag{85}$$

$\dot{R} = 0$ 的静态宇宙是宇宙动力学中的静止系。宇宙的膨胀，是相对于宇宙静止系的膨胀，膨胀宇宙总动能为

$$E_k = \frac{1}{2} M_\mathrm{I} \dot{R}^2 \tag{86}$$

① 系统的均匀各向同性与系统的热力学行为有深刻的联系：弗里德曼将均匀各向同性理想流体的能量-动量张量代入广义相对论场方程，导出了膨胀宇宙的能量和运动方程，但是弗里德曼方程却和牛顿宇宙学的方程形式一样；麦思纳、索恩和惠勒在弯曲时空里逐一地表述热力学定律和建立热力学方程，结果却和在经典的非相对论时空里的定律和方程一样；蔡荣根等 [132] 从热力学第一定律出发也导出了弗里德曼方程。均匀各向同性和热平衡的宇宙，其动力学的基础框架应当是伽利略时空。

② 宇宙时空具有伽利略对称性，并没有否定爱因斯坦的相对论。如像宏观系统热力学采用非相对论的经典时空作为背景时空并不构成对相对论的否定一样，宇宙动力学的背景时空是非相对论的经典时空也不构成对相对论的否定：二者都建立在满足洛伦兹协变性要求的局域物理的基础上，二者中的质量密度都是狭义相对论质能等价意义下的物理参数。

对于一个引力质量 M_g、半径 R 的物体，引力势函数为

$$\Psi = -G\frac{M_g}{R} \tag{87}$$

在宇宙尺度上，产生排斥力的暗能量不能忽略。若 M_m 和 M_λ 分别为宇宙介质中的重力物质和暗能量的总惯性质量，重力物质的总引力质量也是 M_m，而暗能量的总引力质量应为 $-M_\lambda$，则宇宙介质的净引力质量为

$$M_g = M_m - M_\lambda \tag{88}$$

宇宙的总引力位能为

$$E_p = -GM_{\rm I}\frac{M_m - M_\lambda}{R} \tag{89}$$

膨胀宇宙的动能和引力势公式 (86) 和 (89)，虽然是在伽利略坐标系中表述的，但不能被简单地视为牛顿力学的公式：这些公式中的静止质量 $M_{\rm I}$, M_m 和 M_λ 都不是牛顿框架中的经典力学量，它们都包含了局域洛伦兹空间中所有相关的质量-能量。此外，引力质量和引力质量密度的定义——公式 (88) 和 (93) 也不是牛顿力学的定义。

从机械能守恒

$$E_{mech} = E_k + E_p = \text{const} \tag{90}$$

导出膨胀宇宙的能量方程为

$$\dot{R}^2 = 2GM_gR^{-1} + E' \tag{91}$$

方程中的常数

$$E' = 2E_{mech}/E_{rest} \tag{92}$$

组成宇宙介质中的重力物质和暗能量分别以密度 ρ_m 和 ρ_λ 均匀分布，宇宙介质的净引力质量密度为

$$\rho_g = \rho_m - \rho_\lambda \tag{93}$$

能量方程可以改写为

$$\dot{a}^2 = \frac{8\pi G}{3}\rho_g a^2 + \epsilon \tag{91$'$}$$

方程中的常数

$$\epsilon = \frac{2E_{mech}}{R_0^2 E_{rest}} \tag{94}$$

在 §4.2.2 中曾指出，取无穷远为引力势零点，则引力势总为负，且相对于引力源处的引力位能为无穷大。暴胀理论提出者古斯 (Guth A) 说过：

> 常说世间不存在诸如免费午餐之类的东西。但是，宇宙却是最为丰盛的免费午餐。

霍金 [133] 把负引力能作为古斯“免费午餐”说的理由：

> 宇宙中的物质具有正能量。但是，重力使物质相互吸引。两个物体靠近时比远离时的能量小。…… 在这种意义上可以说引力场具有负能量。对于整个宇宙，这种负引力能恰好与物质的正能量相抵消。所以，宇宙的总能量为零。而两倍的零仍然是零。当宇宙的尺度增大一倍时，正物质能和负引力能都增加了一倍，而总能量仍然守恒。

霍金的解释是经不起推敲的。怎么可以仅仅依据两个重物在外力作用下或动能减小时相互远离其引力场势能增加这一局域物理现象，不作任何论证就得出整个宇宙引力场具有负能量的结论？而且，力场可以相互抵消，能量如何对消？所谓“引力势能为负”只不过是势能比无穷远处小，并不能去抵消任何其他能量；再者，引力势能为负，源于无穷处的引力势能为零，而无穷处引力势能为零是一个任意的设定，宇宙是否能量守恒不可能由一个可以任意选取的位势零点来决定①。

在考虑了产生排斥力的暗能量后，零位势不再由任意选取的空间点来设定，而是被物理条件 $\rho_m = \rho_\lambda$ 决定。

对于具有斥力成分的宇宙，引力势不再始终为负，引力位能的符号及数值具有确定的物理意义：当 $\rho_m > \rho_\lambda$ 时，宇宙中重力物质占优，净引力为吸引力，位能为负；当 $\rho_m < \rho_\lambda$ 时，暗能量占优，净引力为排斥力，位能为正；宇宙介质为引力中性时，$\rho_m = \rho_\lambda$，宇宙引力场为无力场，引力位能为零。在静止质量 E_{rest} 和机械能 E_{mech} 守恒

$$\epsilon = \text{const}$$

的约束下，不存在引力位能无限大的问题，宇宙也不可能无限地加速到被“大撕裂”。

运动方程　从宇宙的动能和位能表达式 (86) 和 (89)，可以写出宇宙的拉格朗日量

$$\mathcal{L} = M_{\mathrm{I}}\dot{R}^2/2 + M_{\mathrm{I}}GM_gR^{-1} \tag{95}$$

则下列拉格朗日方程即为膨胀宇宙的运动方程

$$\frac{\partial \mathcal{L}}{\partial R} - \frac{\mathrm{d}}{\mathrm{d}t}\left(\frac{\partial \mathcal{L}}{\partial \dot{R}}\right) = 0 \tag{96}$$

---

① 在广义相对论以及相对论宇宙学的论著和科普作品中存在不少这类由比喻或推想得到的似是而非的论断。

6.2.3 无相变宇宙的膨胀

如果宇宙介质中重力物质与暗能量不相互转化,即宇宙的引力质量不变,$\mathrm{d}M_g/\mathrm{d}t = 0$,则运动方程 (96) 简化为

$$\ddot{R} = -GM_gR^{-2} \tag{97}$$

或

$$\ddot{a} = -\frac{4\pi G}{3}\rho_g a \tag{97$'$}$$

重力物质-暗能量平衡的引力中性宇宙,其引力质量密度 $\rho_g = 0$,运动方程 (97)′ 决定了膨胀加速度 $\ddot{a} = 0$,宇宙以能量方程 (91)′ 决定的恒定速度 $\dot{a} = \sqrt{\epsilon}$ 匀速膨胀。暗能量占优的宇宙,引力质量密度 $\rho_g < 0$,引力位能为正,能量方程 (91)′ 决定的膨胀速度 $\dot{a} < \sqrt{\epsilon}$,能量守恒条件 (91)′ 令随膨胀减少的引力位能转化为膨胀动能,宇宙加速膨胀,运动方程 (97)′ 决定的加速度 $\ddot{a} > 0$。重力物质占优的宇宙,引力质量密度 $\rho_g > 0$,引力位能为负,能量方程 (91)′ 决定的膨胀速度 $\dot{a} > \sqrt{\epsilon}$,能量守恒条件 (91)′ 令膨胀动能转化为随膨胀增加的引力位能,宇宙减速膨胀,运动方程 (97)′ 决定的加速度 $\ddot{a} < 0$。

联合能量方程 (91) 和运动方程 (97),我们可以导出如下的演化方程

$$\ddot{R} = -\frac{1}{2}(\dot{R}^2 - E')R^{-1} \tag{98}$$

或以尺度因子表述

$$\ddot{a} = -\frac{1}{2}(\dot{a}^2 - \epsilon)a^{-1} \tag{98$'$}$$

吴枚指出,演化方程 (98)′ 是流体动力学中的一类伯努利 (Bernoulli) 方程,它有三个解 [134]:

$$\dot{a} = \sqrt{c_1(1+z) - \epsilon} \qquad 若\ \dot{a} > \sqrt{\epsilon} \quad (\ddot{a} < 0,\ 减速膨胀) \tag{99}$$

$$\dot{a} = \sqrt{\epsilon} \qquad 若\ \dot{a} = \sqrt{\epsilon} \quad (\ddot{a} = 0,\ 匀速膨胀) \tag{100}$$

$$\dot{a} = \sqrt{\epsilon - c_2(1+z)} \qquad 若\ \dot{a} < \sqrt{\epsilon} \quad (\ddot{a} > 0,\ 加速膨胀) \tag{101}$$

式中,c_1 和 c_2 是正的积分常数;$a = (1+z)^{-1}$。同前面直接分析能量方程和运动方程得出的结果一致,对应于宇宙介质的三种状态 (重力物质占优、引力中性、暗能量占优),演化方程 (98)′ 的三个解 (99)~(101) 分别描述了减速、匀速和加速三种形态的膨胀;从式 (99) 和式 (101) 还可看出,若不发生相变 (重力物质与暗能量的比例不变),则一个减速 (或加速) 膨胀的宇宙,其膨胀速度 $\dot{a}$ 将单调地下降 (或上升),随着 $a \to \infty$ ($z \to -1$) 趋近于一个极限值 $\sqrt{\epsilon}$,不会发生"大坍缩"或"大撕裂"。

6.2.4　宇宙相变

20 世纪末, 通过对于 Ia 型超新星的观测发现宇宙膨胀正在加速 [135,136]，其后的观测又发现在红移 $z \sim 0.6$ 之前的更早时期宇宙膨胀是减速的 [137,138]：超新星观测结果显示出，宇宙的膨胀速度并非单调地上升或下降，在膨胀过程中宇宙至少发生过一次相变。此后至今，通过对微波背景辐射、重子声学振荡 (BAO) 和星系年龄等的测量分析，得到了不同宇宙学红移 z 处哈勃参数 $H(z)$ 或膨胀速度 $\dot{a}(z) = H(z)/(1+z)$ 的更多数据，见图 20。审视图 20 上的数据点可以看出，对于红移 $z > z_c \sim 1$ 的较早期宇宙，较之单调下降或上升，膨胀速度的分布更接近于一个速度不变的均匀膨胀；而当 $z \leqslant z_c$，或相应地，$R \geqslant R_c = R_0/(1+z_c)$ 和 $T \leqslant T_c = T_0(1+z_c)$，宇宙明显地进入了一个相变期：从 $z_c \sim 1$ 膨胀开始减速，其后从 $z_t \sim 0.6$ 转为加速。相变期间，组成宇宙介质的重力物质和暗能量成分的数量 (M_m 和 M_λ) 相互转换导致 M_g 的消长，在膨胀动力学中必须考虑引力质量 M_g 的变化。

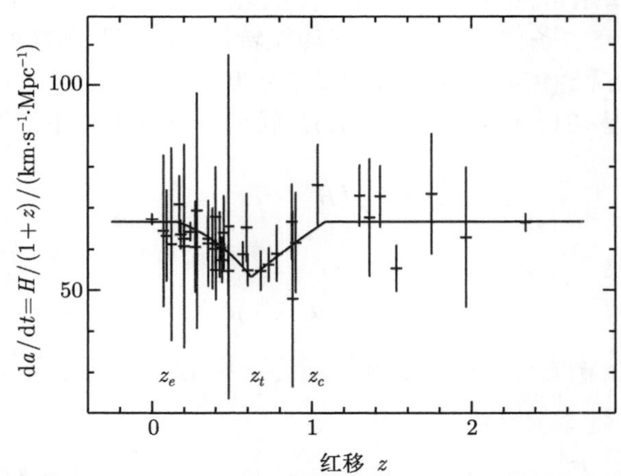

图 20　宇宙膨胀速度 $\mathrm{d}a/\mathrm{d}t$ 随红移 z 的变化。数据来源见图 10 的题注。曲线是用方程 (115) 对数据的拟合结果

朗道理论　从临界红移 z_c(对应的临界温度为 T_c，临界半径为 R_c) 开始的速度下降 (动能减少) 应是由位能增加 (M_g 减小) 引起,即部分 M_m 转化到 M_λ。取引力质量 M_g 为宇宙的热力学势，利用对于连续相变的朗道平均场理论 ([112]§142-143)，在转换点 R_c 附近将 M_g 展开为序参量 $(R-R_c)/R_c$ 的幂级数

$$M_g = b_0 + b_1(R-R_c)/R_c + \cdots \tag{102}$$

式中，$b_0 = M_g(R=R_c) = 0$。对于 $z < z_c$ 的下降段，由于数据少及误差大，仅取幂级数的头两项

$$M_g = -b(R - R_c) \tag{103}$$

式中，$b > 0$。

由拉格朗日方程 (17) 以及 $\partial M_g/\partial R = -b$，可导出减速膨胀阶段 (红移 $z \leqslant z_c$) 的运动方程：

$$\ddot{R} = -G(M_g R^{-2} + bR^{-1}) \tag{104}$$

联合方程 (91) 和 (104) 可得减速段的演化方程

$$\ddot{R} = -\frac{1}{2}(\dot{R}^2 - E' + 2Gb) \tag{105}$$

或写为

$$\ddot{a} = -\frac{1}{2}(\dot{a}^2 - \alpha\epsilon)a^{-1} \tag{105$'$}$$

式中的常数

$$\alpha = 1 - 2Gb/R_0^2 \tag{106}$$

方程 (105)$'$ 的解为

$$\dot{a} = \sqrt{c(1+z) - \alpha\epsilon} \quad (z_t \leqslant z < z_c) \tag{107}$$

式中，z_t 为减速阶段结束时的红移值；c 为正积分常数。从式 (107) 以及

$$\dot{a}(z = z_c) = \sqrt{\epsilon}$$

可求出

$$c = \epsilon(1+\alpha)/(1+z_c) \tag{108}$$

昂萨格倒易关系　在减速膨胀阶段，宇宙中的部分暗物质转化为暗能量。随后，在红移 $z < z_t$ 的一个加速阶段中，通过部分暗能量转换回暗物质，宇宙又重新回到惯性膨胀的平衡状态。对于 z_t 处的连续相变，加速度 $\ddot{a}(z = z_t) = 0$, 则由方程 (105)$'$ 可得速度

$$\dot{a}(z = z_t) = \sqrt{\alpha\epsilon} \tag{109}$$

将式 (109) 代入方程 (107) 得

$$z_t = \frac{2\alpha}{1+\alpha}(1 + z_c) - 1 \tag{110}$$

由 $0 < z_t < z_c$ 可得

$$\frac{1}{2z_c + 1} < \alpha < 1 \tag{111}$$

定义一个无量纲的相对引力质量密度

$$\eta = \rho_g/\rho_c = \frac{\dot{a}^2}{\epsilon} - 1 \tag{112}$$

其中，临界密度

$$\rho_c \equiv \frac{3}{8\pi G}\epsilon(1+z)^3$$

由方程 (91)′ 导出的引力质量密度

$$\rho_g = \frac{3}{8\pi G}(\dot{a}^2 - \epsilon)(1+z)^2$$

应用不可逆过程动理学系数对称性的昂萨格倒易关系 (Onsager reciprocal relations)([112]§120；[113]§5.1.7§11.7), 系数 η 对 $z = z_t$ 点对称，即在 $z_e \leqslant z < z_t$ 期间的 η 值与 $z' = 2z_t - z$ 处相同，此处的 z_e 为相变结束时的红移值

$$z_e = 2z_t - z_c \tag{113}$$

则由方程 (107) 我们可以得到加速膨胀阶段的演化方程

$$\dot{a} = \sqrt{c(1 + 2z_t - z) - \alpha\epsilon} \quad (z_e \leqslant z < z_t) \tag{114}$$

6.2.5　中性凝聚宇宙的膨胀

综合 §6.2.2~§6.2.5 的结果，对于引斥耦合的凝聚宇宙，或暗能量-引力物质凝聚 (dark energy-matter-condensed，DEMC) 宇宙，膨胀速度的演化历史可用如下方程表述

$$\begin{aligned} \dot{a} = & \sqrt{\epsilon} & z \geqslant z_c \quad (\ddot{a} = 0) \\ & \sqrt{c(1+z) - \alpha\epsilon} & z_t \leqslant z < z_c \quad (\ddot{a} < 0) \\ & \sqrt{c(1 + 2z_t - z) - \alpha\epsilon} & z_e \leqslant z < z_t \quad (\ddot{a} > 0) \\ & \sqrt{\epsilon} & z < z_e \quad (\ddot{a} = 0) \end{aligned} \tag{115}$$

用方程 (115) 以及方程 (108)–(113) 拟合膨胀速度 $\dot{a}(z)$ 的测量数据，得到三个待定参数 (ϵ, α, z_c) 的估计值：$\sqrt{\hat{\epsilon}} = (66.7 \pm 0.9)\text{km}\cdot\text{s}^{-1}\cdot\text{Mpc}^{-1}$, $\hat{\alpha} = 0.64 \pm 0.04$, $\hat{z}_c = 1.08 \pm 0.15$ 。利用方程 (110) 和 (113) 还可得 $\hat{z}_t = 0.62$, $\hat{z}_e = 0.16$。

图 20上的粗线是将参数估计值 $(\hat{\epsilon}, \hat{\alpha}, \hat{z}_c)$ 代入方程 (115) 所得到的结果，即 DEMC 模型对于宇宙膨胀速度观测结果的理论描述。在 $z_e < z < z_c$ 的相变期间，重力物质与暗能量间相互转化，导致宇宙引力质量变化，从膨胀速度 $\dot{a}$ 的演化用式 (112) 计算出相对引力质量 η 的演化，结果见图21。由图 21可知，相变发生后

的减速阶段，部分重力物质转化为暗能量；其后的加速阶段，暗能量又转回为重力物质。

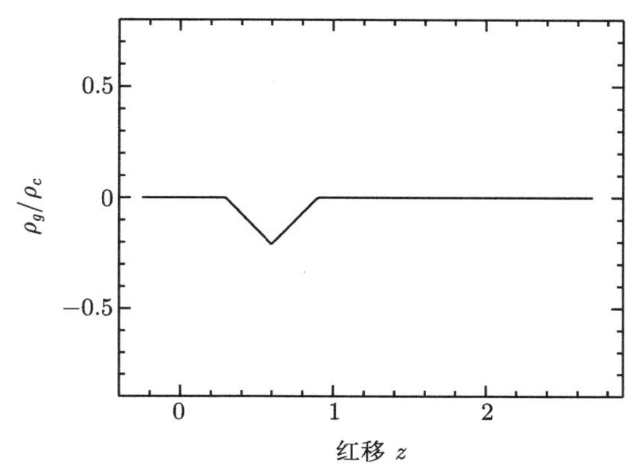

图 21 相对引力质量密度 $\eta = \rho_g/\rho_c$ 的演化

标准模型 ΛCDM 与引力中性凝聚宇宙模型 DEMC 的一个主要区别是：对于前者，不存在力学的平衡状态；对于后者，暗能量与引力物质平衡的匀速惯性膨胀是常态。

时空弯曲的 ΛCDM 宇宙，能量不守恒，不存在力学的平衡态，其膨胀速度的演化历史是一个倒钟形的曲线 (见 §3.3 图 10 上的曲线或第 8 章图 23上的点划线)。在过去，红移 z 愈大 (尺度 a 愈小)，膨胀速度愈高：当 $z \gg z_c$ 或 $a \ll a_c = 1/(1+z_c)$，$\dot{a} \propto \sqrt{z}$ 。在将来，膨胀速度将无限地上升：当 $a \gg a_c$，$\dot{a} \propto a$。ΛCDM 里的排斥力成分是宇宙学常数 λ ，或一个不变的能量密度 $\rho_\lambda = \lambda/8\pi G$。宇宙起源于一个物质密度无穷大的原初奇点的大爆炸，其膨胀阶段的速度在引力作用下减速，直到 $z = z_c$ 时物质密度 $\rho_m = \rho_0/a^3$ 下降到同密度 ρ_λ 相等，此时宇宙中的吸引力和排斥力达到平衡。但是，ΛCDM 宇宙不能维持这个平衡。由于 λ 是常数，膨胀宇宙中的排斥力愈来愈强，宇宙膨胀速度将趋向于无限大。

不同于 ΛCDM 宇宙，暗能量-重力物质耦合的 DEMC 宇宙的常态是匀速膨胀。DEMC 宇宙的能量方程 (91) 或 (91)$'$ 中的质量或质量密度包含所有局域洛伦兹平直时空里所有形式能量的贡献；宇宙的均匀各向同性使其能量方程须在伽利略时空中表述；能量守恒 ($E' = 2E_{mech}/E_{rest} = \text{const}$ 或 $\epsilon = \text{const}$) 使宇宙的常态是引斥平衡的状态，引力质量 $M_g = M_m - M_\lambda = 0$，宇宙以临界速度 $R_c = \sqrt{E'}$ (或 $\dot{a}_c = \sqrt{\epsilon}$) 匀速膨胀，临界速度的大小取决于宇宙静止能 E_{rest} 中机械能 E_{mech} 所占的份额。宇宙膨胀的产生以及惯性膨胀中对于平衡态的暂时偏离，都来自于宇宙的相变——宇宙重力物质与暗能量间的转换；即使在相变过程中膨胀宇宙仍然保持均匀和各向同性：DEMC 宇宙中暗能量不仅与物质同为宇宙的基本组分，它与重力物质的关联还使宇宙成为一个热力学意义上的凝聚系统。

图 20的曲线是 DEMC 模型对于宇宙膨胀速度演化观测结果的诠释：在红移 $z \simeq 1.08$ 时宇宙发生了一次相变，从之前以临界速度 $\sqrt{\epsilon}$ 匀速膨胀转变为减速膨胀；到 $z \simeq 0.62$ 时结束减速转为加速膨胀；在 $z \simeq 0.16$ 时加速终止，恢复到与红移 $z > 1.08$ 时期相同以速度 $\sqrt{\epsilon}$ 匀速膨胀。而 ΛCDM 宇宙的膨胀速度演化为一条倒钟形曲线：在减速-加速转折点 $z \simeq 0.62$ 前后速度都应单调变化。

引斥耦合的 DEMC 模型比标准模型 ΛCDM 能更好地再现已有观测数据的分布特征，显示出统计热力学有可能为理解宇宙的总体非平衡过程提供一个适当的理论框架。对于哈勃参数演化的更多、更精确的观测，特别是对 $z > 3$ 高红移时期的高精度观测，可以最终判断宇宙膨胀速度究竟是否随红移 z 单调地上升，从而对这两类宇宙模型作出取舍。

6.2.6　宇宙临界现象

基于广义相对论场方程建立的弯曲时空宇宙模型 ΛCDM，加深了存在于牛顿理论与无限宇宙间的矛盾。建立在时空几何决定物理过程的局域理论基础上的宇宙模型，具有更加非理性的演化图景：一个连守恒的总能量都无法定义的弯曲宇宙，从非物理的原始黑洞的大爆炸起源，又被非物理地无限加速膨胀至一个大撕裂结局。

DEMC 模型的基础是暗能量-暗物质凝聚的宇宙介质。引力中性的介质为定义及构建惯性参照系提供了必要的物质基础，也是实现宇宙的均匀各向同性以及力平衡、热平衡和能量守恒的物理基础。均匀各向同性是 DEMC 宇宙的自然属性，因为它的常态是惯性膨胀，有足够的时间达到和维持平衡及均匀。均匀的宇宙有统一的时间，只能在伽利略时空中表述。因此，不仅平衡态的宇宙均匀各向同性，宇宙中平衡态与非平衡态间的转换以及非平衡态的演化也是同时发生的，或者说，是超距传播的。类似于爱因斯坦对长程量子纠缠过程的质疑，熟悉局域性相对论动力学的学者也很难接受宇宙临界过程的非局域性。

实际上，宏观热力学系统临界现象的一个重要特性就是它的非局域性。在统计物理学中，虽然分子间是短程作用力，但在临界现象中却可以出现长程的关联。一个临界指数 $\nu > 0$ 的相变，在临界点 T_c 附近，关联长度 ξ 趋向无穷（[139]§涨落和关联；[140]§1.3)

$$T \to T_c \qquad \xi \propto |(T - T_c)/T_c|^{-\nu} \to \infty \tag{116}$$

即无论系统多大，相变都可以同时涌现。

1922 年伊辛 (Ising E) 用朝上或朝下两种指向构成的网格作为研究铁磁物质相变的模型，结果表明只考虑近邻相互作用的一维铁磁模型不可能发生相变。1944 年昂萨格证明了二维伊辛模型有一个相变解。1952 年杨振宁和李政道 [141] 严格证明了二维伊辛模型解存在的条件，其中包括体系的尺度 (或体系的质元数) 需趋于无穷。所以，临界现象是足够大的多质元相互关联系统的特性。宇宙是最大的一个热力学系统，局限于局域的质点动力学不可能理解包含相变的宇宙演化历史。

热力学系统的相变和临界现象，以及量子纠缠、超导、超流等微观物理中的关联现象，都是探索自然的重要前沿课题。对于相变与临界现象的实验观测和理论研究都很困难。三维伊辛模型的精确解至今尚未能得到。宇宙学观测为在很大的空间和时间范围中观测和描述相变及临界过程提供了一个独一无二的途径。图20宇宙膨胀速度随红移的变化上不同红移 z 处宇宙膨胀速度 (哈勃参量) 的数据，是从对于全天的观测得到的，由此导出的相变临界点 $\hat{z}_c = 1.08 \pm 0.15$ 是对不同方向上临界红移的平均值。通过累积更多的观测，可以得到不同天区膨胀速度随红移的分布，从而得到不同方向的 $\hat{z}_c$ 值；由 $\hat{z}_c$ 值在天球上的分布，可以判断相变过程是宇宙整体的演生现象还是局部起源然后在宇宙中传播的过程；如果是后者，从临界红移的分布还可以测定相变发源的时空区域及其传播速度，即使该速度远高于光速。

6.3 局域和非局域运动

6.3.1 宇宙真空的膨胀

在 §6.2 中陈述的宇宙动力学是宇宙真空的动力学。宇宙真空具有总量守恒的能量，并非一无所有的虚空。由于宇宙的均匀各向同性，§6.2 中方程 (能量方程、运动方程、演化方程) 的变量不包含任何粒子、物体或天体的质量，只有宇宙尺度因子 a，与空间坐标无关的能量密度 ρ，以及暗物质和暗能量的密度 ρ_m 和 ρ_λ(或者半径 R，惯性质量 $M_{\rm I}$，以及暗物质和暗能量的质量 M_m 和 M_λ)。宇宙真空不是由分立的基本粒子组成，而是具有能量密度 ρ 的连续流体。

具有能量密度 ρ 的宇宙真空可以不存在作用力：在净引力质量密度 $\rho_g = 0$ 时，力平衡状态的宇宙为引力中性的无力场的宇宙，以临界速度做匀速膨胀。非平衡状态宇宙真空中的引力势 (或引力作用) 的符号及强度由密度 $\rho_g = \rho_m - \rho_\lambda$ 决定；正的或负的引力势随着宇宙的膨胀都趋向于零，引力位能和动能在机械能守恒的约束下相互转换，宇宙总是趋向于力平衡的状态，趋向于以临界速度匀速膨胀的状态。静止的引力中性真空是一个绝对静止的惯性参照系；与均匀膨胀宇宙共动的系统可以为物体相对于宇宙真空的运动提供一个惯性参照系。

宇宙真空具有温度。对于微波辐射的全天精确测量得到的宇宙背景温度是高度各向同性的，热辐射能谱是绝对黑体的普朗克谱。所以，观测到的宇宙真空是一个高度热平衡的热力学系统，热力学是构建宇宙动力学所不可或缺的基础。只有热力学体系的相变和临界过程，才能为宇宙真空从静态转变为均匀膨胀，以及从匀速惯性膨胀转变为加速膨胀，提供一个合理的物理解释。

引力中性的宇宙真空，宇宙的均匀各向同性，伽利略时空，惯性系，关联和相变：它们互为因果，相互协同地构成宇宙动力学的物理基础，也为局域物理提供了所需的基础框架。

6.3.2 质点动力学

宇宙真空由连续介质构成，真空动力学方程中表征宇宙介质的变量只能是密度，而不能是任何物体的质量。真空动力学中不存在质点。对宇宙真空动力过程的检验也不能利用经典力学和相对论力学使用的“检验质点”，因为无论质点的质量多小，其质量密度都是无穷大，与真空动力学不相容。

控制宇宙膨胀运动的是真空介质的引力质量密度 ρ_g 和惯性质量密度 ρ。我们可以用临界质量密度 $\rho_c \sim 10^{-30}\text{g·cm}^{-3}$ 代表宇宙动力过程的能密度。基本粒子的质量密度远大于宇宙的能密度，例如，质子质量密度 $\rho_{proton}/\rho_c \sim 10^{44}$。由重子物质形成的任何物体或局域引力系统的质量密度也都远大于宇宙能密度。例如，水的密度 $\rho_{water}/\rho_c \sim 10^{30}$，银河系盘的密度 $\rho_{disc}/\rho_c \sim 10^5$。因此，宇宙真空的动力学过程对于物体相对于宇宙膨胀共动系的运动和局域引力系统中物体间的相对运动的影响很弱，微观、宏观和天体系统都不会随着宇宙的膨胀而胀大。通常物质系统的运动和动力学过程，应当用经典或相对论质点动力学表述；反之，无论是经典的还是相对论的质点动力学，都不能用来表述宇宙真空的运动和动力学过程。

在重子物质构成的局域系统中，宇宙的能量密度是可以被完全忽略的。在引力束缚系统——星系团或超星系团中，一个天体相对于系统质心的运动，需要用满足洛伦兹不变性的相对论方程来处理。

完整地描述天体在宇宙中的运动，需要分别处理具有不同对称性质的两个系统：局域系统和宇宙真空。例如，描述本星系团的一个天体相对于另一外星系团质心的运动，需要的步骤为：用洛伦兹不变的相对论方程，计算该天体对于本星系团质心的运动；积分宇宙膨胀速度的演化方程 (115)，得到共动系中宇宙尺度因子的演化历史；用外星系团的红移，将局域洛伦兹时间转化为宇宙时间；将两星系团距离的膨胀历史，叠加到用宇宙时间表述的天体局域运动上，得到天体对于外星系团质心的运动。

所以，相对论动力学只能描述物体在局域系统里的运动，仅用相对论动力学无法构建宇宙中天体运动的图像，必须叠加上宇宙背景真空的膨胀才能完整地再现出宇宙中的运动过程。引力中性的宇宙真空是宇宙中所有客体运动的一个惯性参照系，它使洛伦兹不变性不能被无限制地运用。相对论中一些涉及非局域时空性质的思想实验，如双生子悖论或虫洞等，完全忽略了宇宙真空的对称性质，由它们所导出的一些奇异的推论并不能构成对物理学基本原理的挑战。

第 7 章　宇宙的起源

7.1　暴　　胀

在相对论宇宙学模型中，一次大爆炸产生了极高温的宇宙；随着空间的膨胀，宇宙温度下降；在时刻 $t \approx 10^{-33}$s 时由于真空相变发生暴胀，宇宙尺度 R 按指数膨胀约 10^{43} 倍；被相变释放的潜热重新加热后，宇宙进入绝热膨胀状态 (图 22)[63]。大爆炸前的宇宙和大爆炸过程本身都被相对论宇宙学排斥在物理学之外：在大爆炸之前，空间和时间都不存在；大爆炸则起源于一个时空奇点。粒子物理学的大统一模型预言大爆炸后的极高温宇宙就是四种相互作用实现统一的普朗克时期，但是大统一理论并未得到粒子物理实验的支持。

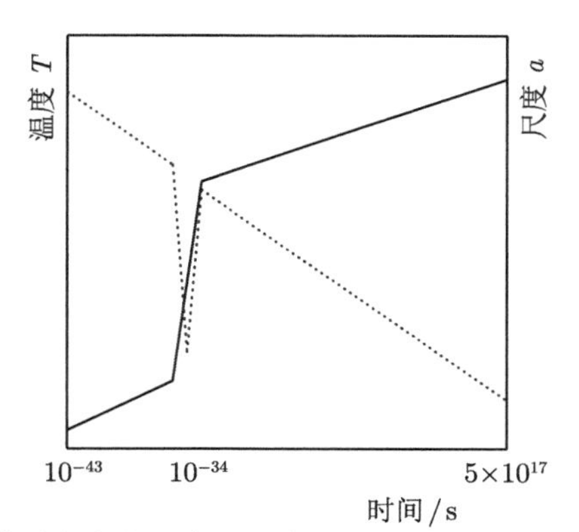

图 22　大爆炸模型中宇宙尺度和温度的演化。实线表示宇宙尺度因子 a，虚线表示宇宙温度 T

第 6 章论述的引力中性宇宙，不存在令物理学困惑的大爆炸奇点：宇宙来自无限真空中一个有限区域 (具有尺度因子 a_s 和能量密度 ρ_s) 的一次暴胀 (参见示意图 23)。暴胀前的真空是吸引力场与排斥力场平衡、不存在机械运动和热运动的引力中性真空，是宇宙尺度和局域系统力学运动的一个绝对静止的参照系 (宇宙静止系)。暴胀由该有限真空区域的相变驱动：部分吸引力场转化为排斥力场使该区域的排斥力占优，净斥力场驱动真空各向同性地均匀暴胀。

具有惯性质量的物质以及服从洛伦兹不变的电磁、引力等局域相互作用都是在暴胀过程中产生的；暴胀前的真空虽然有能量，但是没有惯性。暴胀就是斥力场占优的无惯性真空的膨胀①。暴胀结束时，宇宙吸引力场转化为具有正惯性质量和引力质量的暗物质；宇宙排斥力场则转化为具有正惯性质量和负引力质量的暗能量②。暴胀过程中暗能量的位能释放以及物质间的作用使宇宙加热，随温度增高四种相互作用和各种基本粒子相继产生。相变结束时，宇宙恢复到引斥平衡的状态，开始按 §6.2 陈述的中性真空动力学绝热膨胀。

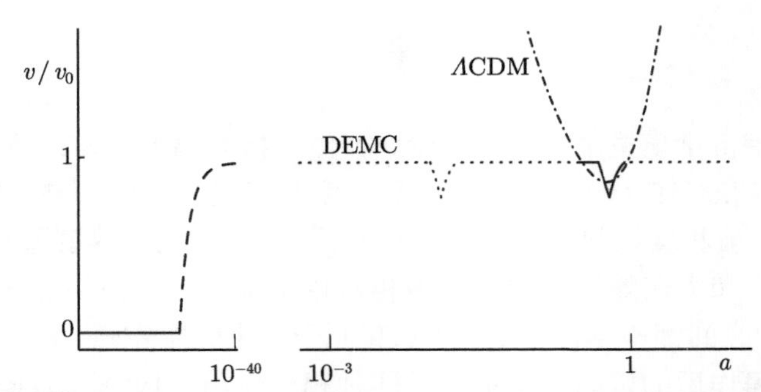

图 23　宇宙的演化历史。横轴为尺度因子 $a = R/R_0 = 1/(1+z)$，式中 R 为宇宙半径，R_0 为当前半径，z 为红移。纵轴为相对膨胀速度 v/v_0，式中 $v = \dot{a}R_0$，v_0 为当前速度。迄今仅在 $0.25 < a \leqslant 1$ (或 $0 \leqslant z < 3$) 区间有对 v/v_0 的实测结果。点划线为用 ΛCDM 模型拟合已有观测数据得到的结果。其余的曲线表述 DEMC 模型：粗实线段由拟合实测数据得出；虚线为对于早期以及未来膨胀速度演化的预期 (设想在宇宙早期也有一次相变)；短划线和更早时期的细实线分别表示暴胀及暴胀前的原始宇宙

图 24显示了惯性产生后至相变结束时 (时间 t_i 之前的部分) 以及绝热膨胀阶段 (时间 t_i 之后的部分) 各能量成分的相互转换。暴胀前 (更准确地说，在惯性产生之前)，不存在机械能，宇宙静止系中的总能量 E_{tot} (图 24上的黑色细实线) 就是静止能量 E_{rest}(图 24上的黑色粗实线)；暴胀前的引力中性宇宙处于极低温的状态，其静止能量也就是静止质量 M(图 24上的蓝色短划线)：E_{tot}，E_{rest} 和 M 三者相交于图 24演化曲线起点处。暴胀过程使暴胀前静止宇宙的静止能量 E_{rest} 部分地转化为机械能 E_{mech}(引力中性宇宙的引力位能为零，则机械能即动能)：图 24 t_i 前的区间，随着 E_{rest} 下降，E_{mech} 相应地上升。随着宇宙被加热，部分静止质量转化为辐射能量 E_{rad}，共动系中的静止能量为静止质量与辐射能量之和：图 24上在 t_i 前红色虚线随时间上升，蓝色短划线相应地下降。而在相变结束后

① 同原初奇点或者只有斥力场的德西特 (de Sitter) 真空不同，引力中性真空可以成为物理研究的客体；暴胀则源于真空相变——中性真空两组分间的转化，不需要另外再引入未知的暴胀子场。由于缺乏暴胀阻尼过程的知识，我们还不能定量描述暴胀期间空间的扩张过程。存在“多重宇宙”是引力中性真空模型的自然推论，因为无限真空海洋的其他区域也有可能通过暴胀形成其他的宇宙。暴胀生成的惯性重力物质和暗能量经过无限的膨胀终将融入真空海洋中，使得无力场的真空海洋可能具有微弱的惯性，从而形成对于暴胀初期速度的阻尼。

② 暗物质占优的宇宙，宇宙介质净引力质量为正，宇宙引力场为吸引力场；暗能量占优的宇宙，净引力质量为负，宇宙引力场为排斥力场。

(图 24上 t_i 之后)，随着宇宙的绝热膨胀温度下降，静止质量相应上升，宇宙的静止能量保持不变 (参见 §5.4.2)[①]。在暴胀阶段和绝热膨胀阶段，宇宙的静止能量及相对于静止宇宙的机械能之和都是一个常数——在宇宙静止系中，宇宙的总能量守恒。

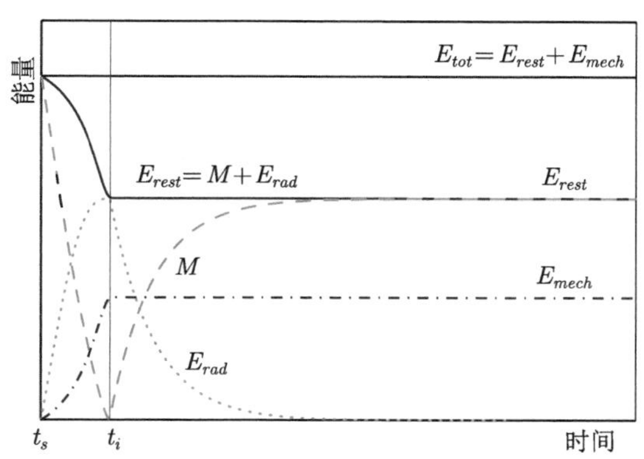

图 24 引力中性宇宙暴胀和膨胀过程中能量的转换和守恒。机械能 E_{mech} 和总能量 E_{tot} 是相对于宇宙静止系的数值，其余为共动坐标系中的数值。t_s: 暴胀起始时刻。t_i: 暴胀终止时刻。从暴胀开始至惯性产生之间的过程没有在图中显示

广义相对论宇宙学是一个违背能量守恒定律的理论 (见本书第 3 章)。本书第 4 章和第 5 章陈述的引力中性真空的物理，是实现图 24 所示宇宙能量组分间相互转化及总能量守恒的必要条件：只有吸引与排斥的平衡，才能实现宇宙空间的平直、均匀及各向同性，才能建立宇宙静止系及共动系；只有计及引力中性真空的热引力辐射及其与静止质量间的转换，才能实现宇宙的热平衡，才能维持暴胀期间以及绝热膨胀期间的能量守恒。

7.2 相互作用和基本粒子的产生

7.2.1 宇宙学常数问题

基于量子物理学的不确定性原理可以估计真空能量密度 ρ_V 的数值。标准宇宙模型中的宇宙学常数 λ 也对应于真空能量密度 $\rho_\lambda = \lambda/8\pi G$。宇宙学观测得出 ρ_λ 是现今宇宙总能量密度 ρ_0 的一个主要成分，但是

① 宇宙的暴胀和绝热膨胀都是相对于宇宙静止系的运动。暴胀前的宇宙是宇宙静止系中一个有限尺度的静止真空区域。真空相变驱动的暴胀及相变结束后的膨胀是没有特定中心的均匀各向同性的运动，同一时刻每个质元都相对于宇宙静止系的相应质元以同一速度膨胀。膨胀宇宙的机械能是宇宙在共动系中的静止能量 E_{rest} 相对于宇宙静止系运动的动能，即由静止质量 $M = M_m + M_\lambda$ 和辐射能 E_{rad} 组成的惯性质量 $M_{\rm I}$[见 §6.2.2 式 (85)] 相对于宇宙静止系运动的动能。

$$\rho_V \simeq 10^{120}\rho_0 \tag{117}$$

即真空能量密度的理论估计值远远大于实测值：这是基本物理学和宇宙学中一个重大疑难问题——宇宙学常数问题 [142]。

宇宙的真空能量密度为不随膨胀降低的常数违背了能量守恒 (见 §3.3.4)，这是产生宇宙学常数疑难的根本原因。引力中性的DEMC模型中的真空由吸引力场和排斥力场组成，是有能量、无净力场且遵从守恒律的物理客体，宇宙来自背景真空中具有能量密度 ρ_s 和尺度 $R_s = a_s R_0$ 的一个有限区域。真空的膨胀使现今的能量密度远远小于初始宇宙真空所具有的同静止的背景真空相同的能量密度 ρ_s。基于能量守恒，我们可以从表述宇宙学常数问题的式 (117) 推断原初宇宙的尺度因子 a_s：若理论值 ρ_V 为背景真空的能密度，则表述膨胀宇宙静止能量守恒的式 (84) 可写为 $\rho_V = \rho_s = \rho_0/a_s^3$，由式 (117) 可估计原初宇宙尺度

$$a_s \simeq 10^{-40} \tag{118}$$

即宇宙的初始能量密度

$$\rho_s \simeq 10^{120}\rho_0 \tag{119}$$

宇宙学常数问题表明：微观过程的背景真空应当是具有常数能量密度的静止真空；而只有绝对静止真空和膨胀宇宙真空都是无力场的中性真空，这两个真空才有可能并存。

7.2.2 大数定律

外尔 (Weyl H)[143] 用电子质量、电子电荷、普朗克常数、哈勃常数、宇宙能量密度、引力常数、光速等参数构成了 3 个无量纲量：

$$Q_1 = \text{电磁力强度/引力强度}$$
$$Q_2 = \text{宇宙半径/经典电子半径}$$
$$Q_3 = \text{经典电子密度/宇宙密度}$$

外尔发现

$$Q_1 \simeq Q_2 \simeq Q_3 \simeq 10^{40}$$

一些由宇观及微观物理参数构成的无量纲比值都接近于 10^{40} 这样一个大数，这一经验事实被称为“大数巧合”、“大数猜想” 或 “大数定律”。100 年来不少物理学者，如爱丁顿 (Eddington A S)、狄拉克 (Dirac P A M)、迪克 (Dicke R)、彭桓武等 [144-148] 都曾致力于解释大数定律的起因。

宇宙起源至今尺度增大的倍数也是同一个大数 10^{40}，即如式 (118) 所示，今日宇宙尺度 R_0 比暴胀前的原初尺度 R_s 增大了约 10^{40} 倍

$$R_0 \simeq 10^{40} R_s \tag{118'}$$

这一结果提示我们：大数定律并非巧合，应当源于相互作用及基本粒子的产生历史同宇宙演化过程的关联。

依照大爆炸模型，初始宇宙的温度高达 $T \sim 10^{32}\mathrm{K}(kT \sim 10^{19}\mathrm{GeV})$，所有的基本粒子及其相互作用都可以在大爆炸瞬间产生，难以同其后的宇宙演化过程相关联，除非万有引力常数 G 和/或其他物理常数随时间变化。

在 DEMC 模型里，由于能量守恒定律的限制，包括暗能量在内的宇宙能量密度是一个随宇宙膨胀变化的参数；宇宙来自于极低温背景真空中的一个有限区域，基本粒子、局域相互作用以及惯性都是在暴胀的相变加热过程中先后从真空中产生的：在引力中性宇宙的框架里，有可能在解释大数定律的同时维持引力常数 G、电子电荷 e 和质量 m_e、光速 c 等基本物理常数不随时间改变。而经验性的大数定律也可以帮助我们推测基本粒子、相互作用及惯性产生的物理过程。

引力中性的原始宇宙由两个基本标量场——无惯性吸引力场和排斥力场组成。局域的电磁作用和局域的引力作用都是暴胀过程中从宇宙的背景吸引力场中涌现的。若电磁作用强度与引力作用强度之比对应于产生它们时的背景场强度之比，电磁作用与引力作用强度之比 Q_1 为大数表明：局域引力作用的出现晚于电磁作用。半径为 R 时宇宙背景吸引力场强度 $\propto R^{-2}$，则由

$$Q_1 = e^2/Gm_e^2 \simeq 10^{40}$$

可推测：在局域引力场出现时刻 t_m 的宇宙半径 R_m 与电磁场出现时刻 t_e 的宇宙半径 R_e 之比为

$$R_m/R_e \simeq 10^{40/2} \tag{120}$$

局域引力场需要同宇宙的背景吸引力场区分开来。在 t_m 之前，宇宙的吸引力场和排斥力场都是没有惯性质量的均匀标量场；微观尺度具有规范不变性的基本粒子有可能产生，但不具有惯性质量。从 t_m 起，宇宙开始具有惯性：少量背景吸引力场转化为具有洛伦兹对称性的引力场，即转化为通常被称为“引力场”或“重力场”的局域场；基本粒子可以通过希格斯场被赋予质量；在宇宙尺度上，无惯性的均匀吸引力场和排斥力场转化为均匀分布的有惯性质量的暗物质和暗能量。

电子半径应不大于创生电子时的宇宙半径。宇宙半径随时间增大，则电子半径与今日宇宙半径之比 Q_2 应当是由宇宙尺度因子增大的倍数所决定的一个大数。取今日宇宙半径

$$R_0 = c/H_0 \simeq 1.4 \times 10^{28}\,\mathrm{cm}$$

由电子经典半径 r_e 的数值以及关于初始宇宙半径 R_s 的公式 (118)′ 可得

$$r_e \simeq 0.2 R_s \tag{121}$$

所以，在引力中性真空的宇宙模型框架里，大数 $Q_2 \simeq 10^{40}$ 表明电子应产生于暴胀的初期阶段，即电子开始出现时的宇宙半径

$$R_e \simeq R_s \tag{122}$$

则式 (120) 可写为

$$R_m \simeq 10^{40/2} R_s \tag{123}$$

对于总能量守恒的宇宙，其能量密度应随宇宙体积的增大而下降。如果电子的质量密度

$$\rho_{em} = m_e/(4\pi r_e^3/3)$$

对应于电子被赋予惯性质量时的宇宙能量密度，则它与今日宇宙密度 ρ_0 之比 Q_3 也应是一个大数。由 $Q_3 = \rho_{em}/\rho_0 \simeq 10^{40}$ 以及式 (119)$\rho_s/\rho_0 \simeq 10^{120}$ 可得

$$\rho_{em} \simeq 10^{-80} \rho_s \tag{124}$$

或电子被赋予质量时的宇宙半径为

$$R_{em} \simeq 10^{80/3} R_s \tag{125}$$

如上所述，对于具有初始半径 $R_s = 10^{-40} R_0$ 的宇宙，随着暴胀其半径增大，温度上升，能量密度下降；若电磁作用和电子的产生，局域引力和惯性的产生，以及电子被赋予质量这三个事件，分别出现在半径相继地增长到 R_e[式 (122)]，R_m[式 (123)]，以及 R_{em}[式 (125)] 时，则经验的大数定律可以得到解释①。

7.3　微波背景各向异性四极矩缺失

宇宙微波背景辐射各向异性分布的四极矩来源于极早期宇宙物质密度的涨落。CMB 四极矩远小于热大爆炸模型的预期，是对于低温、无惯性及引力中性真空的宇宙起源模型的一个重要的观测支持。

图 25为 *WMAP* 卫星 2013 年发布的 CMB 各向异性分布的角功率谱 [149]，横坐标 $\log l$ 为温度涨落空间分布的 $2l$ 极矩谐波分量, 对应的空间角尺度 $\theta = \pi/l$，较大的 l 相应于较小空间尺度内的涨落；纵坐标为谐波分量的幅度。

图 25上小尺度 ($l > 30$) 区域的背景辐射功率谱形状是一个有限区域的声学振荡图像：在 $l \sim 200$ ($\theta \sim 1°$) 处的基波以及若干倍频处的泛音。图上的理论曲

---

① 与大爆炸模型相比，引力中性宇宙模型是理解大数定律的一个适当的框架。而无量纲量 $Q_1 - Q_3$ 都接近同一个大数是否巧合，还需要对相互作用及基本粒子形成的物理过程有更深层次的了解。

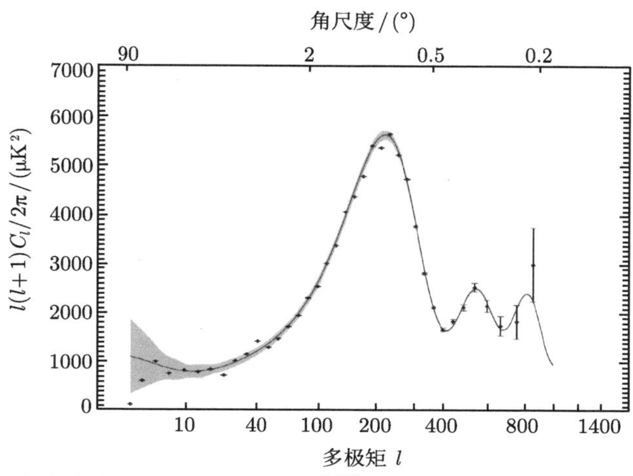

图 25　宇宙微波背景辐射角功率谱 [149]。曲线为 ΛCDM 模型的理论谱

线是用有 6 个待定参数的 ΛCDM 宇宙膨胀方程 (弗里德曼方程) 和局域宇宙介质中的输运方程 (玻尔兹曼方程) 拟合观测数据的结果。理论曲线同小尺度区域测得的功率谱高度符合，被认为是支持 ΛCDM 模型的观测证据。但是，决定小尺度功率谱形状的是密度扰动的局域相对论传播方程，小尺度功率谱的声学振荡图像对应的是 §4.1 图 11 所示宇宙年龄为 $t_{\text{CMB}} \sim 38$ 万年时在 $\theta \sim 1°$ 视界内扰动传播造成的温度分布。小尺度功率谱理论与数据的吻合，证实了相对论玻尔兹曼方程的正确和宇宙学原理所要求的均匀各向同性，与宇宙膨胀运动及其动力学无关。只是，由拟合小尺度功率谱得到的暗物质密度、暗能量密度等参数在 t_{CMB} 时的数值推测现今的参数值时，需要用到宇宙膨胀的理论方程。

暴胀期间宇宙的初始密度扰动是随机扰动，角功率谱应为幂律谱，在横轴为 $\log l$ 的功率谱上应是一条与尺度大体无关的水平线。但是，在 $l > 30$ 的小尺度区域 CMB 功率谱，初始扰动被 t_{CMB} 时视界内局域输运过程的声学振荡掩盖；只有在 $l > 30$ 大尺度区域的功率谱，才能呈现出极早期宇宙密度扰动的讯息。原初宇宙能量密度的涨落，其空间尺度随宇宙的膨胀而增大，因而 l 愈小 (θ 愈大) 时的角功率对应于愈早期宇宙的密度涨落。但 CMB 偶极矩 ($l = 1$) 主要来源于探测器绝对运动的多普勒效应，四极矩 ($l = 2$，$\theta = 90°$) 才是通过 CMB 各向异性所能探测到的最早期宇宙的密度扰动。

CMB 温度涨落四极矩的测量结果严重挑战了宇宙学的标准模型。首先，图 25 在 $l = 2$ 处 CMB 四极矩的强度 $\Delta\hat{T}_2^2 = (154 \pm 70)\mu\text{K}^2$，明显低于对于原初随机扰动的理论预期 $\sim 1100\mu\text{K}^2$。更奇怪的是，测得的四极矩成分的空间分布并非随机涨落的图像，而是如图 26左图所示由与黄道方向成协排列的两个热斑和两个冷斑构成，似乎极早期宇宙的密度扰动与太阳系的结构有关。因此，需要认真审视 CMB 温度图上是否存在着尚未被清除的系统误差。

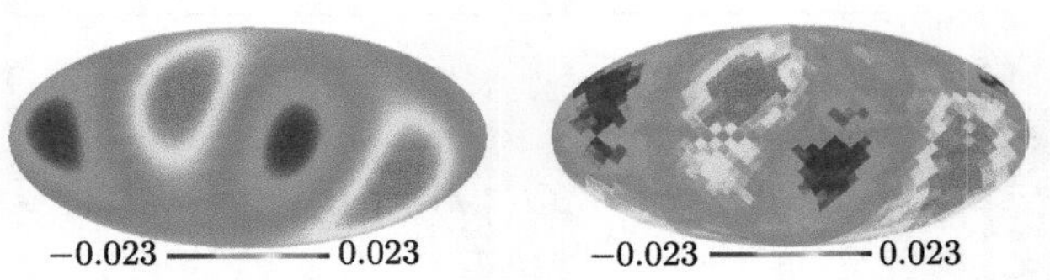

图 26　CMB 大尺度各向异性 (银道坐标系，温度标注的单位为 mK)。左图：*WMAP* 5 CMB 温度涨落的四极矩成分。右图：*WMAP* 组发布的 Q_1 波段 5 年观测 CMB 温度图与修正了系统误差后的温度图之差 (像素的角尺度 $\sim 7.3°$)[94, 101]

若在卫星发布的 CMB 温度涨落分布图 $\Delta\hat{T}(\boldsymbol{n})$ 上，除了各向同性高斯随机场 $\Delta T(\boldsymbol{n})$ 之外，还存在着被空间方向 $\boldsymbol{n}$ 的函数 $f(\boldsymbol{n})$ 所调制的系统误差成分 [150]

$$\Delta\hat{T}(\boldsymbol{n}) = \Delta T(\boldsymbol{n})[1 + f(\boldsymbol{n})] \tag{126}$$

将调制函数 $f(\boldsymbol{n})$ 用球谐函数 $Y_{lm}(\boldsymbol{n})$ 展开

$$f(\boldsymbol{n}) = \sum_{l=1}^{l_{max}} \sum_{l=-m}^{m} f_{lm} Y_{lm}(\boldsymbol{n}) \tag{127}$$

式中，待定参数 f_{lm} 可用基于马尔可夫蒙特卡罗算法 (MCMC) 的最大似然拟合估计。取 $l_{max} = 2$，则由式 (127) 得出的调制函数 $f(\boldsymbol{n})$ 描述系统误差在 $\Delta\hat{T}$ 图上引起的大尺度畸变。图 27左图为由 *WMAP*3 年 V-波段数据得出的大尺度调制强度分布。*WMAP* 和 *Planck* 卫星的微波天线扫描观测对全天的曝光是不均匀的：对一个像素的观测次数在黄极区域最大，而在黄道面最小 [92]。若 $\hat{N}(\boldsymbol{n})$ 为像素 $\boldsymbol{n}$ 被观测的次数，则用 $1/\hat{N}(\boldsymbol{n})$ 替代式 (126) 中的 $\Delta\hat{T}(\boldsymbol{n})$，得到非均匀曝光的大尺度结构为图 27右图。

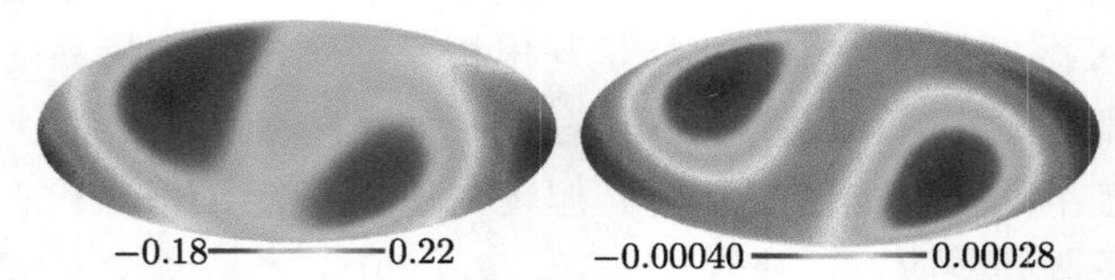

图 27　银道坐标系中 *WMAP* 3 年 V-波段巡天 CMB 大尺度温度涨落图和扫描不均匀性分布的对比 (引自 [93])。左图：对温度图 $\Delta\hat{T}(\boldsymbol{n})$ 由式 (127) 算得的调制函数 $f(\boldsymbol{n})(l_{max} = 2)$。右图：对扫描曝光分布 $1/\hat{N}(\boldsymbol{n})$ 的调制函数 $(l_{max} = 2)$

WMAP 发布的 CMB 温度图最大尺度各向异性的空间分布 (图 27左图) 与扫描不均匀度的空间分布 (图 27右图) 高度相关，显示温度图上存在着未被消除的系统误差，这种误差会随着对一个空间像素观测次数的增加而累积。

对于指向为 $\boldsymbol{n}_i$ 的第 i 次观测，微波天线测得的 CMB 温度 T_i^* 中包含的多普勒偶极信号为

$$T_i^d = \frac{T_0}{c}\boldsymbol{v}_i \cdot \boldsymbol{n}_i \tag{128}$$

式中，$T_0 = 2.725\mathrm{K}$；$\boldsymbol{v}_i$ 为天线相对于 CMB 的速度；c 为光速。偶极信号强度与卫星的运动以及天线的指向有关，必须分别对每一个观测数据用公式 (128) 算出偶极信号 T_i^d，才能得到真实的 CMB 温度

$$T_i = T_i^* - T_i^d \tag{129}$$

偶极方向 $\boldsymbol{v}_i$ 和天线指向 $\boldsymbol{n}_i$ 的误差都会使测得的 CMB 温度 T_i 出现误差。将两个方向误差归并为一个等效指向误差 $\delta\boldsymbol{n}_i$，则用公式 (129) 得到的 CMB 温度有偏差 (伪偶极信号)

$$\delta T_i = -\frac{T_0}{c}\boldsymbol{v}_i \cdot \delta\boldsymbol{n}_i \tag{130}$$

多普勒偶极信号 (幅度 $> 3000\mu\mathrm{K}$) 比 CMB 温度涨落 (K 波段的 rms 仅 $\sim 14\mu\mathrm{K}$) 强得多，指向误差产生的偏差不能忽略。随着天线对全天的多次扫描，伪偶极信号会累积在天空的各个像素上；由于扫描曝光不均匀，累积误差会形成同扫描不均匀度成协的虚假 CMB 大尺度结构 [151]。

我们在 §4.1 中已指出，由于 25.6ms 计时误差导致的 $7'$ 指向误差，使得 *WMAP* 组发布的 CMB 温度图存在着偶极矩引起的系统误差。基于 5 年的观测，由 *WMAP* 组发布的 CMB 四极矩为 $108.7\mu\mathrm{K}^2$[152]。改正了指向误差后，基于相同的原始数据，我们得到的四极矩仅为 $37.3\mu\mathrm{K}^2$[94]。改正了指向误差后的四极矩虽然远小于 *WMAP* 组发布的数值，却仍然保持了图 26左图所示冷、热斑与黄道成协排列的图像，显现出残存的四极矩成分里可能仍然存在着需要继续清除的系统误差。

除了天线指向矢量 $\boldsymbol{n}$ 的误差外，卫星相对于 CMB 运动速度 $\boldsymbol{v}$ 的误差同样可以导致公式 (128) 对偶极信号的计算结果出现误差。实际上，CMB 卫星 *COBE* 和 *WMAP* 确定的偶极矩方向的误差不小于 $6'$[92]，导致的偶极误差不能忽视。偶极信号误差的另一个重要来源是天线的旁瓣效应。*WMAP* 的 K 波段第一年观测的旁瓣增益不确定度约 30%，对于测得温度的直接影响可以忽略 [153]；但在用公式 (128) 计算偶极信号强度时，旁瓣增益的误差相当于引入了等效的指向误差，由此产生的伪偶极信号不可忽略 [154]。

包括天线旁瓣效应在内的等效指向误差 $\delta\boldsymbol{n}$，其方向和数值无法准确估计，消除 CMB 温度图上残留的偶极误差需要用模板拟合的方法。模板拟合是去除 CMB 前景污染必须使用的方法。舍弃掉银河区域以及河外射电源方向的数据，可以扣除天体前景辐射的污染，但无法用于扣除星际和星系际介质产生的弥漫前景污染。所以，只能对不同物理过程产生的辐射分别用辐射理论及天文观测结果构造弥漫

前景温度分布的模板：T_d(热尘埃辐射)，T_H(自由-自由跃迁辐射) 和 T_s(同步辐射)。令 $\Delta T_d = T_d - T_0$，$\Delta T_h = T_h - T_0$，$\Delta T_s = T_s - T_0$。若未扣除弥漫前景的温度图 $\Delta T = T - T_0$，则去除了弥漫前景的 CMB 各向异性分布为 [155]

$$\Delta T_{clean} = \Delta T - (c_d \Delta T_d + c_h \Delta T_h + c_s \Delta T_s) \tag{131}$$

局域过程产生的辐射污染总是在宇宙背景上附加额外的各向异性，所以系数 c_d，c_h 和 c_s 的数值应使 ΔT_{clean} 的方差极小

$$\Delta T^2_{clean} = \min \tag{132}$$

即清除污染后的背景温度分布更能满足宇宙学原理的要求。

为了用模板拟合方法清除残存偶极误差，首先需要构成偶极误差的温度分布模板，即偶极信号通过不均匀扫描累积形成的各向异性结构。已知扫描模式，首先计算出单位指向误差引起的伪四极矩图样 (模板)，然后通过优化计算消除成图结果中与模板相符的伪四极矩。我们将等效误差向量表示为在卫星坐标系 (X, Y, Z) 中三个分量之和

$$\delta \boldsymbol{n} = \delta \boldsymbol{n}_x + \delta \boldsymbol{n}_y + \delta \boldsymbol{n}_z$$

其中，X 轴平行于天线平面，Z 轴为背太阳方向的卫星自旋轴，Y 轴垂直于 X 轴和 Z 轴。取 $|\delta \boldsymbol{n}_x| = 1'$，对第 i 次观测到的温度数据用式 (130) 计算其中的偶极偏差

$$\delta T_{i,x} = -(T_0/c)\boldsymbol{v}_i \cdot \delta \boldsymbol{n}_x$$

跟随卫星扫描的历史，将不同观测序数 i 的 $\delta T_{i,x}$ 累积到该次观测指向对应的天空像素上，得出 X 方向的偏差模板 ΔT_x。类似地，可以得出 Y 和 Z 方向的偏差模板 ΔT_y 和 ΔT_z。若 T 为未清除残留偶极误差的 CMB 温度图，$\Delta T = T - T_0$，则清除残留偶极误差后的各向异性分布

$$\Delta T_{clean} = \Delta T - (c_x \Delta T_x + c_y \Delta T_y + c_z \Delta T_z) \tag{133}$$

式中，系数 c_x、c_y 和 c_z 由方差极小条件 $\Delta T^2_{clean} = \min$ 定出。

构建残留偶极误差模板必须要有每一次观测的科学数据和工程数据。感谢 *WMAP* 组开放了按观测时序排列的 TOD 数据，使我们有可能用模板拟合方法清除伪偶极误差。对 *WMAP* 发布的 7 年 Q-, V- 和 W-波段的 CMB 温度图，利用模板拟合清除其中的残存偶极误差后，四极矩成分几乎完全消失，得到的 CMB 四极矩平均幅度 [156]

$$Q = (-3.2 \pm 3.5)\mu\text{K}^2 \tag{134}$$

这一结果表明，*WMAP* 组测得的 CMB 四极矩信号来自于不均匀扫描累积的伪偶极性信号，对应于极早期宇宙密度涨落的 CMB 四极矩成分实际上并没有被观测到①。

微波背景各向异性四极矩的缺失，对于宇宙学及基本物理学都提出了挑战：初始宇宙并不处于热大爆炸产生的极高温度等离子体状态，更可能是极低温度下的真空；而宇宙真空并非相对论或量子场论所设定的真空，而是由宇宙的两个基本场耦合形成的引力中性的凝聚态。

① CMB 四极矩的缺失比 *WMAP* 和 *Planck* 报道的结果要严重得多。被采用来估计大尺度功率谱的 MCL (maximum likelihood-C_l) 方法低估了四极矩缺失的显著性。例如，从 *WMAP*7 年数据实际测得的四极矩仅 $\sim 120\mu\mathrm{K}^2$，而在理论预期的牵引下，报道的估计值被提升为 $\hat{Q} \sim 200\mu\mathrm{K}^2$[156]。虽然 *WMAP* 组和 *Planck* 组都采用了模板拟合技术清除弥漫辐射前景，但是却坚持不用这一方法清除四极矩中存在的偶极误差，而是想方设法用提升四极矩的估计值和加大统计误差来使观测向理论预期靠拢。

第 8 章　宇宙的构成

8.1　宇宙物质的组成

如 §4.1 和图 13 所示：通过分析对于微波背景辐射温度各向异性的观测数据，*WMAP* 组发布的当前宇宙的物质和暗能量份额为暗能量 $\Omega_\lambda = 73\%$，重力物质 $\Omega_m = 27\%$(暗物质 $\Omega_{dm} = 23\%$，普通物质 $\Omega_b = 4\%$)；我们从消除了偶极误差后的 *WMAP* 数据以及 *Planck* 组发布的宇宙组分都是暗能量 $\Omega_\lambda = 68\%$，重力物质 $\Omega_m = 32\%$(暗物质 $\Omega_{dm} = 27\%$，普通物质 $\Omega_b = 5\%$)。CMB 温度分布对应于宇宙诞生后 37 万年时的密度分布，由 CMB 数据导出的当前宇宙组分依赖于宇宙的演化模型。前面由 *WMAP* 和 *Planck* 数据导出的宇宙组分，依据的都是 ΛCDM 模型具有常数暗能量密度 ρ_λ 的弗里德曼方程 (66)。

在引力中性宇宙的 DEMC 模型中，暗能量密度 ρ_λ 不是常数，除相变时期之外，宇宙均处于引力与斥力平衡的匀速膨胀状态，宇宙净引力质量密度

$$\rho_g = \rho_m - \rho_\lambda = 0$$

则相对宇宙组分为

$$\Omega_m = \Omega_\lambda = 50\% \tag{135}$$

§6.2.4 中的图 20显示了对宇宙膨胀速度随红移变化的观测结果。从图 20 上可以看到，从红移 $z \simeq 1$ 开始，宇宙发生了一次相变，而当前的宇宙 $(z = 0)$ 已经恢复到了平衡状态。所以，当前宇宙的构成与 *WMAP* 和 *Planck* 发布的结果都不同，而应如式 (135) 所示：重力物质和暗能量的份额各为50%。

重力物质和暗能量组分的相互转换导致宇宙相变。用连续相变的朗道理论及动理学系数对称性的昂萨克原理导出的相变期间膨胀速度的演化公式 (115)，可以计算出相变期间宇宙组分的演化过程，见图 21。从图 20和图 21可以看到：在红移 $z \simeq 1$ 时，引斥平衡宇宙的部分重力物质成分开始转化为暗能量，膨胀宇宙的部分动能转化为斥力占优 $(\Omega_\lambda > \Omega_m)$ 宇宙的引力位能，宇宙由匀速膨胀转为减速膨胀；在红移 $z \simeq 0.6$ 时，部分暗能量开始反过来转化为重力物质，引力位能释放使宇宙膨胀加速；到红移 $z \simeq 0.2$ 时，宇宙又恢复到引斥平衡的常态。

宇宙组分公式 (135) 也适用于暴胀前的原始真空，只不过此时的宇宙重力物质和暗能量都还未出现，式 (135) 中的 Ω_m 和 Ω_λ 分别表示吸引力场和排斥力场

的份额。发生在 t_s 时刻的相变使半径 $R_s \sim 10^{-40}R_0$ 的区域内排斥力场占优，宇宙净斥力推动不存在机械能的无惯性真空暴胀。相变过程中，原初真空的两个基本标量场转化为有惯性的重力物质和暗能量；暴胀结束时，宇宙进入重力物质与暗能量平衡的匀速膨胀状态。

8.2 非局域扰动

产生膨胀宇宙的初始相变引起暴胀，也引起宇宙尺度上的密度扰动。宇宙初始密度扰动应当是各向同性的高斯随机涨落过程，在宇宙背景辐射角功率谱上为接近水平方向的一条平滑曲线。在 §7.4 中我们强调地指出过：CMB 角功率谱在多极矩指数 $l > 30$ 的小尺度区域上的声学峰及诸多的倍频峰，是宇宙复合时期视界内局域声学振荡的结果；只有在 $l < 30$ 的大尺度区域的角功率谱，才对应于非局域的宇宙密度扰动。CMB 角功率谱四极矩的缺失显示出：暴胀初期宇宙不存在 (或几乎不存在) 密度涨落；初始密度扰动应伴随着相变过程中惯性物质的产生或在惯性物质产生之后才出现。

图 28 是 *Planck* 卫星对于 CMB 角功率谱的测量结果 [157]。图 28上的大尺度功率谱，除了在 $l = 2$ 处的功率远低于预期外，在 $l \simeq 20$ 处还存在一个明显的凹状结构，显示出在暴胀结束后至复合时期 (尺度因子 $a \sim 10^{-3}$) 之前，膨胀宇宙发生过又一次相变，导致CMB 角功率偏离了初始扰动谱——这是图 23上在 $a = 10^{-3}$ 之前的 DEMC 演化曲线被加入了一个相变结构的原因。

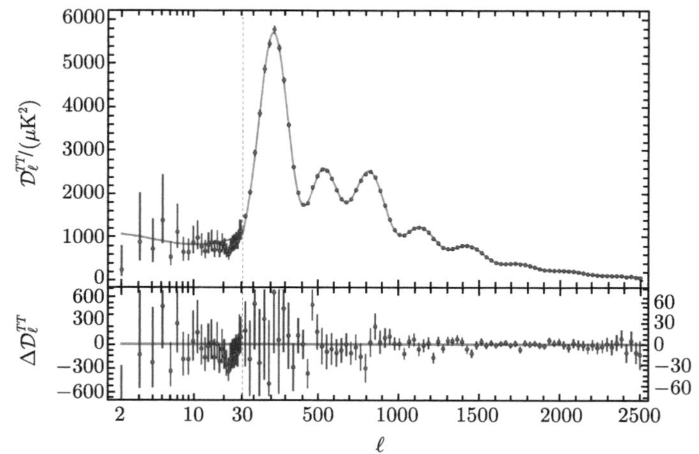

图 28 *Planck* 卫星测得的宇宙微波背景辐射角功率谱 (引自 [157])。曲线为 ΛCDM 模型的理论谱

Vielva 等 [158,159] 在 *WMAP* 发布的全天 CMB 温度图上，用小波分析方法发

现了三个尺度 $\sim 10^\circ$ 的冷斑或热斑，它们难以用初始高斯扰动的统计涨落解释。其中，位于银道坐标 $b = -57^\circ, l = 209^\circ$ 的大冷斑被认为是源于暴胀期间宇宙的一个拓扑缺陷 [160]，甚至是对应于大爆炸之前的一个超大质量黑洞 [161]。刘浩发现 Vielva 等找到的三个冷热斑具有双峰结构：绕斑中心不同角径圆环的温度均值 $\langle T \rangle$ 曲线的峰在中心处，而温度波动 $\sqrt{\langle T - \langle T \rangle \rangle^2}$ 曲线在距中心约 4° 处也有一个显著的峰；利用这一特征，我们在 CMB 温度图上又找到了另外 9 个角尺度 $\sim 10^\circ$ 的大冷斑或大热斑 [162]。

暴胀期间的初始密度扰动，引起了复合时期结束时 ($z \sim 10^3$，视界 $\sim 1^\circ$) 布满 CMB 温度各向异性分布图上角尺度 $\theta \sim 1^\circ$ 的冷热斑，大量 $\sim 1^\circ$ 视界区域 (局域斑) 内声学振荡图像的叠加形成了 CMB 角功率谱上的声学峰结构。与角功率多极矩指标 $l \sim 20$ 对应的角尺度 $\theta \sim 10^\circ$。如果在暴胀后复合时期之前宇宙发生了又一次相变，相变产生的非局域扰动叠加在暴胀的初始扰动之上，则可以对 CMB 角功率分布图 28上在 $l \sim 20$ 处出现的异常结构，以及对 CMB 温度图上出现的一批尺度 $\theta \sim 10^\circ$ 的异常大冷斑和大热斑，作出更自然的解释。

宇宙相变伴随着暗物质与暗能量间的转换；组分转换使引力位能变化，导致膨胀加速或减速，如图 20所示在红移 $0.2 < z < 1$ 期间膨胀速度的变化。除了组分变化外，相变是否引起宇宙温度的变化，是否引起暗物质与重子物质间的转化，是否影响不同尺度的结构形成，都值得考察。影响星系、恒星和行星形成过程的因素，除了原始星云的成分和物理参数，引力吸积和坍缩，以及重子物质作用等过程外，宇宙尺度上的非局域扰动也可能是一个重要因素。

用紫外、红外和 H_α 观测得到的恒星形成率演化曲线 [163,164]，用伽马暴观测得到的恒星形成率演化曲线 [165]，用 HST 观测得到的成团星系份额 (clumpy galaxies fraction) 演化曲线 [166] 等，它们的峰值都在红移 $z \sim 1$ 处。银河系的年龄 ~ 100 亿年与太阳系的年龄 ~ 50 亿年也分别同图 20 上宇宙的相变点 $z_c \sim 1$ 与相变的拐折点 $z_t \sim 0.6$ 对应。如果这些对应不完全是巧合，如果宇宙相变可以改变宇宙介质的构成和物理参数，而超局域的扰动可以成为原始星云中星系、恒星和行星形成过程的触发因素，我们有理由期待见到一个将宇宙演化同天体与生命的起源关联起来的自然演化图景。

8.3　暗　物　质

8.3.1　有暗物质粒子吗？

几十年来，在地面、地下及高空寻找暗物质粒子的实验观测都没有成功。作为宇宙的一个基本成分的暗物质，也同普通物质一样，由分立的粒子构成吗？

无论“相对论宇宙学”(本书第 3 章) 还是引力中性的“宇宙动力学”(本书

第 6 章)，描述共动坐标系尺度因子 $a(t)$ 演化的动力学都是真空的动力学，不是也不能描述质点或物体的运动。真空中不存在任何分立的质点或物体；与此相应，宇宙的场方程和运动方程中的参量，也只有能量密度，没有也不能出现任何粒子的质量。宇宙动力学不需要分立的物质粒子。

相对论宇宙学的真空虽然没有粒子，却仍然存在着重力场；但暗物质与暗能量耦合的宇宙真空不存在重力。作为排斥力源的暗能量很自然地被设定为连续的和均匀的介质，没有人会费力去寻找分立的"暗能量粒子"。我们已经在本书第 5 章"热平衡的宇宙"中论述过，引力必须热能化。只有由连续的暗能量同连续的暗物质凝聚而成的引力中性真空 (参见 §5.3.2"凝聚态宇宙"及图 17)，才能成为产生黑体辐射谱所必需的凝聚体：而一个由连续的暗能量同分立的暗物质粒子耦合的宇宙，不可能实现普朗克黑体谱所要求的完美的热平衡。所以，宇宙热力学的观测结果要求：暗物质同暗能量一样都不能由分立的粒子构成，它们都是连续的均匀介质。

8.3.2 暗物质晕热力学

与重子物质形成的恒星、星系等局域引力系统相伴，存在着局域的暗物质晕。宇宙背景辐射中的 21cm 光子源于氢原子两个基态能级间的跃迁，发射时的波长为 21cm，其后在传播中会受到宇宙空间原子氢气体的吸收，吸收强度与气体温度有关，温度愈低，吸收愈强。Bowman 等 [167] 用单天线接收机 EDGES 测量宇宙 21cm 信号的平均谱，围绕 78MHz(对应于红移 $z \simeq 17$ 时的 21cm 谱线频率) 处探测到了一个超强的吸收谱信号，要求宇宙黎明时期的气体温度显著地低于气体通过重子和暗物质粒子碰撞而冷却的理论预期。EDGES 的观测结果表明，在第一代恒星形成的时期，恒星周围的暗物质晕需要具有远高于重冷暗物质粒子所可能提供的传热 (冷却) 能力，宇宙气体的温度才能远低于标准模型的预期 [168]。

本书第 5 章"热平衡的宇宙"的论述表明：需要宇宙的两个连续成分——暗物质和暗能量在量子涨落的层次上实现耦合，才能解释宇宙背景辐射的绝对黑体谱；必须考虑引力中性宇宙介质中的热引力声子以及光子-引力声子-宇宙介质的相互作用，才能理解宇宙的热平衡过程，才能保持宇宙整体的能量守恒。EDGES 实验的结果进一步显示出，作为重子物质引力系统的一部分，暗物质晕也不是由分立的粒子组成，在宇宙的热历史中不能忽略连续暗物质晕中的热声子的作用。

8.3.3 暗物质晕动力学

小尺度问题 愈来愈多的对于暗物质晕、卫星星系及星系团的观测结果与标准宇宙模型框架下的理论预期不符，例如：虽然由冷暗物质粒子组成的暗物质晕在星系核心的密度应陡升，却并没有观测到物质密度在星系中心存在尖峰 [169,170]；星系团总质量和引力中心与可见物质的质心不一致，存在着缺乏暗

物质的星系 [171-173]；星系及其卫星星系不沿同一平面排列，而银河系盘状暗物质晕几乎垂直于银道面 [174] 等。这些被称为 ΛCDM 模型的“小尺度问题”[175] 表明，暗物质晕的动力学不能简单地归结为暗物质粒子的动力学。

两个“子弹星系团”([176,177] 等) 发生碰撞后，星系团的暗物质晕与普通物质都非常显著地相互分离了，显示出作为宇宙的基元构成，暗物质很可能并非如主导物质科学的“原子主义”所设想那样由分立的粒子构成，而是连续的物质流体，具有不同于普通物质的动力学。

宏观物体和天体的动力学，可以归结为在势场中检验质点的“质点动力学”。宇宙动力学则是“真空动力学”。真空不存在具有静止质量的粒子，其动力学参量为有限的场能量密度；真空动力学方程中没有也不能出现任何物体的质量，也不容许使用检验质点，因为任何质点的能量密度都是无穷大。相对论宇宙学的弗里德曼方程 (66)，或者引力中性宇宙的膨胀方程 (115)，描述的都是均匀连续宇宙介质的运动，其标示运动的驱动力和惯性的动力学参量都是能量密度，量级为 $\rho_c \simeq 10^{-29}\mathrm{g{\cdot}cm^{-3}}$。

描述宇宙膨胀的超视界真空动力学必定是非局域的动力学。同 ρ_c 比较，基本粒子的质量密度可以视为无穷大。星体的质量密度，如果用水的质量密度 $1\mathrm{g{\cdot}cm^{-3}}$ 代表，也比 ρ_c 要大 10^{29} 倍。所以，对于由重子物质构成的局域引力系统的运动，宇宙真空的膨胀没有可以观察得到的影响；宏观物体和天体的运动遵从局域的相对论质点动力学。

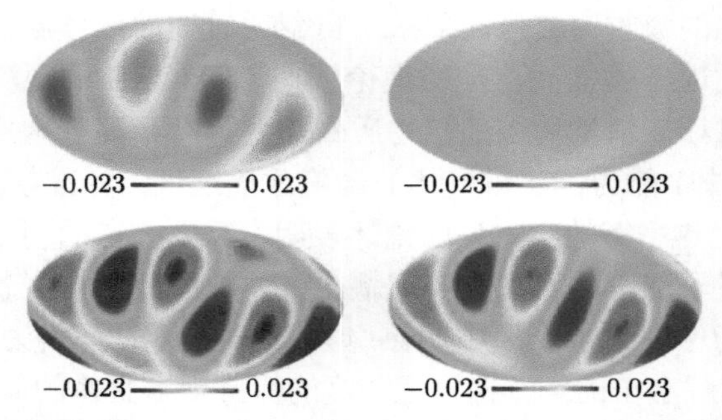

图 29　CMB 温度涨落的四极矩和八极矩 (*WMAP* Q_1-波段，温度单位为 mK；银道坐标系)。左上：*WMAP* 发布的四极矩。右上：校正了指向误差后的四极矩。左下：*WMAP* 发布的八极矩。右下：校正指向误差后的八极矩

星系暗物质晕密度介于重子物质与宇宙介质之间，宇宙临界密度 ρ_c 与星系暗物质晕密度 $\rho_{_{dm}}$ 之比 $\rho_c/\rho_{_{dm}} \simeq 10^{-5} - 10^{-4}$。对于并非由分立的粒子构成的连续的暗物质晕，宇宙真空动力过程的影响虽然微小，但经过结构形成及演化过程的长时间积累，宇宙膨胀引起暗物质晕的变化以及暗物质晕相对于所属的局域

引力系统的运动将不能忽略。所以，ΛCDM 模型存在的小尺度问题，很可能预示着需要在非局域的宇宙动力学和局域的质点动力学之外，建立第三种动力学——“暗物质晕动力学”。暗物质晕既是与之关联的普通物质引力系统的一个组分，又部分地参与宇宙膨胀；暗物质晕的动力学既是局域系统的动力学，又包含有非局域的作用及过程。

宇宙的“邪恶轴” *WMAP* 发布的宇宙背景辐射温度图，其大尺度涨落 (四极矩和八极矩图上的冷、热斑分布) 呈现出沿银道面或黄道面排列的图像 (图 29左上图和左下图)，对宇宙学提出了严重的挑战，被称为宇宙的“邪恶轴”。在用模板拟合方法扣除了非均匀扫描累积的偶极误差后 [156]，四极矩结构几乎消失 (图 29右上图)，但在八极矩图像上“邪恶轴”还存在 (图 29右下图)，其起因仍然是宇宙学的一个重要的疑难问题。

最后散射面之后 (脱耦之后) 形成的结构有可能产生 CMB 大尺度各向异性 [178]。相比于极早期宇宙的结构与运动同黄道/银道方向有关联的设想，CMB 八极矩结构更可能来源于太阳系和银河系的暗物质晕。暗物质晕在产生了太阳系 (银河系) 之后，产生区域剩余暗物质密度应较其余区域的密度小，从而形成不同密度的两个区域；由于 Sachs-Wolfe 效应 (引力势阱和引力势扰动引起辐射温度变化)，通过这两个区域后的宇宙背景辐射温度会相应地较高或较低，成为测得的全天 CMB 温度图上大尺度亮斑和暗斑。

朱玥 [179] 用模拟计算定性地研究了 CMB 八极矩的“邪恶轴”结构来源于暗物质晕的可能性。计算采用图 30所示的运动模型：年龄为 100 亿年的银河系在超星系平面上绕超星系团中心室女座 (virgo) 做圆周运动；初始半径 10^5 光年的球状暗物质晕在随银河系旋转运动的同时还受宇宙膨胀的牵引而膨胀，但比宇宙的膨胀幅度小 β_g 倍，$\beta_g \ll 1$；年龄为 4 亿年的太阳系绕银心做圆周运动；初始半径 1 光年 (把奥尔特星团 (Oort cluster) 考虑在内) 的暗物质晕随太阳系旋转运动的同时还受宇宙膨胀的牵引而胀大，膨胀衰减因子 $\beta_s \ll 1$。两个暗物质晕都呈三明治状的结构：由于部分暗物质转化为普通物质，形成银河系或太阳系的赤道区域，其暗物质密度较低，两极区域的暗物质密度则较高；由于 Sachs-Wolfe 效应，赤道区域的背景辐射温度较高 (在图 30上偏红色)，两极区域的背景辐射温度较低 (在图 30上偏蓝色)。计及局域引力作用，暗物质晕参与的非局域膨胀应以本星系群 (local group) 和室女星系团 (virgo cluster) 间局域引力系统质心为中心。给定初始条件和其他可调参数，可以用数值计算追踪银河系、太阳系及其暗物质晕自诞生至今的运动历史，从而得到不均匀暗物质晕引起 CMB 温度图上的大尺度结构图像。

图 31左图是 *Planck* 组发布的 CMB 温度涨落数据经 32° 平滑后的分布，其中右下方冷热斑的排列显示出与黄道成协，左上方与银道成协；右图是对于一组选定的初始条件和参数通过数值计算得到的当前暗物质晕的分布。计算表明，初

始暗物质晕的方向、暗物质晕膨胀中心位置及膨胀衰减因子的数值都会影响暗物质晕的最终图像，而银河系和太阳系在轨道上初始位置的影响可以忽略。

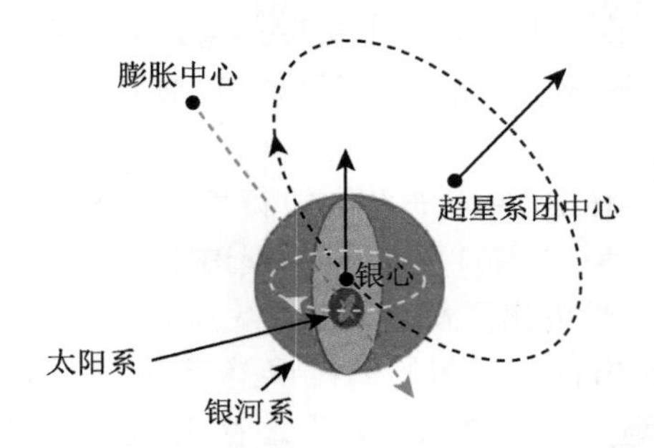

图 30　银河系和太阳系暗物质晕的运动模型

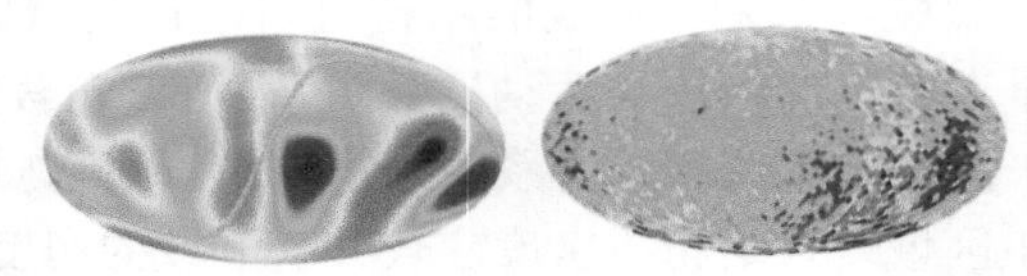

图 31　CMB 大尺度温度涨落。左图：经 32° 平滑后的 *Planck* CMB 温度涨落分布 [180]。右图：银河系和太阳系暗物质晕引起的 CMB 大尺度各向异性 (对图 30所示模型的数值计算结果 [179])

要得到图31右图的图像，要求暗物质晕产生恒星 (行星) 时的方向与银道 (黄道) 垂直。对银河系的卫星星系，包括一些矮星系和球状星团的观测，表明它们都分布在一个比较窄的平面上，且该平面与银盘垂直 [181-183]；在仙女座星系也同样观测到了这一现象 [184]；要解释这些星系的运行轨迹，需要构建与银道面相垂直的暗物质晕模型 [185,186]：这些观测和模型同产生图 31右图的要求一致。产生图31右图所用的暗物质晕膨胀衰减因子 $\beta_g \simeq 5 \times 10^{-5}$ 及 $\beta_s \simeq 1 \times 10^{-8}$；同宇宙临界密度与暗物质晕密度之比相比较，上述衰减因子的数值在物理上也是合理的。

由于天体的引力以及暗物质的自引力，形成了与天体系统相关联的暗物质晕。暗物质晕是宇宙暗物质背景上的局域结构，又是特定天体系统的一个组成部分。本节的讨论表明：解决与宇宙学中关于星系团、星系、恒星系统构造及运动有关的“小尺度问题”，以及微波背景辐射大尺度分布的宇宙“邪恶轴”问题，都需要建立和应用既不同于宇宙动力学，也不同于通常天体动力学的暗物质晕动力学。

8.4　暗　能　量

均匀的暗能量同暗物质组成的宇宙介质，其动力学过程产生了均匀各向同性的宇宙膨胀。暗能量只参与排斥作用，能量密度又远远小于局域物质系统，似乎不会影响到局域物理过程。但是，暗能量的存在使引力中性变为可能，这不仅决定了宇宙动力学，也会对宇宙中不同尺度的局域结构和物理过程以及局域物理学的基础架构产生深刻的影响。

8.4.1 宇宙空洞

暴胀时的宇宙原初密度扰动触发了在重子-光子等离子体中的声波；声波的传播使重子物质周期性地成团，形成高密度区域——重子声学振荡 (BAO)。用两点相关函数分析斯隆数字光谱巡天 (SDSS) 望远镜发布的 DR11 CMASS 观测样本中星系分布的成团性，在尺度 $\simeq 100\,\mathrm{Mpc}$ 处探测到重子声学振荡峰 [187]。宇宙空洞 (voids) 是大尺度结构中不存在或只有很少大质量星系的低密度区域。值得注意的是，陶嘉琳组 [188] 分析了 SDSS 望远镜发布的数据中空洞的成团性，得出的空洞分布两点相关函数上，也在尺度 $\simeq 100\mathrm{Mpc}$ 处出现了振荡峰。所以，空洞是和重力物质大尺度结构相关联的天体系统。引力中性的宇宙除了如图 17 所表示的微观量子涨落尺度上的网格结构外，还可能存在着由分立的引力和斥力区域构成的大尺度网格结构 (如图 14 右下部分所示)；空洞可能就是局域的大尺度斥力区域，是暗能量占优的“暗能量晕”，暗能量与周围重力物质之间的排斥力形成了它的边界，它的构成和运动同重力物质的大尺度结构的形成和运动密切相关。所以，除了真空动力学、质点动力学以及暗物质晕动力学外，可能还需要建立“暗能量晕动力学”。

8.4.2 黑洞硬核

宇宙奇点和黑洞奇点都是物理学无法解释和处理的对象。在引力中性宇宙模型中，宇宙起源于具有有限能量密度、引力与斥力平衡的真空海洋中的一个有限区域，不存在相对论宇宙学中的原初宇宙奇点。由于局域物质系统中暗能量的份额很少，而电磁作用、强作用等局域作用都无法抵御黑洞物质在自引力作用下坍缩到一个密度无穷大的奇点。

形成致密天体的坍缩过程，必然伴随着坍缩物质形态的改变。在所有的质子都转化为中子导致电磁作用消失后，继续坍缩将使物质转化成为只有引力作用的暗物质。如果坍缩的高密度物质能把暗能量推挤到致密天体中心，形成一个超高密度的“暗能量粒子”，其向外排斥的超高压强就可以阻止奇点的形成，则黑洞就可以是一个有排斥性硬核但不存在奇点的致密天体。坍缩过程中如果还存在着 (如在宇宙演化过程中那样的) 暗物质与暗能量的转化，则致密天体中心就有可能存在一个宏观尺度的高密度暗能量硬核。

超新星爆发机制 现有的超新星爆发机制中一个长期存在的困难是无法实现爆发。利用合理的星体模型的数值模拟计算，难以使 SNIa 超新星爆发具有足够的能量，它的最大物质抛射速度达不到观测到的 10000km/s 以上。对于 Ⅱ 型超新星，迄今所有关于爆前超新星的合理星体模型，其外核心的质量都过大，瞬时爆发机制是不成功的：向外的反弹激波无力穿过向内坍缩的外核，从而把足够的物质冲向太空形成爆发；即使考虑了中微子动量流的冲压，也只能实现微弱的爆发，向外物质抛射速度仅能达到数百 km/s，远小于观测到的上万 km/s，需要有未知的机制产生向外的冲击，才能实现爆发 [189]。星体坍缩过程中如果形成一个高密度暗能量核，则可以提供更强大的向外冲压，从而解决超新星爆发机制的困难。

脉冲星运动方向　通常认为脉冲星的空间运动源于超新星爆发过程中不对称物质抛射的反冲。射电观测发现，年轻脉冲星约数百 km/s 的空间运动速度在二维投影上趋向于其自转轴的方向。中国 500m 口径球面射电望远镜 FAST[190] 首次得出三维空间中脉冲星 PSR J0538+2817 的自转方向 (图 32上图绿箭头) 和空间运动方向 (图 32上图红箭头)，二者仅相差约 5°。超新星爆发过程坍缩物质团块冲击中心硬核的模型有可能再现上述难以解释的方向成协现象。图 32下图黑色直线指向由坍缩物质流 (环形流 $\boldsymbol{I}$) 决定的脉冲星自转方向 (方向 $\boldsymbol{N}$)，由局域引力场方程 (35) 可知，产生的磁型引力场以及受磁型引力场约束的外流方向应依左手定则与自转方向相反，物质抛射的反冲则与自转方向相同。在中心硬核 (图 32下图黄色圆斑) 形成后，一个大质量坍缩物质团块从某一侧方向冲击硬核 (粗红箭头)，引爆超新星爆发，并使星体运动方向 (细红虚线) 发生偏离。

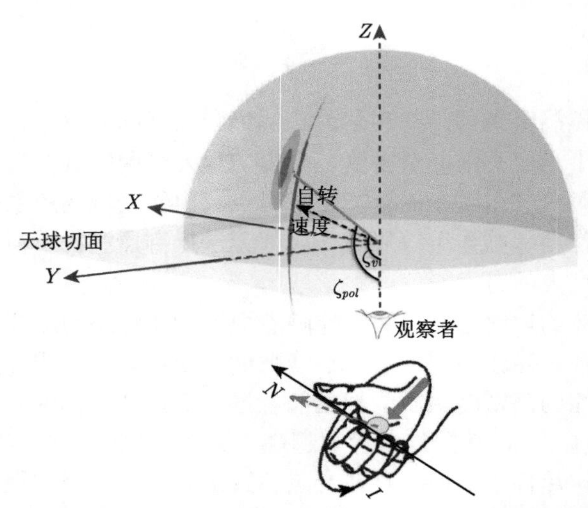

图 32　脉冲星自转和空间速度的方向。上图：中国 500m 口径球面射电望远镜 FAST 对脉冲星 PSR J0538+2817 的观测结果 [190]。下图：坍缩物质团块 + 硬核 + 轴向物质抛射模型

黑洞喷流　超大质量黑洞、恒星级黑洞和中子星中存在着极端相对论甚至视超光速的喷流。各种基于致密天体外部吸积过程中辐射压及各种电磁作用过程的

喷流模型都存在着自己的困难，还没有一个得到公认的解释喷流产生与准直的理论 [191]。从局域引力场方程 (35) 可知，只要坍缩物质密度 ρ_m 足够高，其 (电型) 引力场强度 $\boldsymbol{g}$ 可以远高于电磁场。致密天体内部超高密度暗物质介质中旋进的超强物质流 $\boldsymbol{j}_m$ 所产生超强轴向磁型引力场 $\boldsymbol{b}$，才足以提供产生与维持相对论喷流的物理条件：轴向磁型引力场可以强力约束轴向物质流，被冻结在物质流中的磁引力线与物质一起外流形成喷流。

中国 X 射线天文卫星“慧眼”(*Insight*-HXMT) 对黑洞双星 MAXI J1820+070 1−250keV X 射线辐射进行了长时间观测，得到的不同能段功率密度谱 (图 33左图) 都清楚地显示出低频准周期振荡 (LFQPO) 结构 [192]。“慧眼”测到的 LFQPO 能量上限比之前的卫星探测几乎提高了一个数量级，吸积盘的热辐射区域不可能产生这样高能的辐射；该 LFQPO 的频率和变化幅度都不随能量改变，但较低能段 LFQPO 的产生迟于较高能段，因此应该起源于不超过几倍黑洞视界的喷流的进动 (见图 34左图所示喷流进动模型 [192])。用图 34右图所示的“陀螺过程”可以解释喷流进动的原因：坍缩物质团块对黑洞硬核的冲击 (右下图红箭头)。

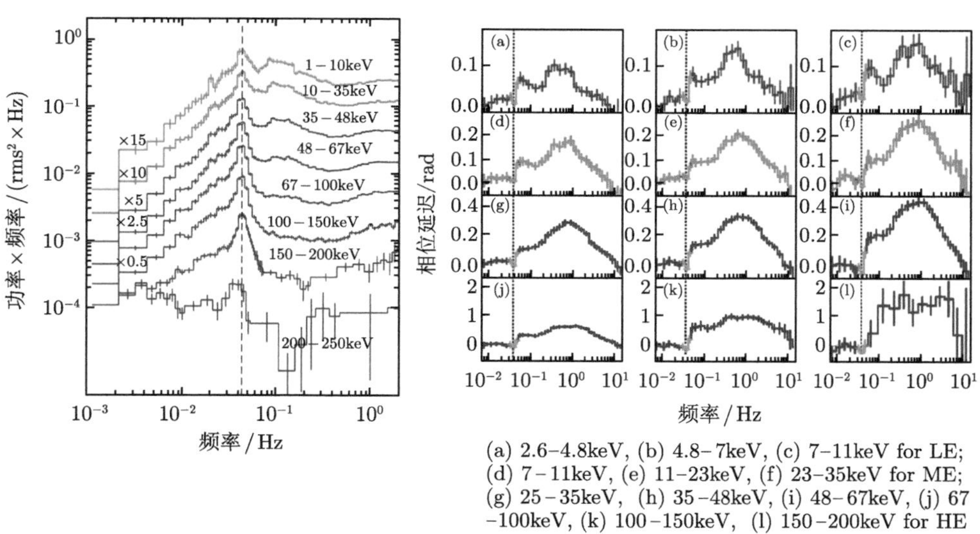

(a) 2.6–4.8keV, (b) 4.8–7keV, (c) 7–11keV for LE; (d) 7 – 11keV, (e) 11–23keV, (f) 23–35keV for ME; (g) 25 – 35keV, (h) 35 –48keV, (i) 48 – 67keV, (j) 67 –100keV, (k) 100 –150keV, (l) 150 –200keV for HE

图 33　中国 X 射线天文卫星“慧眼”(*Insight*-HXMT) 对黑洞双星 MAXI J1820+070 1−250keV X 射线准周期振荡 (QPO) 的观测结果 [192]。左图：不同能段的功率密度谱。右图：不同能段的相位延迟-频率谱

图 33右图——“慧眼”卫星观测到的黑洞双星 MAXI J1820+070 不同能段相对于 1−2.6keV 的相位延迟-频率谱显示出：对于 2.6−200keV 范围的 12 个能段，每个能段比 LFQPO 频率 (图中的垂直虚线所示) 高的频率成分都具有相似的相位延迟分布，即高频成分产生于喷流穿越外围吸积物质的过程。12 个能段的相位

延迟分布在 LFQPO 频率位置都存在着一个窄坑，表明该频率应当对应于该黑洞系统的一个内在的特征参量，而非外部吸积物质的性质；在图 34 右图所示喷流进动的“陀螺模型”中，它是黑洞硬核的转动频率或与围绕硬核暗物质流的差频。

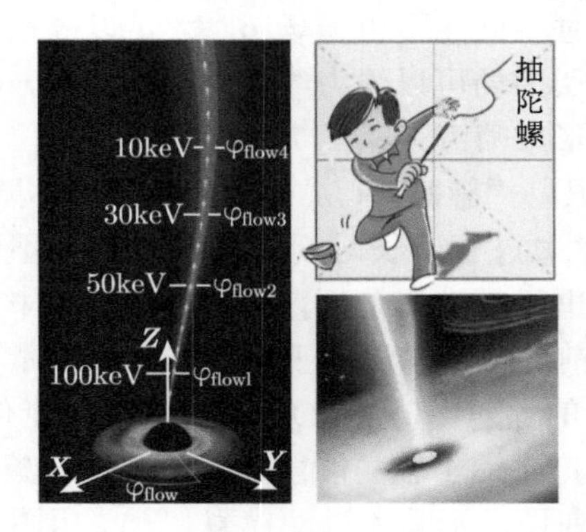

图 34　黑洞喷流的进动。左图：黑洞双星 MAXI J1820+070 1−250keV X 射线低频准周期振荡的喷流进动模型 [192]。右上图：陀螺的进动 (取自 [193])。右下图：坍缩物质团块冲击黑洞硬核引起喷流进动

“慧眼”卫星对 MAXI J1820+070 的观测还显示出：在爆发过程中，黑洞双星附近的高温等离子体流 (冕) 逃离黑洞的吸引向外高速运动，而且愈接近黑洞，其逃离速度愈快 (见示意图 35)[194]。这一图像提示我们，在黑洞视界外，除了黑洞产生的球对称吸引力场，在吸积盘和黑洞旋转运动的轴向，很可能还存在着强大的磁型引力场。

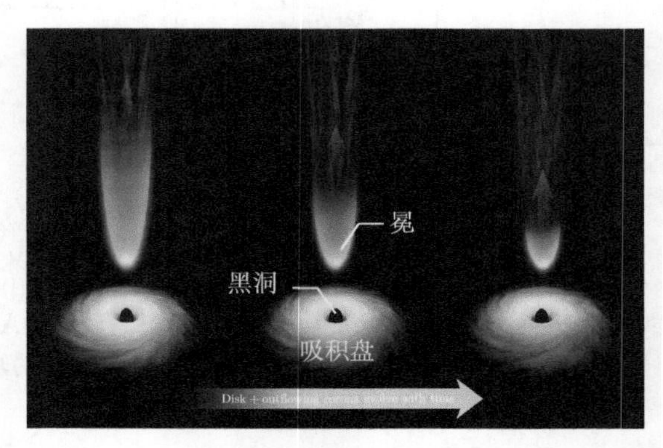

图 35　黑洞双星 MAXI J1820+070 附近高速逃离黑洞的等离子体冕 (示意图)[194]。向上的红色箭头指示逃离黑洞 (black hole) 的冕 (corona) 物质运动方向。向右的黄色箭头表示时间流

宇宙与黑洞是两个由引力主宰的物理客体。如果宇宙中不存在排斥性物质，宇宙与黑洞就必然只能是非自然、反理性的存在。而只要宇宙物质的基本组分包括

了排斥性物质，则大质量天体的坍缩就并不会如彭罗斯 [195] 基于广义相对论所证明的那样必然形成奇点。黑洞天体并不是广义相对论弯曲时空中的奇点，而是平直时空局域引力场中由致密的暗物质和暗能量构成的有结构的力学系统。黑洞双星和超大质量黑洞辐射的跃发、强度及能谱的各种不同状态及其转化、高度准直的高强度物质喷流的高速喷射等，这些活动过程被观测到的现象虽多产生于系统外围的吸积物质，但原初的驱动力来自黑洞天体内部超高密度暗物质流所产生的磁型引力场以及暗能量核的排斥性引力①。地球南北两极的极光 (图 36左图) 由沿地球磁力线运动的荷电粒子所形成，观测到的黑洞天体图像 (图 36右图) 显示出：在施瓦西半径之外，不仅存在黑洞静止引力质量的球对称 (电型) 引力场形成的吸积盘，还存在由黑洞内部物质流产生的磁型引力场与外部物质流构成的喷流②。所以，霍金“黑洞信息丢失”疑难并不存在；观测黑洞系统物理状态和物质喷射的目的是揭示其内部的结构和演化，而不是验证所谓的“广义相对论效应”。

图 36 喷流与极光。左图：地球极光 (取自网络)。右图：黑洞吸积与喷流 (示意图，取自网络)

① 暗能量核可以视为一个旋转的刚体陀螺。暗物质流的冲击和制动使得旋转的暗能量核发生翻转，可能是造成黑洞系统状态变化的重要原因。

② 在本书 §8.3.3“暗物质晕动力学”中，为解释 CMB 大尺度各向异性分布的“邪恶轴”问题而做的模拟计算，需要银河系的初始暗物质晕垂直于银盘；天文观测也发现，银河系和仙女座星系的卫星星系分布在与星系盘垂直的面上 [181−184]。这些结果显示出，在天体系统的形成、坍缩及吸积过程中，旋进物质流产生的磁型引力场的作用很可能需要计及。

第 9 章　物理学的基础架构

9.1　时间与空间

9.1.1　惯性系与平直时空

惯性参照系是经典力学和狭义相对论的基础标架。经典力学的惯性系由均匀流逝的绝对时间和平直的欧氏空间坐标构成，狭义相对论的惯性系则建立在平直的洛伦兹空间里。爱因斯坦 [196] 指出惯性原理和惯性参照系存在循环论证问题：

> 根据实验，惯性系驾乎所有其他坐标系之上的优越地位像是肯定地建立了的，我们有什么理由取消这种优越地位呢？惯性原理的弱点在于它含有循环的论证：如果一个质量离其他物体足够遥远，它就做没有加速度的运动；而我们却又只根据它运动时没有加速度的事实才知道它离其他物体足够遥远。对于时空连续区域里非常广大的部分，乃至对于整个宇宙，究竟有没有任何惯性系呢？只要忽略太阳与行星所引起的摄动，则可以在很高的近似程度上认为惯性原理对于太阳系的空间是成立的。说得更确切些，存在着有限的区域，在这些区域里，质点对于适当选取的参照空间会自由地做没有加速度的运动 …… 这样的区域称为“伽利略区域”。

即宇宙中不存在真实的惯性系，只有一些有限尺度的局部区域里可以存在近似的惯性参照系。为避免惯性系的存在性困扰，爱因斯坦取消了惯性坐标系的优越地位，用弯曲时空替代平直时空，建立了不依赖于任何惯性参照系的“广义相对论”，以及有曲率的宇宙模型。

爱因斯坦不承认惯性系的存在和时间-空间的物理客观性的理由是引力场无处不在 [197]：

> 空间和空间的任何一部分无不存在引力势，因为引力势给出了空间的度规性质；没有引力势，空间完全无法想象。引力场的存在是同空间的存在直接联系在一起的。反之，空间一个部分没有电磁场却是完全可以想象的。

陆启铿、邹振隆和郭汉英 [198,199] 指出，即使在广义相对论的框架下，只要服从宇宙学原理，则常曲率的宇宙时空 (零曲率的洛伦兹空间，宇宙常数为正时的正曲率德西特时空，或宇宙常数为负时的负曲率反德西特时空)，都具有最大对称性，都存在着满足惯性原理的惯性系，以及惯性共动观测者。

宇宙学观测从根本上颠覆了爱因斯坦对于惯性系和时空的论断。本书第 4 章和第 5 章所陈述的精确宇宙学观测的结果——宇宙密度和温度分布的均匀各向同性，空间的平直性，背景辐射的黑体谱，以及排斥性物质的存在都指向一个引力中性的宇宙。对于引力中性的宇宙真空，不存在惯性系的循环论证困难：不受外力的物体服从牛顿第一定律，处于静止或匀速直线运动状态。具有最大对称性的宇宙，即使是处于加速膨胀阶段的宇宙，对于共动观测者也都是一个服从惯性原理的参照系。同爱因斯坦只能在一些局部区域里找到近似的惯性系，而在宇宙大尺度上不存在任何惯性系的论断相反，本书第 6 章 – 第 8 章的论述表明，整个宇宙本身才是一个伽利略不变的区域：暴胀前的静止宇宙是一个绝对静止的惯性系；对于共动观测者，均匀各向同性膨胀的空间和宇宙时间构成了一个伽利略惯性参照系。

爱因斯坦 [200] 又说过：

> 一个空的空间，亦即没有场的空间，是不存在的。

上述论断是正确的。但是，有场的空间并不一定存在力和力势：有电磁场的电中性真空不存在电力和电势。引力中性的宇宙真空同时存在着吸引力和排斥力两种场，具有非零的能量密度；所以宇宙真空并不是没有场的空的空间，只不过不是被单一的重力标量场独霸的空间，而是两种标量场相互平衡、净作用力或净势场为零的空间。爱因斯坦“*没有引力势，空间完全无法想象*”的论断应当改为：只有不存在引力势的引力中性空间，才是能够构成惯性参照系的均匀空间。由产生排斥力的暗能量与吸引力的重力物质相互平衡的中性宇宙，是宇宙背景时空具有伽利略对称性的物理基础。作为惯性参照系的宇宙背景，不仅为宇宙动力学提供了适当的时空标架，也为局域的宏观和天体物理过程提供了不可缺少的基础架构。

9.1.2 惯性力与反作用

牛顿第一定律实质上是惯性参照系的定义，第二定律和第三定律都只对惯性参照系成立。对于一个加速参照系，在用牛顿第二定律计算物体的加速度时，除物体所受到的作用力外，还需要加入惯性力；但是惯性力不满足牛顿第三定律，不存在惯性力的反作用。

牛顿在《自然哲学之数学原理》[1] 一书中，用旋转水桶实验证明惯性离心力来源于相对于绝对惯性参照系的旋转：

> 那些从无限到无限的事物 …… 保持着相互间既定的不变位置 …… 构成不动空间。…… 绝对与相对运动效果的区别是飞离旋转轴的力。

在相对转动中不存在这种力，而在绝对转动中，该力的大小取决于运动的量。

牛顿指出，相对于桶壁转动时水面并不一定下凹，只有相对于无限的不动的绝对空间转动，才会导致水面下凹，即惯性离心力由相对于绝对空间的转动引起 (参见本书 §1.1.1)。

但是，马赫 (Mach E)[201] 认为：

牛顿旋转水桶实验只是告诉我们，水对桶壁的相对转动并不引起显著的离心力，而这种离心力是由水对地球的质量和其他天体的相对转动产生的。

马赫批评牛顿关于空间和运动的观念：

绝对空间和绝对运动 …… 是纯粹的心智构造，无法在经验中产生。

爱因斯坦企图用广义相对论的引力场方程计算出使旋转水桶水面弯曲的引力，以避免绝对空间与惯性系，但是并没有成功 (参见 §4.2.3“惯性系疑难”)。

对于存在平直的宇宙背景空间和绝对时间，近年来的宇宙学观测已经提供了强有力的证据 (见 §4.1“绝对运动与绝对时空”)。所以，只要将《自然哲学之数学原理》中“无限的不动的绝对空间”理解为相对于共动观测者的宇宙背景空间，牛顿将惯性离心力的产生归因于相对绝对空间的转动就是正确的。

惯性系 $\mathcal{O}$ 中质量 m_p 的质点 p 的加速度 $\boldsymbol{a}_{p-\mathcal{O}}$ 与所受外力 $\boldsymbol{F}_p$ 的关系，即牛顿第二定律的质点动力学方程为

$$\boldsymbol{F}_p = m_p\,\boldsymbol{a}_{\,p-\mathcal{O}} \tag{136}$$

陈驰一 [202,203] 认为，牛顿第二定律的惯性系依赖和惯性力疑难问题的原因在于，遗漏了对构成惯性参照系 $\mathcal{O}$ 的参考物体受力的考虑。他将方程 (136) 推广到对于非惯性系 $\mathcal{O}'$ 中的加速度 $\boldsymbol{a}_{\,p-\mathcal{O}'}$ 的方程

$$\boldsymbol{F}_p - m_p\,\boldsymbol{a}_{\,\mathcal{O}'-\mathcal{O}} = m_p\,\boldsymbol{a}_{\,p-\mathcal{O}'} \tag{137}$$

方程左侧第二项为惯性力

$$\boldsymbol{F}_{\text{惯性力}} = -\,m_p\,\boldsymbol{a}_{\,\mathcal{O}'-\mathcal{O}} \tag{138}$$

即惯性力是物体的真实受力，是构成惯性系 $\mathcal{O}$ 的参考物体对加速参照系 $\mathcal{O}'$ 中物体的反作用力。如果将方程 (137) 和 (138) 中的惯性系 $\mathcal{O}$ 取为引力中性宇宙的背景真空，则 $\mathcal{O}$ 就是具有惯性质量的物体，陈驰一对于惯性力的解释就同牛顿对于旋转水桶实验的解释一致。

赵峥、刘文彪 [204] 在讨论惯性的起源问题时推测：

> 惯性力很可能起源于加速引起的局域“真空形变”，惯性力就是真空“形变”造成的反作用力。因此，惯性作用不是超距作用；惯性力与普通力一样，具有反作用力。

即认为方程 (138) 中的参考物体是真空。

爱因斯坦不喜欢惯性系，不仅由于惯性系的定义或惯性系的存在需要一种循环论证，还因为他认为惯性系是“一种作用于任何事物但事物不作用于它的幽灵”[205]。爱因斯坦说惯性系可以“作用于任何事物”，指的是对一个惯性系做非匀速直线运动的参照系，其中的物体会受到惯性力的作用，例如牛顿水桶的水面会因相对于绝对空间的旋转下凹；说“事物不作用于它”指惯性力不存在反作用；称惯性系为“幽灵”是因为惯性坐标系或牛顿的绝对空间是没有物质，没有质量也不产生相互作用的虚空，却又能“作用于任何事物”。引力中性的宇宙真空不再是爱因斯坦所说的“幽灵”，而是由没有净作用力，但具有能量密度和惯性质量的宇宙介质构成的一个无限的“伽利略区域”，一个均匀各向同性和热平衡的物质系统。所有的局域系统都浸没在真空背景之中，引力中性的宇宙真空可以是解释牛顿水桶实验所需的一个绝对惯性系，也可以成为陈驰一质点动力学公式 (138) 所需要的参考物体，以及赵峥、刘文彪所推测的产生惯性力的真空。

在 §5.4“膨胀宇宙的能量转换”中的论证表明，要实现宇宙的热平衡和产生背景辐射的绝对黑体谱，需要宇宙真空是实现了引力热能化的一个引力中性的系统，需要考虑非局域热引力声子同局域系统热辐射的相互作用和相互转换；而且，只有把宇宙真空背景包含到热过程中，才有可能保持宇宙演化过程中的能量守恒。本节的讨论则表明，引力中性的宇宙真空还可以解决没有对应于惯性力的反作用力的疑难问题，从而保持宇宙的动量守恒。

9.2 老子宇宙论

9.2.1 泰勒斯与老子

西方的智慧 罗素在《西方的智慧》[206] 一书中说“当有人提出一个普遍性问题时，哲学就产生了，科学也是如此”。由于希腊哲学家泰勒斯最早将万物归于一种物质实体，所以罗素断定：

> 哲学和科学开始于公元前六世纪初期米利都的泰勒斯 ······ 据说泰勒斯认为“万物皆由水构成”。哲学和科学也由此而产生。

约一个世纪后的希腊哲学家赫拉克利特 [207,208] 虽然认识到事物的相反相成，但强调万物的统一是更基本的特性，他将万物流转表述为：

从一切产生一
从一产生一切

这种万物归于一宗的思想，是西方智慧的基因，它深刻地影响了西方哲学思想、社会思想和自然科学思想的发展。

东方的智慧 与泰勒斯同时代的中国哲学家老子在《道德经》第42章表述的宇宙观为：

道生一
一生二
二生三
三生万物
万物负阴而抱阳
冲气以为和

相对于“从一产生一切的”西方信念，“三生万物”是与其对应的东方智慧。

更古老的中国文化经典《易经》成书于公元前 12 世纪。老子在《易经》阴阳相抱、三爻成卦的基础上，构造出“道生一，一生二，二生三，三生万物”的宇宙万物起源模式。

公元前 20—16 世纪的夏朝，中国先贤们在观察和总结天文、历法、自然、生命与社会现象及其规律的基础上，就已构建出了表述相反相成、多元共生思想的“阴阳五行”学说。这是在早于《易经》，更远早于泰勒斯和老子的时代，东方智慧对于人类文明所做出的意义重大的贡献。

近年来，在浙江义乌桥头遗址出土了距今 9000 年前的陶器，上面绘有类似阴阳爻形式的卦形纹饰，表明很可能在更加久远的上古时代，阴阳五行和《易经》的基本思想就已在世界的东方形成。

伏羲和女娲在中国古代传说中是华夏民族的人文先祖，被列为创世的“泰古二皇”。《淮南子》[209] 在论述万物起源时说：

泰古二皇，得道之柄 …… 与万物终始 ……
其德化天地而和阴阳，节四时而调五行。

分散于中国各个地区自汉代以来的大量石画及墓葬出土文物中，伏羲、女娲都是对偶神后的形象。在图 37“伏羲女娲交尾图”中，上图为山东嘉祥武氏墓群出土的东汉时期石刻拓片，下两图为在新疆吐鲁番出土的隋唐时期的绢画 [210]。在这些画像中，交尾的女娲和伏羲各持测量天文和地理的规和矩；它们生动地表现出：

深植于亘古的东方智慧之中的阴阳一体、多元变易的思想，是中华各民族共同的文化基因。

图 37 伏羲女娲交尾图 [210]

9.2.2 一与多

“万物负阴而抱阳” 爱因斯坦努力在广义相对论基础上建立一个统一场论，但是没有成功。后人审视这段历史，认为造成爱因斯坦数十年的努力以失败告终的一个原因是他“低估了万有引力‘桀骜不驯’的本性”[211]。实际上，“桀骜不驯”并非引力的本性，而是斥力物质被忽视的后果。只要放弃被重力主宰的单极宇宙模式，承认存在服从平方反比律的斥力物质，则引力就会很容易地如 §2.4.2 所述被纳入狭义相对论的框架，局域引力遵从与电磁场方程形式完全一致的闵可夫斯基空间中的引力场方程。

正如中国先哲的天才论断所揭示的那样，宇宙和宇宙中的万物都是两个对立成分的统一。对于物理学，两种符号电荷的存在和两种符号引力质量的存在，具有根本的重要性。如果只有一种电荷，则电力也无法被纳入狭义相对论的框架。单一符号电力不但是“桀骜不驯”的，还会成为物理学的灾难：它会破坏力学和热学系统的稳定，将颠覆掉全部的局域物理 (见 §1.2.3 中的讨论)。而忽视斥力成分的引力物理必定面临奇性困难。单一引力场不仅无法纳入狭义相对论的框架，还使经典力学和狭义相对论赖以建立的惯性参照系无法存在；单一的引力所控制的宇宙更是“桀骜不驯”的：牛顿宇宙存在引力悖论和白夜悖论 (见 §4.2.1–§4.2.3)，而广义相对论宇宙同样存在着一系列的重大矛盾 (见 §3.3.1–§3.3.6)；引力中性真空是宇宙整体实现均匀、各向同性和热平衡所必需的物理基础 (见第 4 章和第 5 章)。所以，电力和引力各自的阴阳对立统一，是宇宙学、物理学，乃至人类文明存在的先决条件。

大爆炸与真空相变 两种宇宙起源模型的背后是两种世界观。被单一重力支配的单极宇宙，不可避免地存在各种无穷大困难：无穷大质量密度的黑洞奇点，无穷大引力和无限明亮的天空等等；一个“从一产生一切”的宇宙，其膨胀只能起源一个具有无穷大的密度和无穷高的温度，无法定义时间和空间，处于任何科学理性之外的原始奇点。如此之多的学者虽然无法理解这种非理性的“科学理论”，却不得不把它作为大自然不可理喻的“宿命”予以接受。其实，只要虚心领悟老子的教诲，接受其后康德和恩格斯 (见 §4.3.1) 的建议，跳出一元宇宙的坑，接受已经清楚地被实验观测揭示的宇宙二元本性，就可以完全摆脱掉这种终极困境。对立统一的宇宙，实物及其膨胀都可以由“负阴而抱阳”的引力中性真空中的相变过程产生，不存在奇性困难，没有科学理性所无法分析的时间和空间区域。

“三生万物” 老子的宇宙是多极的。宇宙及其中的万物皆为阴、阳二者的对立统一。但老子并未止于两分法，他还进一步明确提出了“三生万物”这一超前的重要论断。

吸引力场与排斥力场的平衡可以构成稳定的引力中性真空；但是，有温度，有热历史，能量守恒的原初宇宙真空，还必须要有热引力辐射声子。所以，原初宇宙真空由三种成分组成：吸引力场，排斥力场，以及热引力辐射声子场。

形成暗宇宙中具有静止质量的暗物质和暗能量，以及形成局域系统中具有静止质量的基本粒子，还需要第三种场——希格斯场的存在。

一个宏观系统，除了存在正、负荷电粒子构成的实物成分，还必须存在辐射成分——电磁辐射光子和/或热辐射声子，才能实现热平衡，也才能维持能量守恒。在本书第 5 章中我们指出，对于暗宇宙，除了有暗物质、暗能量构成的实物成分外，还必须存在热引力辐射 (热引力辐射声子)，才能实现宇宙的热平衡和维持宇宙的总能量守恒。

在汉语里，多始于三。按照“三生万物”的东方哲学，纷繁多彩的世界由三个或更多个物理要素 (物质/能量成分，位形空间的对称性，……) 所生成。单极的世界或大统一的理论，或将万物归结于单一的元素，将物理归结于单一的方程，都有违自然界的本性。

9.3 三个物理世界

9.3.1 宇宙学、宏观物理和微观物理

物理学的研究对象可以划分为宇观、宏观和微观三个世界。

宇观世界 在惯性系和绝对时空基础上建立的牛顿力学具有伽利略对称性;力学规律在伽利略变换 (5) 下不变 (见 §1.1.1“牛顿力学”)。但是，在单一地被牛顿万有引力支配的宇宙中，牛顿力学的时空基础——惯性参照系不可能存在；无处不在的引力场还使牛顿力学和牛顿宇宙学遭遇到无法克服的局域引力与能量无穷大的奇性困难 (见 §4.2“牛顿力学和牛顿宇宙学的困难”)。

宇宙学原理 (哥白尼原理) 设定同一时刻宇宙各处的密度、温度、速度和加速度等物理量的数值都应相同；同步变化的密度等物理参量可以用来定义一个统一的宇宙时间 τ。所以，宇宙学原理规定宇宙的背景时空必定是由绝对时间和三维欧氏空间构成的伽利略时空。

观测发现，宇宙并非牛顿引力的单极世界：除了产生万有引力的重力物质外，产生斥力的物质是宇宙的另一基本组分。由吸引力场和排斥力场可以构成引力中性的非局域无力场——宇宙真空 (见 §4.3.2“局域引力与非局域引力”)。宇观尺度上的引力中性使实际的宇宙能够符合宇宙学原理。精密宇宙学观测已经证实，宇宙时空确实是一个满足宇宙学原理的伽利略时空 (见 §6.1“宇宙时空的对称性”)。

宏观尺度的物理理论——经典力学或相对论，其局域背景时空——伽利略时空或闵可夫斯基时空，都是平直的，而势场 (物理位形空间) 都是弯曲的。但是，无论是处于匀速还是加速膨胀的状态，均匀、各向同性和热平衡的宇宙中不同空间位置之间都不存在压力差。宇观尺度空间势场处处相同，使得宇宙膨胀运动的物理位形空间也是平直的；也使得对于宇宙空间中的任何一点，人们都可以用与膨胀宇宙共动的时空坐标系 $(\tau,\chi_1,\chi_2,\chi_3)$ 作为描述宇宙中各个局域系统运动的一个惯性参照系。无论是依据宇宙学原理对于宇宙基本性质的规定，还是依据宇宙学的观测证据，都没有任何理由允许像广义相对论宇宙学场方程那样用有曲率的弯曲时空来描述具有最大对称性的宇宙。

宇宙的膨胀不是由质点动力学中的作用力所引起，不能用牛顿定律或局域系统的相对论力学来表述。宇宙的膨胀只能如 §6.2“中性真空动力学”中所述，采取分析力学方法，写出伽利略空间里的动能、位能和拉格朗日量，用能量守恒和最小作用量原理导出膨胀宇宙的能量方程和运动方程 (见 §6.2.2“能量方程和运动方程”)；宇宙膨胀的加速也是均匀和各向同性的，也不可能由任何外力引起，只能是热力学宇宙的临界过程，需要用伽利略空间里的连续相变理论描述 (见 §6.2.4“宇宙相变”)。

宏观世界 在宇宙的伽利略背景空间里，对于任何一个同局域引力作用和/或电磁作用有关的物理事件，都存在着一个被局域相互作用传播速度的有限性所决定的局部区域。对于由作用传播速度为常数这一约束条件 (运动约束条件) 所限定的一个局部区域，可以建立用广义坐标 (ct,x_1,x_2,x_3) 构成的位形空间 (闵可夫斯基空间)。如果 (x_1,x_2,x_3) 是宇宙共动系 $(\tau,\chi_1,\chi_2,\chi_3)$ 中沿 χ_1 方向以速度 w 运动的一个局域惯性系，x_1 轴的指向与 χ_1 一致 (图 38)，则对于以相对速度 v 匀速运动的两个局域惯性系，宏观物理定律的公式在洛伦兹变换 (26) 下保持不变，即局域闵可夫斯基空间具有洛伦兹对称性，构成一个洛伦兹空间 (见 §1.2.1“洛伦兹空间”)。

在 CGS 单位制里，洛伦兹空间 (闵可夫斯基空间) 中的时间坐标 t 和空间坐标 (x_1, x_2, x_3)，与伽利略空间的时间坐标 τ 和空间坐标 (χ_1, χ_2, χ_3)，量纲都分别是时间和长度，但是不能把二者混同起来。非局域的伽利略空间中的时间 τ 是用膨胀宇宙等密度 (温度) 面的运动测定的一个宇宙绝对时间，空间坐标 (χ_1, χ_2, χ_3) 则标记在一个均匀各向同性欧氏空间中的位置；而闵可夫斯基时空中的时间 t 和空间位置 (x_1, x_2, x_3)，则是对于一个特定的局域系统基于光速 c 的恒定性质测定的。由质量或电荷及其速度的分布确定的一个局域力学系统，用最小作用量原理和守恒律可以从该系统弯曲的位形空间导出在洛伦兹平直背景时空中的运动方程。由于闵可夫斯基空间是一个平直空间，在表述一个特定的局域力学系统的运动时，可以取相应的洛伦兹空间为背景空间，不需要考虑宇宙背景。但是，相对论力学里的洛伦兹空间只是一个局域空间，是宇宙的伽利略背景空间中在光速不变约束下一个局部时空区域的位形空间，它并不能取代非局域的宇宙背景时空。狭义相对论的时空观念被过度地解读为彻底颠覆了牛顿时空观的革命，以及广义相对论混淆背景时空与位形空间对时空观念的扭曲，造成了在物理学基本框架方面长期存在的混乱。

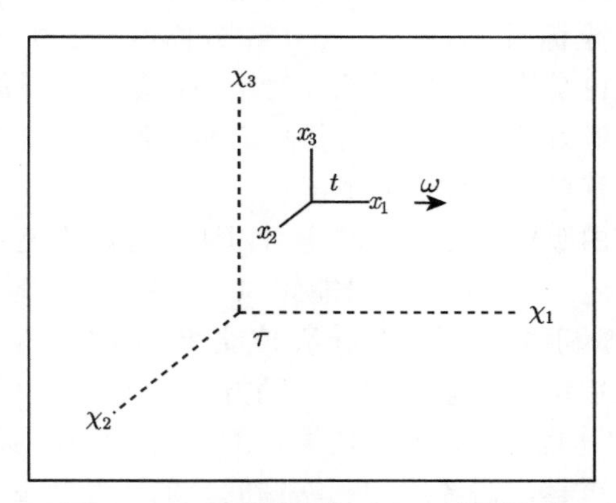

图 38　宇宙背景坐标系和局域惯性系

微观世界　在质点动力学中，宏观系统的位形空间是局域电磁场或引力场的位势空间。微观粒子具有波动性和内禀的对称性 (自旋，同位旋，$\cdots\cdots$)，描述微观粒子系统的物理位形空间具有比宏观物体系统的洛伦兹空间更复杂的对称性，除了局域物理系统位形空间 (势场) 的整体规范不变性 [$U(1)$ 群对称性] 外，还必须加入杨-米尔斯规范不变性 [$SU(2)$ 群对称性]，才能建立起基本粒子的标准模型。

三种对称性 宇观、宏观和微观世界除了空间尺度上的差异，它们的物理过程具有各自不同的本质特征。经典力学、狭义相对论和量子力学分别是描述这三个世界物理规律的基础理论，其代表人物是牛顿①、爱因斯坦和玻尔；而伽利略、洛伦兹和杨振宁则分别揭示了这三种物理空间的几何对称性 (图 39)。

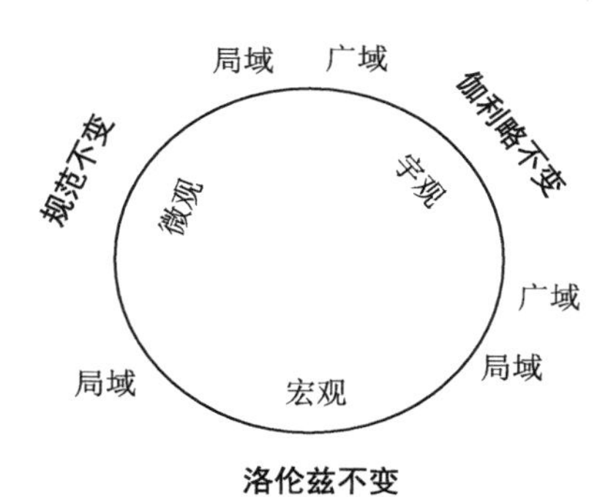

图 39 三个物理世界

宇观、宏观和微观不是三个截然分开的世界。在宇观和宏观尺度分界附近的物理过程，例如暗物质晕和可能的暗能量晕的运动，应受到伽利略和洛伦兹两种对称性的制约 (见 §8.3.3“暗物质晕动力学”和 §8.4.1“宇宙空洞”)。当前宇宙的各种物质组分、各种相互作用和不同尺度的物理世界，都是宇宙演化进程中的产物，都会带有宇宙演化历史的印迹。原初宇宙的尺度就是微观尺度，宇宙的膨胀也是由微观物理过程引起——量子涨落导致引斥平衡真空中一个微观区域发生暴胀，而宇观尺度物理过程与微观关联过程的量子纠缠都是非局域的过程。宇观、宏观和微观物理的背景时空都是平直时空，但微观物理中存在着局域和广域两种背景时空。相对论量子场论的背景时空是局域的洛伦兹空间，而多体量子场论则是非相对论量子场论，使用的背景时空是非局域的伽利略空间 (见 §6.2.1)。

时序保护猜想 狭义相对论描述一个局域过程的广义坐标系统——四维闵可夫斯基“时空”被夸张地解读为对经典时空的颠覆，使得通过所谓“时间旅行”回到过去似乎有了物理学的依据。广义相对论更把局域物质系统的引力势场等同为背景时空，时空被物质扭曲，从而可以通过精心设计的所谓“虫洞”或“宇宙弦”在宇宙中构建一条闭合的类时曲线，实现回到过去。为了避免相对论破坏因果秩序，霍金 [212] 提出了一个“时序保护猜想”：自然界不允许存在闭合的类时曲线。

其实，只要不把宇宙背景时空与描述局域物理的背景空间混为一谈，即如图 38 所示，明确区分一个局域系统位形空间的广义坐标系 (ct, x_1, x_2, x_3) 和宇宙

① 只有将牛顿引力的单极宇宙，发展成为引斥对立统一的引力中性宇宙，具有伽利略对称性的经典力学才能成为宇宙学理论的基础。

(共动) 时空坐标系 $(\tau, \chi_1, \chi_2, \chi_3)$，就不会出现因果秩序的破坏，无须再添加一个保护时序的“猜想”。

任何局域的动力学或热力学过程都无法影响宇宙时间 τ 的流逝。某人携带时钟在局域和宇宙时间分别为 (t_1, τ_1) 时加速运动离开某地, 在 (t_2, τ_2) 时返回；即便相对论效应可以使 $t_2 < t_1$，这种状况也不是回到了过去，因为 $\tau_2 > \tau_1$。对于曾经具有时刻 (t_1, τ_1) 的一个个体，不可能到达时刻 (t_2, τ_2)，其中 $t_2 < t_1$，而 $\tau_2 \leqslant \tau_1$；对于曾经发生事件 $(t_1, \Xi(t_1))$ 的一个系统，其中 t_1 为某个体的局域时间，Ξ 表示该个体的局域环境，无论是相对论效应还是生理过程的“返老还童”现象使该个体到达个体的局域时间 $t_2 < t_1$，但是事件 $(t_2, \Xi(t_2))$ 对于任何 $t_2 < t_1$ 都是不可能再出现的。

9.3.2　广义相对论的位置

普遍认为只有广义相对论才能解释水星的进动，而且广义相对论还是标准宇宙模型的理论基础。但是，图 39 所示的三个物理世界中，并没有广义相对论的位置。

平坦、均匀及各向同性，既是宇宙学原理对于宇宙空间性质的设定，也是已经被观测证实了的经验事实。标准宇宙模型是将符合宇宙学原理的 R-W 度规 (62)

$$\mathrm{d}s^2 = c^2\mathrm{d}t^2 - a^2(t)\left[\mathrm{d}r^2 + r^2(\mathrm{d}\theta^2 + \sin^2\theta\,\mathrm{d}\varphi^2)\right]$$

代入广义相对论引力场方程导出的。但是，由于存在绝对时间 t，R-W 度规只能用于描述伽利略时空，与描述局域物理现象的狭义相对论和广义相对论不相容。把 R-W 度规代入广义相对论方程，就是把爱因斯坦的弯曲时空强行地改造为伽利略时空；由此导出的弗里德曼方程，其合理部分是通过 R-W 度规引入的伽利略对称性的贡献，而余留的不适用于非局域宇宙的局域对称性，正是产生 §3.3 中所示标准宇宙学诸多困难的重要原因。

用来解释水星进动的是广义相对论引力场方程的球对称真空解——施瓦西解。根据伯克霍夫 (Birkhoff G) 定理，真空球对称度规——施瓦西度规只能是静态的，其一般形式为 ([26]§7.5; [204]§4.1)

$$\mathrm{d}s^2 = b(r)c^2\mathrm{d}t^2 - a(r)\mathrm{d}r^2 - r^2(\mathrm{d}\theta^2 + \sin^2\theta\,\mathrm{d}\varphi^2) \tag{139}$$

式中的待定函数 a 和 b 只与 r 有关。但是，水星运动是包括太阳和其他行星的多体运动问题，不是一个静态问题，不能简单地用施瓦西度规描述和处理；而非球对称局域系统的广义相对论方程根本就无法求解。

在计算行星摄动对水星进动观测值的贡献时，天文学家把其他行星简化为围绕太阳的均匀圆环，从而将水星运动简化为仅包括太阳和水星的二体问题。但是，即使对二体问题，广义相对论也无法准确地描述和处理。在用广义相对论场方程的施瓦西解描述水星运动时，太阳-水星二体系统被进一步地简化为一个检验质点围绕静止太阳运动的系统。

虽然施瓦西度规 (139) 对太阳系引力场已作了高度简化，形式上已接近平直时空的间隔表示式 ([26]§6.4)

$$ds^2 = c^2 dt^2 - dr^2 - r^2(d\theta^2 + \sin^2\theta\, d\varphi^2)$$

但度规 (139) 仍然是弯曲空间的度规。在施瓦西弯曲空间里，行星轨迹的施瓦西解是一条封闭的曲线，并不存在进动 (见 §2.5.2 和附录 2)。爱因斯坦通过线性化施瓦西方程，才得出 42″ 的百年进动值。而引力场方程线性化就是从弯曲空间转化到平直时空 (见 §2.4.3 和 §2.5.2)。所以，42″ 进动是基于一个简化模型——静止太阳 + 检验质点计算得到的平直时空中的结果，与时空弯曲没有关系。基于相同的简化模型，汤克云 [30] 直接在闵可夫斯基时空中用推迟引力计算水星的运动，也得到了与线性化广义相对论方程相同的结果。

所以，宇宙尺度膨胀运动的背景时空只能是平直的伽利略时空，局域运动的背景时空只能是平直的闵可夫斯基时空：在任何尺度上，广义相对论的黎曼弯曲空间都不能作为运动学的背景时空。

9.4 物理学的发展

9.4.1 物理学的革命?

爱因斯坦认为，宇宙中不存在伽利略不变性所要求的绝对时间、欧氏空间及惯性参照系，他用洛伦兹不变的狭义相对论取代了经典力学，而时空的伽利略对称性及经典力学只是运动速度远小于光速时的近似描述。所以，库恩 (Kuhn T S) 在《科学革命的结构》[213] 一书里，把相对论的建立称为新范式推翻旧范式的物理学革命。

狭义相对论只是一个局域理论，只能描述空间尺度受限的局部区域内的物理过程，并不适用于非局域的宇观世界 (见 §1.2.1“洛伦兹空间”和 §3.1“局域和非局域物理”)；宇宙背景时空不可能具有局域系统的洛伦兹对称性，在相对论基础上建立的宇宙模型存在着一系列矛盾和根本性的困难 (见 §3.3“相对论宇宙学的困难”)。微波背景辐射的空间观测把精密测量的对象扩展到了宇观尺度。精密宇宙学的观测结果表明：宇宙真空是引力中性的，宇宙背景时空是一个伽利略空间，宇观过程具有伽利略对称性 (见 §3.1.2,§4.1,§5.2.1 和 §6.1.3)。引斥对立统一形成的无力场宇宙真空，不但是宇宙动力学不可或缺的时空背景，还为描述局域过程所不可缺少的惯性系的建立提供了物理基础。

因此，伽利略空间并没有被洛伦兹空间取代；伽利略不变的宇宙动力学、洛伦兹不变的狭义相对论和规范不变的粒子物理，各自是描述宇观世界、宏观世界和微观世界的基础理论。相对论、量子论和精密宇宙学的建立，是物理学研究对象扩展的需要。对于不同类型的物理过程，其背景物理空间的几何，具有各自不同的基础对称性，或不同的“范式”；它们分别表述了宏观、微观和宇观物理过程中的几何对称性，并非相互颠覆的革命或反动。

9.4.2　广域与局域

局域引力作用和电磁作用都是服从平方反比律的长程作用，都存在着吸引和排斥两种作用力、电型和磁型两种力场以及标量势和矢量势两种势场，都具有洛伦兹对称性。

宇宙真空和宇宙物质单元 (星系、星系团) 是电中性的，电磁作用只能是局域作用。由微观荷电粒子结合形成的电中性原子、分子和宏观物体一般都是电中性的，而正负电荷的分离是微观物理过程。异性电荷间的吸引力与同性电荷间的排斥力，以及电作用力与磁作用力，具有相同或相近的强度，共同维系着宏观系统的动力学和热力学的状态和过程。

宏观尺度和宇观尺度上都存在引力作用。在局域引力系统里，虽然排斥性引力物质 (暗能量) 的密度远小于重力物体的质量密度，排斥性引力作用可以忽略，但排斥性引力的存在决定了局域引力作用同电磁作用一样具有洛伦兹对称性 (见 §2.4.2)。正引力质量物质的电型引力与微弱的磁型引力决定了局域引力系统的运动。在宇观尺度上不存在磁型引力，暗物质的引力与暗能量的排斥性引力耦合，维系着引力中性宇宙的均匀、各向同性和热平衡，决定了宇观物理过程具有非局域的伽利略对称性。

9.4.3　连续与离散

自古希腊哲学家留基伯 (Leucippus) 和德谟克利特 (Democritus) 提出原子论以来，化学，物理学，特别是原子物理、核物理和粒子物理的成就，使得物质的分立性结构成为一个公理性的图像：所有实物都是由离散粒子构成，基本粒子是组成自然界的基本单元。但是，宇宙学观测表明，宇宙主要由暗物质和暗能量构成，通常物质份额仅有 $\sim 5\%$。除了受物质挤压在致密天体的核心可能形成致密的暗能量颗粒外，相互排斥的暗能量只能是弥漫的连续场。同暗能量耦合形成引力中性真空的暗物质，也应当是连续的物质场。多年来探测暗物质粒子的负结果，以及对于暗物质晕导热性的探测结果 (见 §8.3.2 “暗物质晕热力学”)，是对于基本粒子构成暗物质这一假设的挑战。

9.4.4　线性与非线性

爱因斯坦的论断　由于广义相对论引力场方程是弯曲空间中高度复杂的非线性偏微分方程，爱因斯坦 [214] 声称：

真实的自然定律不可能是线性的，也不可能从线性方程中导出。

但是，经典力学和狭义相对论的运动方程和麦克斯韦电磁场方程，都是建立在线性平直空间里的线性微分方程。量子力学描述微观系统状态随时间变化的薛定谔方程，也是在线性矢量空间里的线性方程。牛顿定律、狭义相对论、麦克斯韦方程和薛定谔方程，都是用线性空间里的线性方程表述的，难道它们全都不是真实的自然定律，而只有弯曲空间里非线性的广义相对论场方程才是真实的自然定律？

自然定律必须在弯曲时空中描述吗？ 要建立相对论引力理论而又缺乏关键性的引力物理知识，广义相对论付出了沉重的代价：不但把位形空间混同为背景时空，把广义坐标混同为时空坐标 (见 §2.1.2“等效原理与广义协变”和 §2.2.1“时空坐标与广义坐标”两节)，还把物理现象混同为物理规律 (见 §2.3.1“两种协变性”)。而实际上，广义相对论并没有实现在非均匀的坐标系中表述引力物理规律：广义相对论引力场方程并不是对于自然定律的表述，而是用弯曲度规对一个特定局域系统引力势场 (引力现象) 的描述。物理学的普遍规律必须在均匀的线性时空参照系中表述，时空坐标系的均匀性与时空变换的线性是物理规律能够满足相对性原理的前提条件。因此，相对性原理要求时空坐标系只能在广域的伽利略空间或局域的洛伦兹空间里构建，曲线坐标系可以成为位形空间中广义坐标的参照系，但不能作为时空参照系。对于广义相对论，周培源、彭桓武明确地指出：引力理论应当描述在平直的洛伦兹时空中物质的运动和引力现象，黎曼弯曲时空不过是描述引力现象的数学语言 (见 §2.5“周培源-彭桓武时空观”)。

非线性现象必须用非线性方程描述吗？ 除了牛顿第一定律——惯性系中不受外力作用的物体做匀速直线运动中的背景时空 (均匀的惯性参照系) 和所描述的物理过程 (匀速直线运动) 都是线性的以外，一般情况下物理现象、物理过程确实都是非线性的。例如，外力作用使物体运动轨迹不再是直线，而是非线性的曲线；局域引力场、电磁场和微观物理现象一般情况下也都是非线性的。所以，描述一个物理现象确实一般地需要非线性的数学工具。

线性微分方程的积分一般都是非线性函数，所以线性微分方程可以描述非线性现象的规律。非线性物理现象的普遍规律可以用均匀时空的线性微分方程描述，或者说，产生非线性现象的物理过程可以是线性的；而描述伽利略协变或洛伦兹协变过程的规律，还必须用均匀时空中的线性方程。需要明确地区分物理现象的规律与物理现象本身：迄今，大量被成功地客观表述的物理规律都是线性的，虽然服从这些规律的物理现象几乎都是非线性的。

微观物理态的叠加原理决定了表述微观物理规律的量子力学算符和运动方程都必须是线性的 (见狄拉克 [215]《量子力学原理》第 1 章“态的叠加原理”，第 2

章“力学变量与可观测量”及第 5 章“运动方程”)。我们无法单独对于服从平方反比律的非线性库仑静电场建立平直时空中的相对论电磁场方程；但是，除库仑定律外，麦克斯韦联合关于运动电荷磁场、电磁感应等其他的电磁现象定律，归纳出了在洛伦兹变换下不变的线性麦克斯韦方程；或者，在洛伦兹不变的约束下，除库仑定律外，再利用由两种符号电荷形成的电中性电流，也可以导出麦克斯韦方程 (见 §1.2.3)。所以，只要具有必要的关键经验知识——产生电磁作用的两种电荷 (正电荷和负电荷)，或者电磁作用的两种力场 (静止电荷的库仑场和运动电荷的磁场)，就可以在线性的时空坐标系中用线性微分方程来全面描述电磁过程的普遍规律：积分这个线性微分方程可以得到平直时空中弯曲的电磁场及其位势的非线性流形。

如果不去表述普遍规律，而是直接描述一个特定系统的物理过程 (物理流形)，则不能用线性微分方程，需要非线性的数学工具。例如，对于一个电荷系统的电磁场，我们可以用一个弯曲的电磁位势场来描述，其度规 $g_{\mu\nu}$ 由服从麦克斯韦方程的标量势和矢量势决定。如果只知道库仑定律，就只能采用爱因斯坦建立广义相对论引力场方程的办法，建立一个“广义相对论”电磁场方程：一个对于未知的弯曲空间度规张量 $g_{\mu\nu}$ 的二阶非线性方程，它在电磁场静止时回归到库仑定律方程。

两种非线性 很多非线性现象是由具有线性物理规律的过程产生的，即线性的物理过程产生非线性的物理流形。例如，电磁场位形、电荷在电磁场中的轨迹等电磁现象都是非线性的，但洛伦兹协变的麦克斯韦方程却是均匀时空中的线性方程。爱因斯坦无法导出洛伦兹协变的引力场方程，只得用非线性的张量方程表述引力势场的构形，并声称“*真实的自然定律不可能是线性的，也不可能从线性方程中导出*”。其实，只要补充一点经验知识——产生引力作用的两种物质 (吸引力物质和排斥力物质) 或者引力作用的两种力场 (静止质量的牛顿万有引力场和运动质量的磁型引力场)，就可以导出在线性时空中表述引力场规律的线性微分方程 (见 §2.4.1“物理方案”和 §2.4.2“如果存在斥力物质”)。所以，引力和电磁力一样，其作用规律是线性的。能表述真实的局域引力定律的并不是非线性时空里的非线性广义相对论方程，而是线性的洛伦兹空间中的线性微分方程。

另一类非线性现象，其产生过程、物理规律本身就是非线性的，例如电荷与粒子的形成、场与场源的相互作用及自相互作用、各种正反馈等非线性物理过程。由于库仑定律的非线性，电子的电磁质量应为无穷，因此麦克斯韦方程仅适用于电子半径之外的区域。20 世纪 30 年代，玻恩 (Born M)[216] 曾努力将平直时空电磁场的线性理论转换成非线性场论，但最终并未能解决电子的电磁质量和结构的问题。粒子物理的标准模型采用重整化的办法，绕过对非线性过程的场论计算中出现的无穷大困难，用粒子电荷和质量的实验观测值来替代发散的计算结果。

爱因斯坦指出，存在对自身的作用是引力场需要用非线性方程描述的一个重要理由。因此，引力场方程 (33)

$$G_{\mu\nu}(g_{\mu\nu}) = -8\pi G T_{\mu\nu}$$

右侧的能量-动量张量 $T_{\mu\nu}$ 中物质的质量应当包含左侧所表述的非线性作用过程的全部贡献。但是，我们无法用广义相对论场方程解出引力势场的弯曲结构，更无法利用方程的非线性去了解场的自作用过程。要实现用非线性方程描述非线性过程，还有待于对于非线性物理过程规律的认识和非线性数学工具的长远发展。在非线性科学发展的现阶段，我们还只能采用重整化的办法，将线性引力场方程 (35) 或 (39) 中的质量密度 ρ_m 和物质流密度 $\boldsymbol{j}_m$ 取作在守恒律约束下场源与场的相互作用及自相互作用过程的结果。

9.4.5 回归物理

“非线性数学纲领” 基于“物理方案”建立引力场方程的多年努力都失败了，最终靠运用“数学方案”才得以完成的经历，使得爱因斯坦 [214] 认为：

> 可以由经验检验一个理论，但无法由经验建立一个理论。像引力场方程这么复杂的方程只能通过逻辑上简单的数学条件找到，这些条件完全或几乎完全确定了这些方程。

上述认识，与 §9.4.4 中爱因斯坦关于自然定律及其方程的“线性与非线性”的论述一起，是广义相对论建立后爱因斯坦对物理理论发展路线的纲领性表述，可以称为爱因斯坦的“非线性数学纲领”，它导致爱因斯坦去世前寻求统一场论的近 40 年的努力，成为百年来主导基本物理理论发展的一个主流认识。需要认真审视这个深刻地影响了物理学发展的纲领。

数学条件与经验 爱因斯坦所言“无法由经验建立一个理论”，显然应当修改为“无法仅由经验建立一个理论”。而“逻辑上简单的数学条件”—— 物理定律的协变性或背景空间的对称性，虽然可以限制物理定律的可能形式和减少对经验事实的要求，但是并不能替代由观测取得建立理论所必需的关键性经验知识。

电磁定律的洛伦兹协变性或局域洛伦兹空间的对称性，确定了描述电磁定律的麦克斯韦方程。但是，如果没有运动电荷磁场的知识，或者缺乏对存在两种符号电荷的认知，仅仅通过洛伦兹协变条件建立不了完整的电学理论。

爱因斯坦运用“广义协变”的数学条件，导出了广义相对论引力场方程——一个描述引力势场度规 $g_{\mu\nu}$ 的非线性张量方程 (33)。爱因斯坦称“广义协变性”为“定律在相对于四维连续统中的非线性坐标变换下的不变性”或“方程在连续坐标变换下的不变性”[214]。方程 (33) 的“广义协变性”即度规 $g_{\mu\nu}$ 或线元 $\mathrm{d}s^2$ 与背景坐标无关，亦即物理条件——系统构成、物理约束、物理定律、边界条件和初始条件完全决定了一个局域系统的位形空间 (见 §2.2.2“动力学的两种表述方式”和 §2.2.3“黎曼如何认识弯曲空间”)。但是，没有运动质量引力场的知识，或者缺乏对存在两种符号引力质量的认知，仅靠标量势和广义协变条件建立的广义相对论引力场方程，解决不了任何一个运动物体系统的运动问题。

包含在广义相对论引力场方程 (33) 中关于引力场的唯一经验知识是牛顿引力势，它使度规场 $g_{\mu\nu}$ 的构成中必须包含一个唯一的标量场成分—— 各质元牛顿引力势 ϕ(3) 的叠加；使得对于静止引力场，方程 (33) 可以回归到牛顿引力场方程 $\nabla^2\phi = 4\pi G\rho_m$(4)。但是，对于一个四动量为 $T_{\mu\nu}$ 的一般引力系统，广义相对论场方程 (33) 并不能确定其引力场，方程可以有无数个解：除了一个标量势成分外，还可以附加不止一个矢量势甚至张量势成分去构成不同的度规场，它们都满足张量方程 (33) 和“广义协变”条件。

“广义协变性”不能弥补方程 (33) 中关键性引力知识的欠缺。如果除牛顿定律外，爱因斯坦有再多一点关于引力场规律的知识——排斥性引力成分或运动引力场矢量势，他就可以写出在平直时空中完整描述引力场规律的方程，而不必用弯曲时空背景建立没有一般解或有无穷个解的复杂的广义相对论场方程，更没有理由鼓吹脱离经验仅依靠数学条件去建立理论。

所以，爱因斯坦“通过逻辑上简单的数学条件找到”的，只能是像广义相对论引力场方程 (33) 这种物理上贫乏、数学上却是一个“这么复杂的方程”；而遵从黎曼的建议 (见 §2.2.3“黎曼如何认识弯曲空间”及 [24])，基于必要的物理经验得到的是数学上简约，却包含完整的物理规律的狭义相对论引力场方程 (35) 或 (39)。没有理由要求局域引力场具有比洛伦兹对称更复杂的对称性；不需要在狭义相对论之外，为局域引力单独建立一种“广义相对论”。

两种物理理论 爱因斯坦把广义相对论看作是对狭义相对论的推广，他以为广义相对论可以使物理学摆脱惯性系，使物理规律在任意参照系中都具有相同的形式。爱因斯坦断言 ([217]，中译文取自 [211])：

> 基本物理理论需要一开始就在基本概念上与广义相对论一致，否则在我看来都是注定会失败的。

上述论断混淆了性质不同的两类物理定律：一类表述普遍规律，另一类描述现象——物理流形。广义相对性属于后者。由于这种混淆，揭示普遍规律的物理理论如果在基本概念上与广义相对论一致才是注定会失败的。

对于同一物理过程，存在着微分和积分两种表述形式的理论，表 1 列出了它们的不同性质。对于已经了解其基本规律的物理过程，这两种理论是等价的，从理论的一种表述形式可以推出另一表述形式。在牛顿力学的微分方程已经揭示了经典力学规律的条件下，分析力学同牛顿力学等价。分析力学描述力学系统的方便性，导致不少物理学者对力学的积分表述方式及其变分原理的误解甚至神化，忘记了只是在由一个力学系统的全部物理条件 (包括运动初始条件) 构成的位形空间中，在力学普遍规律的约束下，力学积分表述才能同微分表述等价，才有最小作用量原理或最短路径原理。

表 1 两种物理理论

描述方式:	微分形式	积分形式
描述对象:	普遍的物理规律 (原因)	特定系统的物理流形 (现象)
背景空间:	平直时空	位形空间 (弯曲空间)
物理定律:	场方程 运动方程	变分原理
相对性:	广域 伽利略协变	广义协变
	局域 洛伦兹协变	广义协变

在完全不了解运动质量引力场规律的情况下，希尔伯特 [19] 和爱因斯坦 [20] 用积分形式的力学原理导出了引力场的非线性张量方程 (33)；由于缺乏运动质量引力场规律的知识，无法确定引力势场 $g_{\mu\nu}$，方程 (33) 并不等价于描述引力普遍规律的微分方程，替代不了对动态系统引力场在时空背景中变化规律的探寻和表述。所以，电磁作用理论的两种表述是等价的，而引力作用却不能如图 3 的箭头所示，从广义相对论场方程推导出平直背景时空中的场方程。

如表 1 所示，对于基本物理规律而言，迄今只存在两种相对性：伽利略相对性和洛伦兹相对性。把与物理规律无关的“广义相对性”奉为物理学的基础，要求通过“简单的数学条件”找到的物理基本规律必须“合乎广义相对性”，是一个错误的论断，它不但颠倒了数学工具与物理理论的关系，还将物理现象混同为普遍规律。

掌握了均匀时空中作用力与运动的普遍规律，原则上就可以确定任何力学系统的运动。由于基本引力规律的缺失，广义相对论引力场方程不可能成为引力理论的基本方程。而狭义相对论方程 (35) 使我们具有了引力物理普遍规律的知识，从而能够确定任何引力系统的引力场。所以，从“弯曲时空”的广义相对论方程 (33) 到平直时空的狭义相对论方程 (35)，是引力物理从描述现象到表述规律的提升，也是引力理论向物理学理论的回归①。

① 爱因斯坦用最一般形式的度规场 $g_{\mu\nu}$ 描述引力势，建立了描述引力场的高度非线性张量方程。爱因斯坦场方程的解可以包含各种复杂形状的引力势和各种可能的非线性过程效应，有助于推动对引力源、引力势和引力规律的进一步探索。可以说，“广义相对论”是描述非线性引力现象 (并非揭示引力规律) 的一个尝试。100 年后，基于计算技术的发展，通过机器学习，用大量非线性传输的神经元和神经元间可调节的联结权重 w_{ij} 的大规模多层人工神经网络，可以帮助我们显示数据中可能存在的相关性和流形结构。但是，将广义相对论视为继狭义相对论后物理学的再次“革命”，奉为一切物理理论的基础，却使其后物理理论的发展付出了代价：它导致了对物理现象的描摹与对物理规律的表述的混淆，导致了对物理现象的背景时空与位形空间的混淆，导致了否认与时空位置无关的普遍物理规律的存在，使物理学理论过度几何化。

托勒密体系的现代版 在行星运动理论的发展历史上，托勒密不用太阳和行星的质量及相互作用力，而用地球和其他行星间一个复杂的本轮和均轮系统 (或者说，用扭曲行星间的时空几何) 来解释行星运动，托勒密体系一度能够比牛顿引力理论和牛顿力学更精确地再现行星运动；但是，托勒密体系只是对已经被观测到的那些行星运动现象的一种唯象描述，而牛顿理论才揭示了伽利略时空引力场中物体运动所遵循的一般规律。

广义相对论引力理论的弯曲时空就是一个现代版的托勒密体系：绕开运动质量引力场的物理规律，用一个逐点畸变的非线性时空去“拟合”一个引力系统的势场。时空弯曲的观念导致爱因斯坦否认线性自然规律的存在：依据所谓“弯曲空间的广义相对性”这样一个数学性质，用与背景时空坐标无关的一个几何量——约束系统物理流形上的距离，即位形空间的线元或黎曼度规替代物理过程的规律，声称物理学就是弯曲时空的几何学。同太阳系行星运动的托勒密体系一样，广义相对论的弯曲时空只是对特定引力系统运动现象的描摹，并没有揭示除牛顿引力定律外的任何引力规律。

均匀时空 除了将对于约束系统物理流形的描述混同为对于物理规律的表述之外，爱因斯坦另外一个有广泛影响的错误认识是：把引力系统弯曲的引力势场混同为背景时空。霍金《时间简史》[4] 中所谓：

> 爱因斯坦提出了革命性的思想，即引力不像其他种类的力，而只不过是空间–时间不是平坦的这一事实的后果。…… 像地球这样的物体并非由于称为引力的力使之沿着弯曲轨道运动，而是它沿着弯曲空间中最接近于直线的称之为测地线的轨迹运动。

以及《20 世纪的物理学》[218]“前言”所云：

> 广义相对论在最大的尺度上表明，引力不是什么别的东西，它就是几何学，空间和时间的畸变只不过是由物质的存在引起的而已。

可以代表在广义相对论建立后主流物理学界的认识：运动变化的原因是时空的几何结构，而不是物质间的相互作用。

时空背景的均匀性是定量研究自然现象不可缺少的一个共同“公设”；呈现在均匀时空背景上各种不均匀现象的原因及规律，分别是物理学、化学、生命科学等各种自然科学的研究对象。暂时找不到某类现象的起因或规律，不能成为需要扭曲共同时空背景的理由。否定时空的均匀性，也就从根本上否定了与时空位置无关的普遍规律，否定了守恒律。我们在 §2.1.2“等效原理与广义协变”及 §2.2.1“时空坐标与广义坐标”中指出过：爱因斯坦常用相同的符号表示“广义坐标”和“时空坐标”，常将“位形空间”称为“时空”，不经论证就认为时空坐标系经任意数学变换后仍然是一个时空坐标系。爱因斯坦轻易地认定引力势场度规就是时空度规，作出了时空被物质所弯曲的臆断，从而把引力物理归结为时空几何，造成对物理基础架构认识的混乱。然而，即便仅对于描述引力现象的普遍规律，时空背景也必须平直，“弯曲时空”更不可能作为物理或其他自然科学理论的基础。

如果把爱因斯坦论著中用“空间”或“时空”表述位形空间的地方，都准确地还原为“位形空间”，就会发现：将引力场等同为弯曲时空的唯一依据就是“等效原理”。爱因斯坦受到一个思想实验——自由下落升降机的启发，认为引力并不是真实的作用力，而是加速参照系中没有场源、没有反作用力的惯性力，从而构建了广义相对论，并进而认为物质系统中质点的运动被物质弯曲了的时空所决定。我们已经在 §2.1.2“等效原理与广义协变”中指出：即使无穷小时空区域内的引力作用可以与一个自由下落的时空参照系等效，也不能得出一个宏观区域的引力场等同于一个弯曲的背景时空的结论。而宇宙学观测所揭示的排斥性引力的存在，以及平直时空相对论引力场方程的建立，则使得时空弯曲丧失了任何依据：“等效原理”无论对有限区域还是对无穷小区域都不成立；引力同电磁力一样都是真实的作用力；局域系统的引力作用同电磁作用一样，都遵从平直的洛伦兹空间里的物理。

爱因斯坦竭力摆脱惯性系，摆脱线性时空和线性方程，采用“弯曲时空”中的非线性方程作为描述引力及整个物理学的基础架构，理由是：宇宙中“*引力无处不在*”，不可能存在惯性参照系。但是，排斥性物质的存在使宇宙不再是仅由重力物质构成的单极世界，“*引力无处不在*”的论断不再成立。高度均匀和各向同性的物质分布及其动力学过程，以及高度热平衡的绝对黑体辐射背景，表明宇宙中一切过程的时空背景是一个具有最大对称性的惯性参照系；引斥平衡的引力中性真空则是惯性系存在的物理基础。观测事实要求我们重新审视广义相对论建立以来基本物理理论的发展，需要我们思考：是继续坚持爱因斯坦的“非线性数学纲领”，以弯曲时空中的非线性方程为基础追求物理理论的“大统一”；还是接受黎曼的意见，回归物理，回归到对物理对象及其在均匀时空中物理规律的研究和表述？

在宇观和宏观尺度上，场论及动力学的普遍规律都已经实现了用平直时空中的线性微分方程表述。引力中性的可行性使局域引力物理可以摆脱“弯曲时空”陷阱，回归到在平直的洛伦兹空间中用线性方程描述引力场规律。精确宇宙学观测的结果，要求广域引力必须中性化和热能化；宇宙动力学和热力学的背景时空，需要进一步回归到由绝对时间和欧氏空间构成的伽利略空间。因此，宇观和宏观物理过程的规律都可以在均匀时空中表述，不需要也不能够归结为弯曲时空的几何学[①]。物理学中存在着形形色色的"空间"，任何物理理论都必须清楚地把物理空间与时空区分开，不能随意地把一个理论架构的背景空间混同为"时空"，任何弯曲的物理空间都不能冒充为时空。

物理定律能否统一？ 物理学的大统一是众多物理学者追求的一个终极目标：构造一个"万物之理"(The Theory of Everything) 的终极理论；写出一个统一描述四种相互作用的方程式。

重力主宰的单极宇宙观支持大统一的理念：万物都存在于被重力弯曲的时空之中，弯曲时空的几何是"万物之理"的基础架构。建立广义相对论后，爱因斯坦致力于按照他的"非线性数学纲领"统一引力与电磁相互作用——将电磁场纳入广义相对论引力场方程的框架，历经 30 余年直至去世都未能成功。然而，要将完整表述了电磁场规律的麦克斯韦电磁理论纳入到描述现象而不揭示规律的广义相对论的框架，这样的"统一"难道不是倒退吗？

宇宙学观测结果——宇宙排斥性物质的存在及引力中性的可能，却在相反的方向上实现了电磁与引力这两种相互作用形式的统一：局域引力场方程的形式同狭义相对论电磁场方程完全一致。因此，对于引力中性宇宙，需要的不是如何将场方程形式已经高度一致的重力场和电磁场再"统一"起来，而是需要了解这两种长程作用分别在早期宇宙的什么阶段从非局域的引力中性真空中产生，了解产生时不同的宇宙物理条件如何形成它们的差异，即为什么电磁场强度远高于引力场？为什么电荷异性相吸而质量却异性相斥？以及为什么电力在宇观及宏观尺度上都呈现中性而引力仅在宇观尺度上呈现中性？

爱因斯坦去世后，为实现四种相互作用的统一，理论家们沿"时空弯曲"和"非线性数学纲领"愈走愈远。他们不再满足于去弯曲四维时空，而是臆想出构形愈来愈复杂的高维扭曲"时空"。这些脱离物质/能量的实际构成和相互作用规律的"时空"几何理论，既无法证实也难于证伪，并且还继承了广义相对论场方程无法准确求解的禀性：对卷曲在一个 11 维"时空"里的超弦写出的方程可以有上百万个解！

在大爆炸宇宙模型中，所有种类的基本粒子和相互作用都在宇宙初始高温高密的大统一时期 (普朗克时期) 瞬间产生，似乎应当存在一个能够统一描述全部物质粒子和相互作用的物理理论。一些学者期望从量子场论出发建立的圈量子引力理论能够实现物理理论的统一。圈量子引力世界的基本单元是不存在于时空中的颗粒状、概率性 (波动性) 并涨落着的量子场，比高维时空中扭曲的超弦更复

① 对于不同的微观系统和微观过程，量子力学或量子场论中的背景时空有的是洛伦兹空间，也有的是伽利略空间，但都是平直时空。由于过程的波粒二象性，微观现象无法归结为单个检验粒子在背景时空中的运动，只能以位形空间——由广义坐标构成的希尔伯特空间为背景进行描述。但是，波动力学的薛定谔方程是线性微分方程；矩阵力学的代数理论也是线性理论。

杂。虽然在量子场论的基础上成功地建立了粒子物理的标准模型，但是，在寻求宇观、宏观和微观物理的统一时，不能忘记标准模型粒子仅为不到宇宙中全部物质的5%这一观测事实。在 §6.1.3“宇宙时空的伽利略对称性”中，我们质疑过以局域弯曲空间的广义相对论场方程为理论框架去描述具有最大对称性的宇宙是否合理；对于一个在其演化的历史过程中产生出粒子、场与相互作用的宇宙，把仅描述宇宙物质很小一部分的量子场论作为统一全部物理学的基础，也是很值得怀疑的①。量子引力理论的学者们期望量子力学的希尔伯特空间结构和广义相对论的黎曼几何结构是未来理论的极限情况。但是，希尔伯特空间是表述物理规律的背景空间，而黎曼曲面却是对于物理现象 (流形) 的描绘；服务于不同目的、采用不同数学工具的两类不同的理论，它们的统一究竟是什么都难以厘清，更遑论如何实现统一。

在广义相对论框架下发展物理理论，就是物理学的几何化。在这一过程中，基本物理学理论愈来愈远离实验观测的经验事实。实际上，依靠设计种种精妙的几何对称性或应用复杂艰深的非线性数学，都没能解决基本物理和宇宙学的根本困难；而如第 4 章和第 6、7 章所述，只要放弃对于宇宙单一性的迷信，尊重观测事实，承认斥力物质 (暗能量) 也是宇宙的基本物质组分，引力中性的宇宙就可以成为一个正常的物理客体，成为基本物理学的基础架构所需要的均匀时空和惯性系的物质基础，而且使局域引力同电磁作用一样，其普遍规律可以用平直时空中的线性微分方程来完全地描述。在引力中性宇宙中，不存在能同时产生所有物质成分及其相互作用的“大统一时期”。仅引力相互作用，就经历了从原初的中性真空场到局域重力场，从连续场源到出现分立质点的演化 (见 §4.3.2“局域引力与非局域引力”)；各种基本粒子及其相互作用是在早期宇宙演化的不同阶段从引斥耦合的真空中和/或从重力场 (暗物质) 中产生 (见第7章“宇宙的起源”)。多极宇宙的“万物之理”，不会只是一个理论、一个方程，而应当是一部宇宙的演化历史。

9.5 方法论和世界观

爱因斯坦很重视历史和哲学对于自然科学发展的重要性，他曾指出 [219]：

① 宏观和宇观都是由微观构成的，似乎微观物理可以成为物理大统一的基础。但是，微观物理本身就存在着统一不起来的两种场论：用于基本粒子物理的相对论量子场论和用于多粒子体系的非相对论量子场论。再者，极早期宇宙就是一个微观尺度的客体；从微观尺度膨胀至今的宇宙，其动力学和热力学是由均匀各向同性宇宙真空的物理决定的。宇宙的热过程和相变来源于微观涨落，但这里的“微观”不是指由微观粒子组成的微观世界，而是对于产生出微观粒子的宇宙真空本身而言的微观，或可称为“超微观”或“微微观”。对构成宇宙的主要成分——宇宙真空或暗宇宙所知甚少，如何去讨论物理学的大统一？由局域引力与电磁作用支配的宏观物理过程，以及由两种短程作用与电磁作用支配的质量与荷电粒子的物理过程，都是在宇宙演化的历史过程中产生的。对于有演化历史的对象，例如生物、地质或人类社会，都不存在——甚至难以定义一个大统一的终极理论，物理学是个例外？

> 关于历史和哲学背景的知识给了我们得以摆脱同一代大部分科学家所陷入的偏见的那种独立性。这种由哲学洞见带来的独立性——依我的观点是把单纯的手艺人或专家与真正追求真理的人区别开的标志。

爱因斯坦建立的广义相对论，深刻地影响了基本物理学和宇宙学百年来的发展。本书的以上章节已经梳理了由广义相对论和标准宇宙学基础构架的根本性缺陷所导致的各种疑难问题。为了基本物理学和宇宙学今后的发展，需要从认识论和世界观的角度审视广义相对论。

9.5.1 描摹现象与揭示规律

广义相对论被广泛地赞誉为人类智慧的最高成就。人类的智慧表现在科学、技术、文艺等诸多方面，广义相对论究竟在什么方面体现并提升了人类的智慧？

关于人类的智慧活动，爱因斯坦 [220] 在庆祝普朗克六十岁生日会上的讲话中说：

> 人们总想以最适当的方式来画出一幅简化的和易领悟的世界图像；于是他就试图用他的世界体系 (cosmos) 来代替经验的世界 …… 这就是画家、诗人、思辨哲学家和自然科学家所做的，他们都按自己的方式去做。

讲话中爱因斯坦指出了作为人类智慧活动的理论物理方式的特点是：

> 作为理论物理学结构基础的普遍定律，应当对任何自然现象都有效。有了它们，就有可能借助于单纯的演绎得出一切自然过程 (包括生命) 的描述，也就是说得出关于这些过程的理论。

广义相对论真的给出了引力过程的普遍定律吗？

唯象理论 麦克斯韦方程综合了电磁场所有的基本规律。对于真空电磁场，用仅有两个介质参数的麦克斯韦方程 (32)

$$\left(\nabla^2 - \frac{1}{c^2}\frac{\partial^2}{\partial t^2}\right)\phi = -\rho/\epsilon_0$$

$$\left(\nabla^2 - \frac{1}{c^2}\frac{\partial^2}{\partial t^2}\right)\boldsymbol{A} = -\mu_0\,\boldsymbol{j}$$

就可以计算出任何时空点上电磁场的标量势 ϕ (零阶张量) 和矢量势 $\boldsymbol{A}$ (一阶张量)。

在缺乏必要的物理定律时，物理学家可以用回归分析 (曲线拟合) 方法，选用一个有少量待定参数的经验公式拟合观测数据，构建唯象的理论模型 (回归模型)。经验公式可以用来预言观测结果，虽然它并不是对于普遍规律的准确描述。

根据洛伦兹变换的群理论，描述物理系统状态的场必须是张量场 ([221]，[26] §2.3)。相对论电磁场是由零阶张量和一阶张量构成的张量场。在缺乏运动质量引力场知识的条件下，可以用带有待定参数的张量场来构建相对论引力场的唯象模型。静止引力场和电磁场都是平方反比场，一个自然的选择是采用麦克斯韦方程 (32) 的形式作为相对论引力场的经验公式，只是其中的真空介质参量 ϵ_0 和 μ_0 换为未知的待定参数 ϵ_g 和 μ_g，即取相对论引力场方程的经验公式为

$$\left(\nabla^2-\frac{1}{c^2}\frac{\partial^2}{\partial t^2}\right)\phi=-\rho_m/\epsilon_g$$

$$\left(\nabla^2-\frac{1}{c^2}\frac{\partial^2}{\partial t^2}\right)\boldsymbol{A}=-\mu_g\,\boldsymbol{j}_m$$

采用上述经验公式是基于假定一阶张量已足以描述运动质量引力场。经验公式中的待定参数 ϵ_g 和 μ_g 需通过拟合实验观测数据估计；由拟合结果的优度可以判断经验公式的选取是否合适，抑或还需要引进更高阶的张量。

实际上，经验公式中与标量势有关的待定参数已经被牛顿引力定律 (4) 确定：$\epsilon_g=-1/4\pi G$。而对于洛伦兹协变的引力势，两个真空介质参数须满足 $\mu_g\epsilon_g=1/c^2$，则μ_g 也不再是一个待定的参数，$\mu_g=-4\pi G/c^2$。随着待定参数成为确定的物理参数，上述唯象的引力势场方程就由经验公式上升为完整表述局域引力场规律的理论方程，从而实现了爱因斯坦建立洛伦兹协变的相对论引力场方程的初衷。

以上我们用回归分析方法企图建立一个运动引力势场的唯象模型，却得出了严格表述相对论引力规律的理论公式。这个结果，同仅用库仑定律推导出麦克斯韦方程组 ([12]; 本书 §1.2.3), 以及若存在斥力物质则可以用牛顿引力定律推导出相对论引力场方程组 (35) 或 (39)(§2.4.3)，都显示出时空的对称性对可能存在的物理定律施加了严格的限制。

平直时空引力势场方程 (39)，以及相应的对于引力场强度的方程组 (35)，都已经被实验观测所证实。实际上，所有已观测到的"广义相对论"效应或"弯曲时空"效应——光的偏折和延迟、时空拖曳、引力波和行星近日点进动，都可以用狭义相对论引力场解释①。所以，引力同电磁作用一样，势场由零阶张量 (标量

① 在 Ohanian & Ruffini 的《引力与时空》[26] 中，直到第 7 章才论述广义相对论，然而却紧接第 1 章"牛顿引力定律"和第 2 章"狭义相对论的形式论"之后的第 3—5 章里，就定量地讨论了一系列"广义相对论效应"，包括引力的时间膨胀、光的偏折、光的延迟、引力透镜、转动质量的场 (Lense-Thirring 效应)、引力波等。只有施瓦西场中行星的运动 (近日点进动) 和光的传播是在第 7 章导出广义相对论场方程之后讨论的。但是，本书 §2.5.2 已指出，水星近日点的异常进动是由施瓦西场的一阶张量成分 (矢量势、平直的洛伦兹时空中的磁型引力) 引起的；在包括高阶张量的施瓦西场——弯曲时空中，行星轨道闭合，并不存在进动；即引力势场并不包含高于一阶的张量成分。上述结论同样适用于光在施瓦西场中的运动。

场) 和一阶张量 (矢量场) 构成，没有更高阶的张量势。如要坚持爱因斯坦场方程才是相对论引力方程，请给出需要在引力势场中添加二阶张量成分的理由！

周培源-彭桓武的时空观——在平直的背景时空中观测与表述运动及引力现象 (§2.5.1)，对于基础物理的发展具有基本的重要性。在局域平直时空对称性的限制下，在 §2.4.3 中由存在排斥性物质的假设导出了狭义相对论引力场方程 (39)，本节通过唯象模型也导出了方程 (39)。用仅有两个介质参数的平直时空引力方程 (39)，可以计算出任何局域系统的引力场。

为了建立广义相对论，爱因斯坦的“数学方案”抛弃了平直时空对称性约束物理规律的强大功能，而把位形空间的复杂性变成了时空的复杂性。广义相对论的“弯曲时空”假设，使得利用平直时空的对称性探索与表述物理的普遍规律成为不可能。

广义相对论与绘画　爱因斯坦建立相对论引力理论的“数学方案”用黎曼曲面度规 $g_{\mu\nu}$ 直接描述一个物质系统引力势场的弯曲位形，则一般引力场方程可写为

$$L(g_{\mu\nu}) = F_{\mu\nu} \tag{140}$$

方程中的引力势度规 $g_{\mu\nu}$ 为二阶张量，L 为度规及其各阶微商构成的任意函数，右侧函数描述物质及其运动。从方法论的角度看，方程 (140) 似乎与用回归分析建立唯象理论类似。但是，回归分析中经验公式的函数形式已被选定，只有少量参数待定，而方程 (140) 中引力势的函数 $L(g_{\mu\nu})$ 形式未知，相当于每个时空点上的度规 $g_{\mu\nu}$ 及其微商都是待定参数。

费米 (Fermi E) 在同戴森 (Dyson F) 讨论使用具有待定参数的理论公式拟合实验数据的问题时说 [222]:

> 我记得我的朋友约翰 • 冯 • 诺依曼 (John von Neumann) 曾经说过，用四个参数我可以拟合出一头大象，而用五个参数我可以让它的鼻子摆动起来。

方程 (140) 不表述任何引力规律，其中的每一个时空点 $(ct, \boldsymbol{x})$ 上的引力势场度规 $g_{\mu\nu}$ 及其各阶微商都是待定的参数；这样一个有几乎无穷多个参数的方程，可以拟合任何一个系统的引力场流形，却不能揭示引力场的物理规律。

为了使方程 (140) 成为表述引力定律的公式，爱因斯坦添加了三个约束条件:

(a) 方程为二阶微分方程

(b) 对于静止的弱引力场，方程还原到牛顿引力公式

(c) 方程为具有“广义协变性”的张量方程

从而导出了广义相对论引力场方程 (33)

$$G_{\mu\nu}(g_{\mu\nu}, \dot{g}_{\mu\nu}, \ddot{g}_{\mu\nu}) = -8\pi G T_{\mu\nu}$$

式中，$G_{\mu\nu}$ 和 $T_{\mu\nu}$ 分别为爱因斯坦张量和能量-动量张量。

约束条件 (a)–(c) 能使广义相对论方程 (33) 表述运动引力场的规律吗？

条件 (a) 相应于位置和速度完全决定了力学状态这一事实，同引力和运动定律无关。条件 (b) 使广义相对论场方程包含了牛顿引力公式：对于静态引力场，方程 (33) 左侧的引力势张量 $\boldsymbol{g}$ 退化为标量场 ϕ，右侧的能量-动量张量 T 退化为静止质量密度 ρ_m，方程回到牛顿引力场方程 (4)

$$\nabla^2\phi = 4\pi G\rho_m$$

因此，广义相对论场方程如果揭示了牛顿定律外的引力规律，就只能由广义协变条件 (c) 引入。

张量方程 (33) 的广义协变性只是黎曼几何的内蕴性——黎曼度规张量是曲面的本征特性，与背景坐标无关; 不同坐标系中的同一个张量方程表述同一个引力势场。对于静态引力场，广义相对论场方程能够画出牛顿引力势场的弯曲图像; 对于动态引力场，广义相对论场方程企图得到变化引力势场 $g_{\mu\nu}$ 的动画。广义协变性只是要求对于一个特定的物质系统，场方程描述的画面及其演化与方程的背景时空坐标以及影像“悬挂”或“放映”的时间地点无关。同牛顿定律及狭义相对论对于自然规律的理论表述相比较，广义相对论在方法论上更类似于绘画技术，黎曼曲面几何提供了使所得图画具有客观性的数学工具；而无论多么逼真细致的影像，都代替不了对于被描绘对象的形成及演化规律的考查、揭示与研究。

因为缺乏引力物理的关键知识——运动质量的引力势，或排斥性的引力物质，无法在平直时空中建立描述相对论引力规律的线性微分方程，爱因斯坦只得把一个引力系统弯曲位形空间里所有点的度规 $g_{\mu\nu}$ 及其一阶、二阶导数全都作为未知变量，在所谓“广义协变原理”的指引下写出引力场方程 (33)。高度非线性的广义相对论场方程描述的是物理现象，并非物理规律，它的解是一个特定系统随时空变化的引力势场——一个特定的物理流形，而不是导致该流形结构的普遍规律，更不是该流形所在的背景时空。

导出方程 (33) 所依据的“广义协变原理”不是一个物理定律，它仅表明：分析力学位形空间中的一个黎曼曲面，其内蕴的几何完全被其自身的度规或线元所确定，同背景时空的坐标无关；即定义一个物理系统的全部物理条件可以完全决定该系统的物理过程，与系统周围的背景参照系无关 (背景参照系可以是非惯性系，只要惯性力被计入广义力)。所以，方程 (33) 的“广义协变性”并不能弥补所缺失的引力定律。缺乏必要物理基础的广义相对论引力场方程，不可能准确描述真实的引力场；这样的非线性方程，可以有无穷多个解，我们无法知道哪一个才符合真实的自然定律。所以，描摹特定系统引力场变化现象 (流形) 的广义相对论场方程不是一个完整表述引力规律的方程。广义相对论场方程只是使用了适宜于描绘动态引力场的“画笔”和“颜料”——黎曼曲面几何，而任何一个实际动态系统的引力场流形都不能通过求解广义相对论方程得到。

很多人赞赏广义相对论方程 (33) 的简约和优美。实际上，与在平直时空中表述宏观力学、电磁学和量子力学基本规律的线性微分方程相比，包含 10 个未知函数 $g_{\mu\nu}$ 以及它们的 40 个一阶导数和 100 个二阶导数的高度非线性的广义相对论引力场方程是无可比拟的繁复和庞杂。图 40是静止在一个平面上的若干物体形成的引力势分布，三维空间里运动物体系统的引力势场更是一幅难以想象的扭曲古怪的丑陋图像。与在均匀空间里的线性微分方程比较，用这种弯曲时空的几何去描述一个引力系统中检验粒子的运动既不简约，更不优美。由于不了解运动质量的引力规律，计算不出引力场，广义相对论就以现象为规律，把引力场表观的复杂性转嫁给背景时空，把物理困难甩给几何学家。在均匀的时空背景被物理学家们扭曲得无比的复杂之后，一代又一代无论多么高明的数学家，也不可能计算出一个实际的运动系统的引力场，更不可能构造出时间平移不变、空间平移不变或空间转动不变的守恒量！

图 40　平面上若干静止物体的引力势场 (孙韵淇绘)

爱因斯坦用一个二阶张量——度规张量 $g_{\mu\nu}$ 去描述动态引力势场是正确的。虽然高度非线性的广义相对论方程 (33) 非常繁杂，但是表述物质流 $\boldsymbol{j}$ 产生引力势 $\boldsymbol{A}$ 的定律 (38) 却是一个简单的线性方程，$\boldsymbol{A}$ 也只是一个一阶张量。科学方法论的失察使得爱因斯坦将描摹现象的广义相对论方程错误地当作表述规律的方程，对重力特殊地位的屈从又使得爱因斯坦将引力场的度规错误地当作时空的度规，从而进一步地否定平直时空中线性规律的存在，否认用线性方程表述自然规律的可能性，声称自然定律必须在弯曲时空中描述：方法论的混淆与世界观的局限，导致爱因斯坦为基本物理学的发展设置了一个陷阱！

广义相对论与机器学习　广义相对论场方程摹写变化引力场复杂的物理流

形，从方法论的角度更接近于机器学习：经过数据训练的非线性人工神经网络也可以被用来“描述”一个特定系统的物理流形。如图 41 所示，机器学习使用的人工神经网络装置由多层人工神经元组成。早期的人工神经网络是线性网络，第 k 层神经元 j 的输出信号 $y_j^{(k)}$ 是前一层各神经元输出信号 $y_i^{(k-1)}$ 的线性叠加

$$y_j^{(k)} = \sum_i w_{ij}^{(k)} y_i^{(k-1)}$$

式中，权值 $w_{ij}^{(k)}$ 由机器学习过程调节，$w_{ij}^{(0)} = 1$，$y^{(0)}$ 为数据。人工神经网络的突破发生在 20 世纪 80 年代中期，神经元信号传输变为非线性过程

$$x_j^{(k)} = F\left(\sum_i w_{ij}^{(k)} x_i^{(k-1)}\right)$$

式中，函数 F 为非线性函数，例如：$F(x) = 1/(1 + \mathrm{e}^{-x})$。所以，不同于用少量参数表述物理普遍规律的线性微分方程，由大量待定的度规 $g_{\mu\nu}$ 及其一阶和二阶导数构成的广义相对论非线性张量方程，更类似于人工智能——基于大数据以及由大量可调权值场 $w_{ij}^{(k)}$ 与非线性传递函数构成的人工神经网络机器的智能。

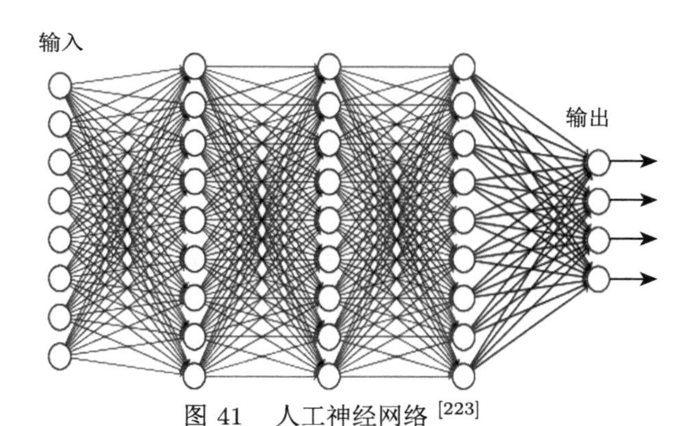

图 41 人工神经网络 [223]

在还未掌握事物的规律时，机器学习可以帮助人们从数据中揭示隐藏的流形结构，例如，非线性流形的分类。如果引力势可以测量，则可以将一个引力系统的质量和速度分布作为输入数据，用测得的引力势分布数据作为输出，用大数据训练一台人工智能装置，使其具有近似地计算各种运动系统引力场的能力。广义相对论场方程 (33) 所包含的引力场知识类似于人工智能领域中的“暗知识”[224]，即隐藏于用数据训练后的神经网络权值场 $w_{ij}^{(k)}$ 中关于数据相关性的知识。即使未来的人工智能技术能够通过机器学习准确地算出一个引力系统的度规场 $g_{\mu\nu}$，我们仍然不知道运动质量引力场的规律是什么。机器学习依赖于观测数据的积累，以

及算法、计算和存储的硬、软件技术的发展。迄今，无论多么复杂的多层级人工神经网络的黑箱运算，都还不能从数据中归纳出物理定律。

关键事实与大数据　表述一般规律的物理理论可以通过分析关键性的经验事实或定律构建。规律的一般性 (适用于所有时空点和所有方向) 要求表述规律的方程其时空参照系只能是均匀和各向同性的惯性系；规律的客观性 (不依赖于参照系的选取) 要求方程的形式在坐标系的变换下不变——伽利略协变或洛伦兹协变。规律的一般性和客观性使得构建理论所需要的经验事实 (或理论假设) 的数目可以很少。例如，构建满足洛伦兹相对性的引力方程，除了牛顿引力定律外，只需要发现 (或假设) 宇宙中存在着负引力质量 (或者磁型引力) 就可以了 (见 §2.4.2)，不需要也不允许去破坏背景时空的均匀性。利用仅从两个经验事实导出的洛伦兹协变引力场方程，原则上可以精确地计算出所有局域引力系统的引力场。

100 年前，爱因斯坦缺少关于引力物质构成 (或关于运动质量引力场) 的关键知识，无法在关键经验事实 (或定律) 的基础上用少量物理参数构建引力势方程，只得弃简从繁，用无数个引力势度规及其微分构成了一个将力学系统状态变化 (系统流形) 与引力场变化 (引力流形) 关联起来的 (广义相对论) 方程。应用这样的方程只能依靠基于大数据的机器智能：大量相互联结的人工神经元构成的大网络，将通过大数据训练获得的“暗知识”以不可预测的方式传播到千百万个节点上。近来，物理学者开始尝试设计从大数据中找出描述物理系统关键参数，从而提炼出基本公式的机器学习系统，例如，从观测到的行星轨道数据导出哥白尼式的轨道公式 [225]。用机器学习从大数据导出物理定律，则是化繁为简的过程，增加通过少量链接与大网络相连的子网络，将大网络获得的“暗知识”转化为由少量参数构成的定律。

综合分析关键经验事实构建理论以及用人工智能装置获取大数据中的“暗知识”，二者都是人类智慧的成果，可以相互借鉴和交融，例如，人工智能装置的设计和应用中可以引入已知的科学定律，而寻求关键经验事实的过程也可以借助人工智能。但是，在建立广义相对论后，爱因斯坦从认识论上混淆了这两类不同的方法，宣称一切基本物理理论的构建都必须遵从广义相对论方法论的指导。100 年来，如此之多的物理学者在如此之长的时间里，放弃了对于运动质量引力规律的探寻，追随晚年的爱因斯坦把描摹物理现象作为物理学理论方法的基础。而在人工智能 (AI) 正取得令人瞠目的成功应用时，AI 行业的学者却已经认识到不能满足于机器学习对数据的“拟合”，需要提升到对数据的“理解”和“思考”，呼吁“应该严肃地对待人工智能中的‘智能’一词”(“We should take the word ‘Intelligence’ seriously”)。引力物理更需要化繁为简，将描绘引力系统流形细节的广义相对论提升为平直时空的相对论方程。虽然构建完整表述引力规律的关键事实已经出现 (见 §2.4)，物理学家们却仍然止步于被奉为智慧顶峰的广义相对论！

爱因斯坦追求了解“上帝是如何创造这个世界的”，却把描述现象细节的广义相对论作为一切基本物理理论的模板，可谓是“南辕北辙”。物理学需要跳出“弯曲时空”的陷阱，摆脱“高维时空”的幻影，脚踏实地探寻关键经验事实或关键物理假定，表述平直时空中物理现象的普遍规律。

9.5.2 单极世界与多元宇宙

“广义相对性原理”将微分几何的内禀性混同为物理规律的客观性，是爱因斯坦在科学方法论上一个影响深远的失误；而他通过“等效原理”将重力场的弯曲位形等同为“弯曲时空”，则是事关哲学世界观的一个重大论断，因为时间和空间不但是一切物理客体及物理过程共同的背景及舞台，也是一切自然过程和人类过程共同的背景及舞台。

导航空间 由于波粒二象性，微观客体及其过程难以直接以时空为背景进行测量和表述；而且，任何微观过程都是一个关联系统的行为，无法归结为一个孤立质点在力场中的运动。在量子力学中，描写微观系统的物理量 (包括经典物理的位置坐标) 是一个线性矢量空间——希尔伯特空间中的算符。虽然希尔伯特空间与欧几里得空间都是有距离和角度 (正交和垂直) 概念、存在内积运算的完备空间，但是不能把量子力学各种表象的希尔伯特空间与伽利略空间或洛伦兹空间中的背景时空混淆起来。

为了避免量子力学正统解释中的“波函数坍缩”困难，玻姆 (Bohm D) 认为，微观粒子是在三维空间中运动的点粒子，而薛定谔方程描述的是由已知的经典势和某种未知的“隐参数”(德布罗意的“量子势”) 共同决定的引导粒子运动的“导航波”。所以，同广义相对论场方程中的度规 $g_{\mu\nu}$ 包含了运动质量的未知势场一样，玻姆力学中描述单个粒子运动的薛定谔方程，其表象空间包括了未知势场的效应，都不能等同于时空。近年来，玻姆力学计算出了双缝干涉实验中的电子径迹，重新引起了微观物理学界的关注[226, 227]。在玻姆力学里，双缝干涉实验中 N 个粒子落点的概率取决于它们发射时波函数的初始位置，微观物理学者们清楚地认识到，这 N 个粒子并不是在三维空间中分别传播的 N 道波，而是 $3N$ 维空间中的一道波，否则，不可能产生干涉。所以，以三维空间为背景的薛定谔方程表述的是高维位形空间——“导航空间”中的物理过程，没有任何微观物理学者会声称运动的微观粒子使三维背景空间弯曲。

广义相对论中所谓的“弯曲空间”其实也就是物体在引力场中运动的“导航空间”。建议读者翻回到本书第 1 章 §1.1.5“曲线运动源于空间弯曲吗？”，那里已经指出，质点动力学中“弯曲空间”一词所指称的空间，其构形不只是由引力源决定，还取决于检验质点的运动。在引力场中的一个检验质点，约束其运动的引力势场的构形取决于质点的初始位置和初始速度；在“弯曲时空”的理论框架下，N 个检验质点的运动则需要在 $5N$ 维空间描述。所以，广义相对论方程 (33) 中的“时空度规”所描述的不能是时空，而是由确定一个力学系统的全部物理条件及其所遵从的物理定律所决定的一个物理流形。

在微观物理中，表述粒子运动“导航波”的薛定谔方程，其背景空间——“导航空间”是包含了运动初始条件的高维位形空间；类似地，在宏观物理中，引力场方程所企图表述的决定物质运动的“导航空间”，也是包含了运动初始条件的高维位形空间，而不可能是被弯曲的三维位置空间。

“重力霸权” 导致爱因斯坦错误地主张弯曲的引力势场就是弯曲时空的主要原因，是他承认了重力无时无处不在的“特殊地位”，接受了宇宙中的“重力霸权”，他说 [197]：

> 马赫的思想在广义相对论的以太中得到了充分的发展。根据这种理论，在各个分开的时空点附近，时空连续统的度规性质是各不相同的，并且也取决于区域之外存在的全部物质。…… “空虚空间”在物理关系上既不是均匀的也不是各向同性的这种知识，迫使我们不得不用 10 个函数 (即引力势 $g_{\mu\nu}$) 来描述空虚空间的状态。

在被重力所主宰的弯曲空间中，不可能存在与时间和空间位置无关的普遍规律，也不可能存在表述普遍规律所必需的惯性参照系，不可能保持能量守恒，导致爱因斯坦建立引力场方程的“物理方案”不可能成功。爱因斯坦不了解运动质量引力势的规律，把引力势表面的复杂性归咎于背景空间被引力弯曲，而把描绘引力势场表观现象的广义相对论方程冒称为表述引力规律的方程。

很多广义相对论学者，包括爱因斯坦本人，曾长时间地寻求在弯曲时空框架下维持能量守恒的方案，都没有成功。如果爱因斯坦像莱布尼茨通过《易经》了解阴阳八卦那样，有机会接触《道德经》领会老子的宇宙观；如果爱因斯坦像重视马赫那样，重视康德和恩格斯对于“原始物质”的哲学洞见：追求理性与和谐的爱因斯坦，应当会像泡利和费米摒弃“量子力学例外论”和提出中微子假说那样，用补充宇宙物质基本组成来构建一个理性与和谐的宇宙。

9.5.3 “冲气以为和”

不同于西方思想家“从一产生一切”的单极宇宙，老子的宇宙论 (见 §9.2.1) 在“道生一，一生二，二生三”之后，这样描述一个多极宇宙的运行：

> 三生万物
> 万物负阴而抱阳
> 冲气以为和

按照老子的意见，宇宙中一切存在都是阴、阳二元的对立统一 (负阴而抱阳)，不仅如此，这一切的起源也是多元的 (三生万物)。老子宇宙论的最后两句“万物负阴而抱阳，冲气以为和”的白话译文 [228] 是

> 万物皆包含着阴阳两个相互依存相互渗透的对立面，对立面的相互激荡实现了协调与和谐。

所以，东方思想家的宇宙不但是多元的，而且还是一个通过相互作用达到调和的理性世界①。

在引力中性的宇宙模型中，宇宙真空通过吸引力场与排斥力场间“冲气以为和”达到力平衡，实物与辐射间“冲气以为和”达到热平衡。而二元平衡的中性宇宙还需要更多的物质/能量成分，才能产生出丰富多彩的物理世界和物理过程 (“三生万物”)。其中，最重要的是热引力声子。对于被电磁作用主导的宏观世界，电中性的实物与电磁辐射二者缺一不可。而引力中性的宇宙，根据第 5 章“热平衡的宇宙”中的论述，则必须存在热引力辐射，才能实现引力的热能化和宇宙的热平衡；而且，只有同时计及引力中性实物和热引力辐射，才有可能保持宇宙演化过程的能量守恒。

爱因斯坦因为量子纠缠的超距作用特征而否认量子力学是一个完备的理论。微观客体的波粒二象性，以及微观物理量的不确定性，都不仅源于微观现象的测量困难，而同量子纠缠一样是微观过程整体性特征的表现。整体性不只是微观世界的特性。由微观尺度膨胀而来的均匀、各向同性和热平衡的宇宙，就是一个伽利略时空框架中的整体。即使一个洛伦兹协变的宏观系统，其热力学过程，特别是相变和临界现象，也都是不具局域对称性的整体性过程，不可能只用质点动力

① 下面是“万物负阴而抱阳，冲气以为和”的一些英译 (取自《道德经英译本 85 种》[229])：All things carry the Yin and embrace the Yang, Harmony is achieved through interaction of these prime energies (English by Cheng)；All things pass from Obscurity to Manifestation, inspired harmoniously by the Breath of the Void (by Aleister Crowley, 1923)；The ten thousand things carry yin and embrace yang. They achieve harmony by combining these forces (by Gia-Fu Feng & Jane English, 1972)；All things leave behind them the obscurity, and go forward to embrace the Brightness, while they are harmonised by the Breath of Vacancy (by Andre Gauthier)；Everything carries Yin and embraces Yang. They achieve harmony by combining these forces [by Tienzen (Jeh-Tween) Gong]；Myriad things, backed by yin and embracing yang. Achieve harmony by integrating their energy (by Derek Lin)；The Ten Thousand Things carry yin and embrace yang. And by blending these vital forces, they achieve harmony (by Keith H. Seddon)；Ten-thousand things carry the yin and hold the yang within. The collision of these two vital forces (the chi) creates the totality that is humanity (by Alan Sheets & Barbara Tovey, 2002)；All beings support yin and embrace yang and the interplay of these two forces fills the universe, Yet only at the still-point, between the breathing in and the breathing out, can one capture these two in perfect harmony (by Jonathan Star, 2001)。相互作用 (interaction)、力 (force)、能量 (energy)、真空 (void, vacancy) 和宇宙 (the universe) 等词语出现在对古代中国文化经典的翻译中，生动地显示出：同单极世界的哲学相比，东方多极宇宙观具有丰富得多的内涵。

学——在具有推迟势的力场中的质点运动来完备地描述。

在东方的智慧中，多元与关联是事物的两个基本性质。宇宙不但有多元的组成，还是一个相互关联的整体系统。爱因斯坦只认可局域物理的研究方法，只承认通过力场以有限速度传递的局域作用，忽视构成物理世界整体性的相互关联，否认一切具有“超距”特征物理过程的客观性，这是除接受“重力霸权”外，爱因斯坦在科学方法论和认识论 (科学哲学) 上受到的另一个重要局限。

9.5.4 理性与和谐的根基

在论及西方与东方的科学时，爱因斯坦说 [230,231]：

> 西方科学的发展是以两个伟大的成就为基础，那就是：希腊哲学家发明的形式逻辑系统 (在欧几里得几何学中)，以及 (文艺复兴时期) 发现的通过系统的实验有可能找出因果关系。在我看来，中国的先贤没有迈出这两步是没有什么可惊奇的。令人惊奇的倒是，这些发现竟然被做出来了。

物理学的两个伟大成就——经典力学和狭义相对论，就是表述通过实验找到的力学与电磁学运动因果关系的两个形式逻辑系统；而平直的时空，则是与时空位置无关的普遍规律的存在，及其能够用类似于欧几里得几何的公理化体系来表述的先决条件。

100 年前，为了将引力纳入狭义相对论系统，爱因斯坦建立了广义相对论。但是，爱因斯坦并没有实现用狭义相对论的体系表述引力，而广义相对论的弯曲时空框架反而排除了惯性系的存在，使狭义相对论以及经典力学都变成了无法立足的体系。出现这种状况的根源在于：在马赫哲学思想的引导下，爱因斯坦承认了引力无处不在的特殊地位，坚持引力就是时空，如他所说 [18]：

> 当我们不再能 …… 把狭义相对论应用到非无限小区域上去的时候，我们将坚持这样的观点，即 $g_{\mu\nu}$ [时空度规] 是描述引力场的。因而，根据广义相对论，引力同别的各种力，尤其是同电磁力相比，它扮演一个特殊的角色，因为表示引力场的十个函数 $g_{\mu\nu}$，同时也规定了空间的度规性质。

即弯曲的引力场就是弯曲的背景时空。

在重力主宰的弯曲时空中，既不存在也无法表述与时空位置无关的普遍规律，只能用非线性的数学工具去描绘物理过程的现象，而不可能用形式逻辑体系去表述过程的因果关系。坚持弯曲的引力场就是弯曲时空的观点，还使不受约束的重力支配下的单极宇宙，成为一个不可理喻的乖戾客体：存在种种物理悖论，以及无数时间与空间都失去意义的奇点；能量不能守恒；宇宙的起源与归宿都无法理性地描述，甚至生命和人类文明的存在都得依赖于上帝对于宇宙演化过程的“精细调节”。

爱因斯坦[232]想“要知道上帝是如何创造这个世界的。…… 要知道的是他的思想。其他都是细节”。但是，“皮之不存，毛将焉附？”广义相对论的弯曲时空能刻画弯曲引力势场的细节，却从根本上破坏了赖以建立表述因果关系的逻辑体系的基础！

重力的特殊地位与时空弯曲是爱因斯坦坚持的“观点”或“假设”。其实，即使在爱因斯坦的时代，也有另外的假设可以拯救爱因斯坦引以为傲的西方科学的逻辑体系：在中国先贤“万物负阴而抱阳，冲气以为和”观点的指引下，用一个假设的斥力成分去取消重力的特殊地位，宇宙就可以是一个能用动力学与热力学表述的物理客体；而斥力物质的存在还使被重力主宰的局域时空也是平直的洛伦兹时空，使经典物理和狭义相对论各得其所，分别成为宇宙动力学和局域动力学的理论基础，从而使包括局域物理在内的一切自然过程，以及生命与人类文明的发生和发展，都有了适当的时空背景和物理基础。

物理学中的宇宙迄今还是一个被重力场主宰的单极世界。然而，从 20 世纪末以来，对宇宙的均匀各向同性及热平衡的精密测量，对宇宙膨胀速度演化过程的观测结果，特别是宇宙加速膨胀的发现，已经使引力中性宇宙从设想愈来愈成为基于事实的认知。观测事实要求摒弃宇宙的重力霸权，承认宇宙的多极性。相应地，靠扭曲时空来解释物理现象的理论需要回归“物理”，回归到对于物质/能量系统的构成、相互作用及运动变化规律的探究，而不能脱离具体物理对象执迷于杜撰时空的几何。物理学不能止步于描述现象，需要客观地揭示相互作用及运动变化的普遍规律。为此，需要对主流世界观的反思和在基础、概念及方法诸方面的拨乱反正，需要认真地区分物理理论的两种表述方式——微分方式与积分方式，区分广义坐标与时空坐标，区分位形空间与背景时空，区分几何对称性与物理守恒律，区分物理现象 (流形) 与规律，区分黎曼曲面几何的内蕴性 (广义相对性) 与平直空间物理定律的相对性——伽利略相对性或洛伦兹相对性。

爱因斯坦是继牛顿之后最伟大的自然探索者，在他的科学生涯中，除了构建诸多重要的物理理论，始终没有停止对基本物理理论的基础——惯性系、以太、时空和宇宙问题的思索。爱因斯坦又是一位具有高度人文情怀的学者，他说过[233]：

> 我信仰史宾诺莎的上帝，他以宇宙的秩序与和谐来示现，而不是那个会干涉人类命运和行为的上帝。

历经世界大战、纳粹德国和麦卡锡主义的美国，爱因斯坦始终勇敢地反对以“国家霸权”、“种族霸权”、“制度霸权”或“文化霸权”对人类文明的霸凌以及对他个人的迫害。

在科学探索与社会活动中毕生追求科学理性的爱因斯坦，他理想中的宇宙是一个稳定的可理解的世界。我们虽然批评了爱因斯坦的广义相对论，却维护了经典力学和狭义相对论的立论基础，使宇宙的起源与运行更接近于他的秩序与和谐的理想。

摒弃引力主宰的单极宇宙观，联合东方与西方的智慧，回归发现与表述自然规律的科学方法，通过对宇宙基原物质和衍生物质的观测和演绎，我们有理由相信：对于宇宙的终极思考，今后 100 年的物理学和宇宙学可以给出令爱因斯坦更满意的回答，只要人类文明进程没有被自命“特殊”或“例外”的偏执愚昧的政客所摧毁。

附录 1　线性化引力场方程①

在下文中，a,b,c,d,e,f 用于表示时空坐标，i,j 表示空间坐标。为了推导过程简便，设 $G=c=1$。

弱引力场时空度规 g_{ab} 可以近似为

$$g_{ab} \simeq \eta_{ab} + h_{ab}$$

式中，η_{ab} 为平直时空度规 $\mathrm{diag}(1,-1,-1,-1)$；$h_{ab}$ 为小偏离量，在洛伦兹变换下为张量。此时，引力理论转变为关于平直时空中张量场 h_{ab} 的理论，爱因斯坦张量成为

$$G_{ce} = \frac{1}{2}(\partial_c\partial_e h - \partial_a\partial_e h_c^a - \partial_c\partial_b h_e^b + \partial^2 h_{ce} - \eta_{ce}\partial^2 h + \eta_{ce}\partial^f\partial_b h_f^b)$$

式中，算符 $\partial^2 = \partial_t^2 - \nabla^2$。由 $\bar{h}_{ab} = h_{ab} - \dfrac{1}{2}\eta_{ab}h$ 及 $h = \eta^{ab}h_{ab}$，从上式中消去 h，则爱因斯坦张量可以完全由 $\bar{h}_{ab}$ 来表述

$$G_{ce} = \frac{1}{2}(-\partial_a\partial_e\eta^{ba}\bar{h}_{cb} - \partial_c\partial_b\eta^{ab}\bar{h}_{ae} + \partial^2\bar{h}_{ce} + \eta_{ce}\eta^{ab}\partial^f\partial_b\bar{h}_{af})$$

用洛伦兹规范条件 $\partial^a\bar{h}_{ab}=0$ 进一步简化爱因斯坦张量为 [234]

$$G_{ce} = \frac{1}{2}\partial^2\bar{h}_{ce}$$

则得引力场方程

$$\partial^2\bar{h}_{ab} = -16\pi T_{ab}$$

根据文献 [235]，可知在弱引力场，且不考虑引力波 $(h_{ij,i\neq j}=0)$ 的情况下，$\bar{h}_{ab}$ 的形式为

$$\bar{h}_{ab} = \begin{bmatrix} 4\psi & \bar{h}_{01} & \bar{h}_{02} & \bar{h}_{03} \\ \bar{h}_{10} & 0 & 0 & 0 \\ \bar{h}_{20} & 0 & 0 & 0 \\ \bar{h}_{30} & 0 & 0 & 0 \end{bmatrix}$$

① 附录 1 由周再撰写。

此时的规范为

$$\partial^a \bar{h}_{0a} = \frac{\partial}{\partial t}(4\psi) - \partial_i \bar{h}_{0i} = 0$$

化简后可得

$$\partial_t \psi - \partial_i \left(\frac{\bar{h}_{0i}}{4} \right) = 0$$

可以很自然地定义引力的四维矢势为

$$A_a = \left(\psi \, , \frac{\bar{h}_{0i}}{4} \right)$$

相应的规范可写成

$$\partial^a A_a = 0$$

根据能量-动量张量的定义，可得

$$T_{0a} = (\rho_m, -\boldsymbol{j}_m)$$

此时四维物质流为

$$j_a = (-\rho_m, \boldsymbol{j}_m)$$

根据上述定义，可得达朗贝尔形式的引力场方程为

$$\partial^2 A_a = -(-4\pi) j_a$$

类比于电动力学中的磁导率和介电常数，引力场的真空介质常数：

$$\mu_g = -4\pi, \quad \epsilon_g = -\frac{1}{4\pi}$$

定义电型引力场强度

$$\boldsymbol{g} = -\nabla\psi - \partial_t \boldsymbol{A}$$

磁型引力场强度

$$\boldsymbol{b} = \nabla \times \boldsymbol{A}$$

则线性化引力场方程组可写为

$$\begin{aligned}
&\nabla \cdot \boldsymbol{g} = \frac{\rho_m}{\epsilon_g} \\
&\nabla \cdot \boldsymbol{b} = 0 \\
&\nabla \times \boldsymbol{g} = -\frac{\partial \boldsymbol{b}}{\partial t} \\
&\nabla \times \boldsymbol{b} = \mu_g \boldsymbol{j}_m + \mu_g \epsilon_g \frac{\partial \boldsymbol{g}}{\partial t}
\end{aligned}$$

恢复常数因子 G 和 c，方程组的第一个方程对应于牛顿万有引力定律，则 (电型) 引力场的真空介质常数

$$\epsilon_g = -\frac{1}{4\pi G}$$

而根据引力传播速度为光速，由条件 $\mu_g \epsilon_g = 1/c^2$，可得对于磁型引力场的真空介质常数

$$\mu_g = -\frac{4\pi G}{c^2}$$

附录 2　施瓦西引力场中轨道的稳定性①

在质量为 M 的施瓦西 (Schwarzschild) 引力场中，单位质量等效角动量 l 的测试粒子运动轨迹方程为

$$\frac{\mathrm{d}^2 u}{\mathrm{d}\,\theta^2}+u=a+b\,u^2 \tag{I}$$

其中

$$u=\frac{1}{r},\quad a=\frac{GM}{l^2},\quad b=\frac{3\,GM}{c^2}$$

进一步化简，令

$$p=\frac{u}{a},\quad q=\frac{\mathrm{d}\,p}{\mathrm{d}\,\theta}$$

则方程 (I) 化为平面微分动力系统方程 [236]

$$\frac{\mathrm{d}\,\boldsymbol{X}}{\mathrm{d}\,\theta}=\boldsymbol{Y} \tag{II}$$

其中

$$\boldsymbol{X}=[p,\,q],\quad \boldsymbol{Y}=[q,\,-p+1+kp^2],\quad k=ab$$

在 $\boldsymbol{X}$ 平面上研究矢量场 $\boldsymbol{Y}$ 的性质即可得到 $u(\theta)$ 的稳定性性质。若 $\boldsymbol{X}$ 的解轨迹是闭合曲线族，则 u 总是稳定的，不会发散。下面我们来证明这一点。

平衡点条件为

$$\frac{\mathrm{d}\boldsymbol{X}}{\mathrm{d}\theta}=\boldsymbol{Y}=0$$

只要$k<1/4$ (对于弱场成立)，$\boldsymbol{X}$ 就有两个平衡点：$\left[\dfrac{1\pm\sqrt{1-4k}}{2k},0\right]$。若 $k=0$，即为牛顿引力势，平衡点仅有 $[1,0]$，附近的解轨迹为同心圆 $(p-1)^2+q^2=w^2$。

下面只考虑方程 (II) 在平衡点 $K_1=\left[\dfrac{1-\sqrt{1-4k}}{2k},0\right]$ 附近的解轨迹。显然，方程 (II) 与方程

$$\frac{\mathrm{d}\,\boldsymbol{X}}{\mathrm{d}\,\theta}=-\boldsymbol{Y} \tag{III}$$

① 附录 2 由胡剑撰写。

的解轨迹一样。如图 42 所示，从 $q=0$ 轴上 p_1 点开始的一条方程 (Ⅱ) 解轨迹 S_1 (红线) 对应着一条方程 (Ⅲ) 的上下镜像解轨迹 S_2 (蓝线)，因此 S_1 与 S_2 同时到达 $q=0$ 轴上的 p_2 点。而 S_2 同时也是方程 (Ⅱ) 的解轨迹。由此证明了方程 (Ⅱ) 在平衡点 K_1 附近的解轨迹是闭合曲线族 (图 43)。

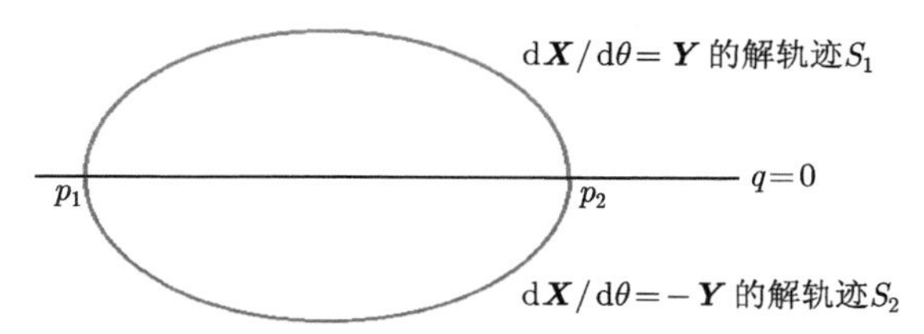

图 42　方程 (Ⅱ) 与方程 (Ⅲ) 的解相对于 $q=0$ 对称

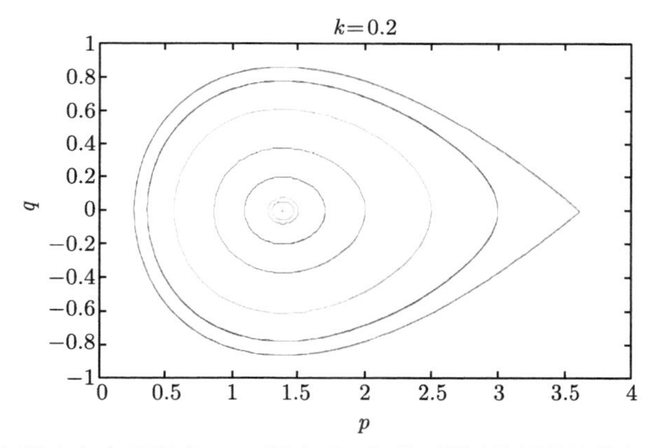

图 43　方程 (Ⅱ) 在平衡点 K_1 (图中“+”处) 附近的解轨迹是闭合曲线族

参 考 文 献

[1] 牛顿. 自然哲学之数学原理. 王克迪, 译. 北京：北京大学出版社, 2006.

[2] 吴大猷. 古典动力学. 北京：科学出版社, 2010.

[3] Hertz H. The Principles of Mechanics. London: Macmillan & Co., Ltd., 1899.

[4] Hawking S W. A Brief History of Time. New York: Bantam Books, 1988. 中译：史蒂芬 · 霍金. 时间简史. 许明贤, 吴忠超, 译. 长沙：湖南科学技术出版社, 1994.

[5] Fock V A. The Theory of Space, Time and Gravitation. New York: Pergamon, 1959. 中译：福克. 空间、时间和引力的理论. 周培源, 朱家珍, 蔡树棠, 等译. 北京：北京大学出版社, 2006.

[6] Weinberg S, Gravitation and Cosmology. New York: John Wiley & Sons, Inc., 1972. 中译：温伯格. 引力论和宇宙论. 邹振隆, 张历宁, 等译. 北京：科学出版社, 1980.

[7] Einstein A. Grundgedanken und Problem der Relativitatstheorie. Stockholm: Imprimerie Royale, 1923. 中译：爱因斯坦. 相对论的基本思想和问题. 《爱因斯坦文集》第一卷. 北京：商务印书馆, 2009: 270.

[8] Landau L D, Lifshitz E M. The Classical Theory of Fields. New York: Pergamon and Addison-Wisley, 1987. 中译：朗道, 栗弗席兹. 场论. 鲁欣, 任朗, 袁炳南, 译. 邹振隆, 校. 北京：高等教育出版社, 2012.

[9] 吴大猷. 电磁学. 北京：科学出版社, 2010.

[10] 曹昌祺. 经典电动力学. 北京：科学出版社, 2009.

[11] Morishita K, Kumagai N. Unifield approach to the deviation of variational expression for electromagnetic fields. IEEE-MIT, 1977, 25: 34-40.

[12] Schwartz M. Principle of Electrodynamics. New York: McGraw-Hill, 1972.

[13] Pais A. "Subtle is the Load" The Science and the Life of Albert Einstein. Oxford: Oxford University Press, 1982. 中译：亚伯拉罕 · 派斯. 爱因斯坦传. 方在庆, 李勇, 等译. 北京：商务印书馆, 2011.

[14] Einstein A. Sitzungsberichte der Preussischen Akad. d. Wissenschaften. 1915: 844-847. English translation in The Collected Papers of Albert Einstein. Princeton: Princeton University Press. 1996, 6: 245-248, 中译：爱因斯坦. 引力场方程. 《爱因斯坦文集》第二卷. 北京：商务印书馆, 2009：326-330.

[15] Einstein A, Infeld L, Hoffmann B. The gravitational equations and the problem of motion. Annals of Mathematics, 1938, 39: 65-100.

[16] Einstein A. Relativity, in The American People's Encyclopedia. Chicago: Spencer, 1949. 中译：爱因斯坦. 相对性：相对论的本质. 《爱因斯坦文集》第一卷. 北京：商务印书馆, 2009: 616.

[17] Einstein A. The Problem of Space, Ether, and the Field in Physics. In Ideas and Opinions. New York: Crown, 1954: 276-285. 中译：爱因斯坦. 物理学中的空间、以太和场的问题. 《爱因斯坦文集》第一卷. 北京：商务印书馆, 2009: 387.

[18] Einstein A. The foundation of the general theory of relativity. Annalen der Physik. 1916, 49：769-822. English translation in The Principle of Relativity. Dover: New York, 1952. 中译：爱因斯坦. 广义相对论的基础 (1916 年). 《爱因斯坦文集》第二卷. 北京：商务印书馆, 2009: 331-391.

[19] Hilbert D. Die Grundlagen der Physik. Goett. Nachr., 1915: 395.

[20] Einstein A. Hamiltonsches Princip und allgemeine Relativitatstheorie. Sitzungsberichte der Preussischen Akad. d. Wissenschaften, 1916. 中译：爱因斯坦. 哈密顿原理和广义相对论. 《不断持续的幻觉　霍金点评爱因斯坦科学文集》. 长沙：湖南科学技术出版社, 2013: 80-85.

[21] 张元仲. 为什么说狭义相对论是现代物理学的一大支柱. 物理与工程, 2017, 27(2): 3-5.

[22] Cao T Y. Comceptual Developments of 20th Century Field Theories. Cambridge, U.K.: Cambridge University Press, 1997. 中译：曹天予. 20 世纪场论的概念发展. 李宏芳, 李继堂, 译. 上海：上海科技教育出版社, 2008.

[23] Einstein A, Grossmann M. Outline of a generalized theory of relativity and a theory of gravitation. The Collected Papers of Albert Einstein. 1913, 4: 13. Princeton: Princeton University Press, 1998. 中译：爱因斯坦. 广义相对论和引力论纲要 (1913 年). 《爱因斯坦文集》第二卷. 北京：商务印书馆, 2009: 251-298.

[24] Kline M. Mathematical Thought from Ancient to Modern Times. Chapt. 37. Oxford: Oxford University Press, 1972. 中译：M. 克莱因. 古今数学思想. 第 37 章高斯和黎曼的微分几何. 上海：上海科学技术出版社, 1980.

[25] 费保俊. 相对论与非欧几何. 北京：科学出版社, 2005.

[26] Ohanian H C, Ruffini R. Gravitation and Spacetime. Cambridge, U.K.: Cambridge University Press, 2013. 中译：瓦尼安 H, 鲁菲尼 R. 引力与时空. 向守平, 冯珑珑, 译. 北京：科学出版社, 2006.

[27] Abbott B P, et al. GW170817: Observation of gravitational waves from a binary neutron star merger. Phys. Rev. Lett., 2017, 119: 161101.

[28] Abbott B P, et al. Multi-messenger observations of a binary neutron star merger. Astrophy. J., 2017, 848: L12.

[29] 汤克云, 华昌才, 文武, 等. 由固体潮发现引力以光速传播的观测证据. 科学通报, 2013, 58: 907-911. Tang K Y, Hua C C, Wen W, et al. Observational evidences for the speed of the gravity based on the Earth tide. Chin. Sci. Bull., 2013, 58: 474-477.

[30] 汤克云. 用推迟引力求解水星进动. 中国预印本系统 (国家科技图书文献中心), 2011-8-28.

[31] Everitt C W, et al. Gravity probe B: Final results of a space experiment to test general relativity. Phys. Rev. Lett., 2011, 106: 221101.

[32] Soffel M H, Han W B. (韩文标). 相对论天体力学和天体测量学 (Relativistic Celestial Mechanics and Astrometry). 北京：科学出版社, 2015.

[33] Xie Y, Kopeikin S. Covariant theory of the post-Newtonian equations of motion of extented bodies. In Kopeikin S (Ed.). Frontiers in Relativistic Celestial Mechanics. Deutsch: De Gruyter, 2014, Vol. 1: Theory: 124-129.

[34] Susskind L. General Relativity. Lecture in Stanford University. (PHYSICS 262). https://www.bilibili.com/video/av36417533.

[35] Dorward R L. General relativity for the experimentalist. Proceedings of the IRE, 1961, 49(5): 892-904.

[36] Braginskii V B, Caves C M, Thorne K S. Laboratory experiments to test relativistic gravity. Phys. Rev. D, 1977, 15(8): 2047-2068.

[37] Peng H. On calculation of magnetic-type gravitation and experiments. General Relativity and Gravitation, 1983, 15(8): 725-735.

[38] Thorne K S. Gravitomagnetism, jets in quasars, and the Stanford gyroscope experiment. Near Zero: New Frotiers of Physics, 1988.

[39] De Matos C J, Tajmar M. Advance of Mercury Perihelion Explained by Cogravity. Reference Frames and Gravitomagnetism, 2003: 339-345.

[40] Abbott B, et al. Observation of gravitational waves from a binary black hole merger. Phys. Rev. Lett., 2016, 116: 061102.

[41] 梅晓春, 黄志洵, Policarpo Ulianov, 等. LIGO 实验采用迈克逊干涉仪不可能探测到引力波. 中国传媒大学学报 (自然科学版), 2016, 23：1. Mei X C, Huang Z X, Policarpo Ulianov, et al. LIGO experiments can't detect gravitational waves by using laser Michelson interferometers. J. Mod. Phys., 2016, 7: 1749-1761.

[42] Gertsenshtein M E, Pustovoit V I. On the detection of low frequency gravitational waves. Sov. Phys. JETP, 1963, 16: 433.

[43] 方洪烈. 光学谐振腔与引力波探测. 北京：科学出版社, 2014.

[44] Einstein A. Naherungsweis Integration der Feldgleichungen der Gravitation. Koniglich Preussische Akademie der Wissenschafien Zu Berlin, Sitzungsberichte, 1916: 688-696.

[45] Einstein A. Sitzungsberichte der Preussischen Akad. d. Wissenschaften. 1918: 161. 中译：爱因斯坦. 论引力波 (1918 年). 《爱因斯坦文集》第二卷. 北京：商务印书馆, 2009: 436.

[46] Hu N. Radiation damping in the general theory of relativity. Proceedings of the Royil Irish Academy, 1947, 51A: 87-111.

[47] 胡宁. 引力的相对论修正和引力波的辐射阻尼. 中国科学, 1979, 7: 674. Hu N. The relativistic correlations of the gravitational force and the radiation damping of gravitional radiation. Scientia Sinica, 1979, 22: 747.

[48] Peres A. Gravitational motion and radiation. Nuovo Cimento, 1959, 11: 644.

[49] Infeld L, Michalska-Trautman R. The two-body problem and gravitation radiation. Annals of Physics, 1969, 55: 561.

[50] Bondi H. General relativity as an open theory. In Physics, Logic and History. ed. Yourgrau W, Breck A. New York: Plenum, 1970.

[51] Kennefick D. Traveling at the Speed of Thought – Einstein and the Quest for Gravitational Waves. Princeton: Princeton University Press, 2007. 中译：丹尼尔 · 肯尼菲克. 传播, 以思想的速度——爱因斯坦与引力波. 黄艳华, 译. 上海：上海科学技术出版社, 2010.

[52] 黑格尔. 哲学史演讲录. 北大哲学系外国哲学史教研室, 译. 北京：生活 · 读书 · 新知三联书店, 1956.

[53] 周培源. 论爱因斯坦引力理论中坐标的物理意义和场方程的解. 中国科学 (A 辑), 1982, 4: 334-345. Zhou P Y. On the physical significance of coordinates and the solutions of the field equations in Einstein's theory of gravitation. Scientia Sinica (Series A), 1982, 25: 628.

[54] 彭桓武, 徐锡申. 理论物理基础. 北京：北京大学出版社, 1998.

[55] 俞允强. 广义相对论引论. 北京：北京大学出版社, 1997.

[56] Dalarsson M, Dalarsson N. Tensor Calculus, Relativity, and Cosmology. Amsterdam: Elsevier Academic Press, 2005.

[57] Beardon A F. Riemann Surfaces. The Princeton Companion to Mathematics III.79. Princeton, New Jersey: Princeton University Press, 2008. 中译：Timothy Gowers. 普林斯顿数学指南. 第一卷 III.79. 齐民友, 译. 北京：科学出版社, 2014.

[58] 郑炳南. 质心说揭露近日点进动的数学原理. http://www.docin.com/p-2067540917.html, 2017.

[59] Planck Collaboration. Planck 2013 results. XXVII. Doppler boosting of the CMB. Astron. Astrophys., 2014, 571: A27.

[60] Planck Collaboration. Planck 2013 results. I. Overview. Products and scientific results. Astron. Astrophys. 2014, 571: A1.

[61] Planck Collaboration. Planck 2013 results. XVI. Cosmogical parameters, Astron. Astrophys. 2014, 571: A16.

[62] Einstein A. Cosmological consideration of the general theory of relativity. Acad. Wiss., 1917, 1: 142-152. English translation in The Principal of Relativity. New York: Dover, 1952.

[63] 向守平. 天体物理概论. 合肥：中国科学技术大学出版社, 2008.

[64] Misner C, Thorne K, Wheeler J. Gravitation. New York: Pergamon, 1959. 中译：C. W. 麦思纳, K. S. 索恩, J. A. 惠勒. 引力论. 陈秉乾, 马駬, 李淑娴, 等译. 台北：正中书局, 1995.

[65] Peter P, Uzan J P. Primordial Cosmology. Oxford: Oxford University Press, 2009.

[66] Milne E A. A Newtonian expanding universe. Q. J. Math. Oxford, 1934, 5: 64-72.

[67] Milne E A. Relativity, Gravitation and World Structure, Oxford:Clarendon Press, 1935.

[68] McCrea W H, Milne E A. Newtonian universe and the curvature of space. Q.J.Math. Oxford, 1934, 5: 73-80.

[69] Weinberg S. Cosmology. Oxford: Oxford University Press, 2008.

[70] Mukhanov V. Physical Foundations of Cosmology. Cambridge: Cambridge University Press, 2008.

[71] Schutz B. A First Course in General Relativity. Cambridge: Cambridge University Press, 2009.

[72] Harrison E R. Cosmology: The Science of the Universe. Cambridge: Cambridge University Press, 2010. 中译：爱德华 · 哈里森. 宇宙学. 李红杰, 姜田, 李泳, 译. 长沙：湖南科学技术出版社, 2008.

[73] Peebles P J E. Principles of Physical Cosmology. Princeton, New Jersey: Princeton University Press, 1993.

[74] Glanz J, Cosmic motion revealed. Science, 1998, 282: 2156, 2157.

[75] Longair M S. The Cosmic Century: A History of Astrophysics and Cosmology. Cambridge, U.K.: Cambridge Universe Press, 2006.

[76] Ryden B. Introduction to Cosmology. San Francisco: Addison Wesley, 2003.

[77] Einstein A. 351. A letter to Willem de Sitter. The collected Papers of Albert Einstein. Vol. 8. Princeton, New Jersey: Princeton University Press, 1998: Part A, 466. 中译：351. 致 Willem de Sitter. 《爱因斯坦全集》第八卷. 长沙：湖南科学技术出版社, 2009: 476, 477.

[78] Delubac T, Bautista J, Busca N, et al. Baryon acoustic oscillations in the Ly-α forest of BOSS DR11 quasars. arXiv:1404.1801, 2014.

[79] Simon J, Verde L, Jimenez R. Constraints on the redshift dependence of the dark energy potential. Phys. Rev. D, 2005, 71: 123001.

[80] Stern D, Jimenez R, Verde L. Cosmic chronometers: Constraining the equation of state of dark energy. I: $H(z)$ measurements. J. Cosmol. Astropart. Phys., 2010, 02: 008.

[81] Moresco M, Cimatti A, Jimenez R, et al. Improved constraints on the expansion rate of the universe up to $z \sim 1.1$ from the spectroscopic evolution of cosmic chronometers. J. Cosmol. Astropart. Phys., 2012, 08: 006.

[82] Busca N G, Delubac T, Rich J. Baryon acoustic oscillations in the Ly-α forest of BOSS quasars. Astron. Astrophys., 2013, 552: A96.

[83] Zhang C, et al. Four new observational $H(z)$ data from luminous red galaxies Sloan digital sky survey data release seven. arXiv:1207.4541, 2012.

[84] Blake C, Brough S, Colless M. The Wiggle Z dark energy survey: Joint measurements of the expansion and growth history at $z < 1$. Mon. Not. Roy. Astron. Soc., 2012, 425: 405-414.

[85] Chuang C H, Wang Y. Modeling the anisotropic two-point galaxy correlation function on small scales and improved measurements of $H(z)$, $D\_A(z)$, and $\beta(z)$ from the

Sloan digital sky survey DR7 luminous galaxies. Mon. Not. Roy. Astron. Soc., 2013, 435: 255-262.

[86] Font-Ribera A, Kirkby D, Busca N, et al. Quasar-Lyman α forest cross-correlation from BOSS DR11: Baryon acoustic oscillations. J. Cosmol. Astropart. Phys., 2014, 5: 027.

[87] Bondi H, Gold T. The steady-state theory of the homogeneous expanding universe. Mon. Not. Roy. Astron. Soc., 1948, 108: 252.

[88] Hoyle F. A new model for the expanding universe. Mon. Not. Roy. Astron. Soc., 1948, 108: 372.

[89] Dafermos M. General Relativity and Einstein Equation. The Princeton Companion to Mathematics IV.13. Princeton, New Jersey: Princeton University Press, 2008. 中译：Timothy Gowers. 《普林斯顿数学指南》第二卷 IV.13. 齐民友, 译. 北京：科学出版社, 2014.

[90] Ellis G, Moartens R, MacCallum M. Relativistic Cosmology. §14 Accelaration from dark energy and modified gravity. Cambridge: Cambridge University Press, 2012.

[91] Durrer R. The Cosmic Microwave Background. Cambridge: Cambridge University Press, 2008.

[92] Bennett C L, Halpern M, Hinshaw G, et al. First-year Wilkinson Microwave Anisotropy Probe (WMAP) Observations: Preliminary maps and basic results. Astrophys. J. Suppl. Ser., 2001, 148: 1-27.

[93] Liu H, Li T P. Statistical and systematical errors in cosmic microwave background maps. arXiv:0806.4493, 2008.

[94] Liu H, Li T P. Improved CMB map from WMAP data. arXiv:0907.2731, 2009.

[95] Liu H, Li T P. Inconsistence between WMAP data and released map. Chinese Sci. Bull. 2010, 55: 907-909.

[96] Freeman P E, Genovese C R, Miller C J. Examining the effect of the map-making algorithm on observed power asymmetry in WMAP Data. Astrophys. J., 2006, 638: 1-19.

[97] Liu H, Xiong S L, Li T P. Diagnosing timing error in WMAP data. Mon. Not. R. Astron. Soc., 2011, 413: L96-L100.

[98] http://dpc.aire.org.cn/data/wmap/09072731/release_v1/source_code/v1/, 2009.

[99] Roukema B F. On the suspected timing-offset-induced calibration error in the WMAP time-ordered data. arXiv:1007.5307, 2010.

[100] Liu H, Li T P. Diagnosing Timing Error in WMAP Data. arXiv:1009.2701, 2010.

[101] 李惕碚. 微波背景观测与早期宇宙研究. 中国科学：物理学　力学　天文学, 2011, 41: 478-482.

[102] Liu H, Li T P. Systematics in WMAP and other CMB missions. Space Science. Croatia: InTech, 2012. http://www.intechopen.com/books/space-science/systematics-in-wamp-and-other-cmb-missions.

[103] Einstein A. Foreword to Concepts of Space. by Jammer M. Cambridge, Massachusetts: Harvard University Press, 1953.

[104] Kant I. Metaphysical Foundations of Natural Science. Cambridge University Press, 2004. 中译：康德. 康德自然哲学文集 (上卷). 自然科学的形而上学初始根据. 李秋零, 译. 北京：中国人民大学出版社, 2016.

[105] 康德. 宇宙发展史概论. 上海自然科学哲学著作编译组, 译. 上海：上海人民出版社, 1972.

[106] Engels F. Dialectics of Nature. Progress Publishers 1974. Karl Marx Frederrick Engels: Collected Works. Vol.25. London: Lawrence & Wishard, 1987. 中译：恩格斯. 自然辩证法. 北京: 人民出版社, 1955.

[107] Cajori F. A History of Physics. New York: The Macmillan Co., 1933. 中译：弗 · 卡约里. 物理学史. 戴念祖, 译. 桂林：广西师范大学出版社, 2002.

[108] 黄昆. 固体物理学. 北京：北京大学出版社, 2014.

[109] Kittel C. Introduction to Solid State Physics. New York: John Wiley & Sons, Inc., 2005. 中译: C. 基泰尔. 固体物理导论. 项金钟, 吴兴惠, 译. 北京: 化学工业出版社, 2015.

[110] Grosso G, Parravicini G P. Solid State Physics. New York: Academic Press, Elsevier, 2014.

[111] Fixsen D J, Cheng E S, Gales J M, et al. The cosmic microwave background spectrum from the full COBE FIRAS data set. Astrophys. J., 1996, 473: 576-587.

[112] Landau L D, Lifshitz E M. Statistical Physics I. Course of Theoretical Physics. Vol.5. Amsterdam: Elsevier Pte Ltd., 2007. 中译：朗道, 栗弗席兹. 统计物理学 I. 北京：高等教育出版社, 2012.

[113] 林宗涵. 热力学与统计物理学. 北京：北京大学出版社, 2007.

[114] Weinberg S. Cosmology. Oxford: Oxford University Press, 2008. 中译：温伯格. 宇宙学. 向守平, 译. 合肥：中国科学技术大学出版社, 2013.

[115] Penrose R. The Road to Reality: A Complete Guide to the Laws of the Universe. MBA Literary Agency Limited, 2004. 中译：彭罗斯. 通向实在之路：宇宙法则的完全指南. 王文浩, 译. 长沙：湖南科学技术出版社, 2013.

[116] 赵峥, 裴寿镛, 刘辽. 钟速同步的传递性等价于热力学第零定律. 物理学报, 1999, 48: 2004-2010.

[117] 冯端, 金国钧. 凝聚态物理学. 下卷 §25.2.7 声子-光子耦合. 北京：高等教育出版社, 2012.

[118] 文小刚. 量子多体理论——从声子的起源到光子和电子的起源. 第十章 弦网凝聚——光子与费米子的起源. 胡滨, 译. 北京: 高等教育出版社, 2004.

[119] Wen X G. Quantum orders in an exact soluble model. Phys. Rev. Lett., 2003, 90: 016803.

[120] Levin M, Wen X G. Femions, strings, and gauge fields in lattice spin model. Phys. Rev., 2003, B67: 245316.

[121] 俞允强. 物理宇宙学讲义. 北京：北京大学出版社, 2002.

[122] 厉光烈. 走向统一的自然力. 北京：科学出版社, 2019.

[123] 过增元, 曹炳阳, 朱宏烨, 等. 声子气的状态方程和声子气运动的守恒方程. 物理学报, 2007, 56: 3306-3311.

[124] Cao B Y, Guo Z Y. Equation of motion of a phonon gas and non-Fourier heat conduction. J. Appl. Phys., 2007, 102: 053503.

[125] Schrödinger E. Statistical Thermodynamics. Cambridge, U.K.: Cambridge University Press, 1952. 中译：薛定谔. 统计热力学. 徐锡申, 译. 北京：高等教育出版社, 2014.

[126] Bondi H. Physics and Cosmology. Observatory, 1962, 82: 133-143.

[127] Bergmann P G. Cosmology as a Science. Found. Phys., 1970, 1: 17-22.

[128] 罗辽复. 量子场论. 南京：江苏科学技术出版社, 1990.

[129] http://www.sohu.com/a/244875792_99985750, 2018-08-02.

[130] http://www.nipic.com/show/9629199.html, 2014-01-13.

[131] Anderson P W. More is Different. Science, 1972, 177: 393-396.

[132] Cai R G, Kim S P. First law of thermodynamics and Friedmann equations of Friedmann-Robertson-Walker universe. J. High Energy Phys., 2005, 02: 050.

[133] Hawking S W. The Theory of Everthing: The Origin and Fate of the Universe. New York: Phoenix Books, 2007. 中译：霍金. 宇宙的起源与归宿. 赵君亮, 译, 南京：译林出版社, 2009.

[134] Li T P, Wu M. Thermal gravitational radiation and condensed universe. arXiv:1612.04199, 2016.

[135] Riess A G, Filippenko A V, Challis P. Observational evidence from supernovae for an accelerating universe and a cosmological constant. Astron. J., 1998, 116: 1009-1038.

[136] Perlmutter S, Aldering G, Goldhaber G, Measurements of omega and lambda from 42 high-redshift supernovae. Astrophys. J., 1999, 517: 565-586.

[137] Riess A G, Nugent P E, Gilliland R L, The farthest known supernova: Support for an accelerating universe and a glimpse of the epoch of deceleration. Astron. J., 2001, 560: 49-71.

[138] Riess A G, Strolger L G, Tonry J. Type Ia supernova discoveries at $z > 1$ from the Hubble Space Telescope: Evidence for past deceleration and constraints on dark energy evolution. Astron. J., 2004, 607: 665-687.

[139] 于渌, 郝柏林, 陈晓松. 相变和临界现象. 北京：科学出版社, 2005.

[140] Nishimori H, Ortiz G. Elements of Phase Transitions and Critical Phenomena. Oxford: Oxford Universe Press, 2011.

[141] Yang C N, Lee T D. Statistical theory of equations of state and phase transitions. I. Theory of condensation. Phys. Rev., 1952, 87: 404-409.

[142] Weinberg S. The cosmological constant problem. Rev. Mod. Phys., 1989, 61: 1-23.

[143] Weyl H. Gravitation und Elekrizität. Preussische. Akad. Wiss. Sitzungsber., 1918: 465-478.

[144] Eddington A S. On the value of the cosmical constant. Proc. R. Soc. Lond. A, 1931, 133: 605-615.

[145] Dirac P. A. M. The cosmological constants. Nature, 1937, 139: 323.

[146] Dirac P.A.M. A new basis of cosmology. Proc. R. Soc. Lond. A, 1938, 165: 199-208.

[147] Dicke R. Principle of equivalence and the weak interactions. Rev Mod Phys, 1957, 29: 355.

[148] Peng H W. A unification of general theory of relativity with Dirac's number hypothesis. Commun. Theor. Phys., 2004, 42: 703-706.

[149] Hinshaw G, et al. First-year Wilkinson Microwave Anisotropy Probe (WMAP) observations: The angular power spectrum. Astrophys. J. Suppl. Ser., 2003, 148: 135-159.

[150] Sperger D N, et al. Three-year Wilkinson Microwave Anisotropy Probe (WMAP) observations: Implications for Cosmology. Astrophys. J. Suppl. Ser., 2007, 170: 377.

[151] Liu H, Li T P. Observational scan-induced artificial cosmic microwave background anisotropy. Astrophys. J., 2011, 732: 125-130.

[152] Hinshaw G, et al. Five-year Wilkinson Microwave Anisotropy Probe (WMAP) observations: Temperature Analysis. Astrophys. J. Suppl. Ser., 2009, 180: 225.

[153] Barnes C. First-year WMAP observations: Galactic signal contamination from sidelobe pickup. Astrophys. J. Supp. Ser., 2003, 148: 51-62.

[154] Liu H, Li T P. Pseudo-dipole signal removal from WMAP data. Chinese Sci. Bull., 2011, 56: 29-33.

[155] Gold B, Bennett C L, Hill R S, et al. Five-year Wilkinson Microwave Anisotropy Probe (WMAP) observations: Galactic foreground emission. Astrophys. J. Suppl. Ser., 2009, 180: 265-282.

[156] Liu H, Li T P. Missing completely the CMB quadrupole in WMAP data. Chin. Sci. Bull., 2013, 58: 1205-1215.

[157] Planck Collaboration. Planck 2015 results. I. Overview. Products and scientific results. Astron. Astrophys., 2016, 594: A1.

[158] Vielva P, Martinez-Gonzalez E, Barreiro R, et al. Detection of non-Gaussianity in the WMAP first-year data using spherical wavelets. Astrophys. J., 2004, 609: 22-34.

[159] Vielva P, Wiaux Y, Martinez-Gonzalez E, et al. Alignment and signed-intensity anomalies in WMAP data. Mon. Not. R. Astron. Soc., 2007, 381: 932.

[160] Cruz M, Turok N, Vielva P, et al. A cosmic microwave background feature consistent with a cosmic texture. Science, 2007, 318: 1612-1614.

[161] Gurzadyan V G, Penrose R. On CCC-predicted concentric low-variance circles in the CMB sky. Europ. Phys. J. Plus, 2013, 128: 22.

[162] Liu H, Li T P. A special kind of local structure in the CMB intensity maps: Duel peak structure. Res. Astron. Astrophys., 2009, 9: 302-306.

[163] Behroozi P S, Wechsler R H, Conroy C. The average star formation histories of galaxies in dark matter halos from $z = 0 - 8$. Astrophys. J., 2013, 57: 770-805.

[164] Katsianis A, Tescari E, Blanc G, et al. The evolution of the star formation rate function and cosmic star formation rate density of galaxies at $z \sim 1-4$. Mon. Not. Roy. Astron. Soc., 2017, 464: 4977-4994.

[165] Ishida E, de Souza R, Ferrara A. Probing cosmic star formation up to $z = 9.4$ with gamma-ray bursts. Mon. Not. Roy. Astron. Soc., 2011, 418: 500-504.

[166] Shibuya T, Ouchi M, Kubo M, et al. Morphologies of $\sim 190,000$ galaxies at $z = 0-10$ revealed with HST legacy data II. evolution of clumpy galaxies. Astrophy. J., 2016, 821: 72.

[167] Bowman J D, Rogers A E E, Monsalve R A, et al. An absorption profile centred at 78 megahertz in the sky-averaged spectrum. Nature, 2018, 555: 67-70.

[168] Barkana R. Possible interaction between baryons and dark-matter particles revealed by the first stars. Nature, 2018, 555: 71-74.

[169] Dubinski J, Carlberg R G. The structure of cold dark matter halos. Astropys. J., 1991, 378: 496-503.

[170] Walker M G, Penarrubia J. A method for measuring (slopes of) the mass profiles of dwarf spheroidal galaxies. Astropys. J., 2011, 742: 20-38.

[171] van Dokkum P, Danieli S, Cohen Y, et al. A galaxy lacking dark matter. Nature, 2018, 555: 629-632.

[172] van Dokkum P, Danieli S, Abraham R, et al. A second galaxy missing dark matter in the NGC 1052 group. Astrophys. J., 2019, 874: L5-12.

[173] Guo Q, Hu H, Zheng Z, et al. Further evidence for a population of dark-matter-deficient dwarft galaxies. Nature Astronomy, 2020, 4: 246-251.

[174] Libeskind N. Dwarft galaxies and the dark web. Scient. American, March, 2014, 48-51.

[175] Bull P, Akrami Y, Adamek J, et al. Beyond ΛCDM: Problems, solutions, and the road ahead. Physics of the Dark Universe, 2016, 12: 56-99. arXiv:1512.05356.

[176] Lee J, Komatsu E. Bullet cluster: A challenge to ΛCDM cosmology. Astrophys. J., 2010, 718: 60-65.

[177] Menanteau F, Hughes J, Sifon C, et al. The ATACAMA cosmology telescope: ACT-CL J0102-4915 “EL GORDO”. A massive merging cluster at redshift 0.87. Astrophys. J., 2012, 748: 7-24.

[178] Fang L Z, Wu X P. Anisotropy of cosmic background radiation from a spherical clustering on large scales. Astrophys. J., 1993, 408: 25-32.

[179] 朱玥. 宇宙微波背景大尺度各向异性和星系团热 SZ/X 射线标度关系. 北京: 中国科学院高能物理研究所, 2017.

[180] http://irsa.ipac.caltech.edu/data/Planck/release_1/all-sky-maps/, 2013.

[181] Kroupa P, Theis C, Boily C M. The great disk of Milky-Way satellites and cosmological substructures. Astron. Astrophys., 2005, 431: 517-521.

[182] Keller S C, Mackey D, Da Costa G S. The globular cluster system of the Milky Way: Accretion in a cosmological context. Astrophys. J., 2012, 744: 57.

[183] Pawlowski M S, Pflamm-Altenburg J, Kroupa P. The VPOS: A vast polar structure of satellite galaxies, globular clusters and streams around the Milky Way. Mon. Not. Roy. Astron. Soc., 2012, 423: 1109-1126.

[184] Ibata R A, Lewis G F, Conn A R, et al. A vast, thin plane of corotating dwarf galaxies orbiting the Andromeda galaxy. Nature, 2013, 493: 62-65.

[185] Law D R, Majewski S R, Johnston K V. Evidence for a triaxial Milky Way dark matter halo from the sagittarius stellar tidal stream. Astrophys. J., 2009, 703: L67-L71.

[186] Libeskind N I, Hoffman Y, Tully R B, et al. Planes of satellite galaxies and the cosmic web. Mon. Not. Roy. Astron. Soc., 2015, 452: 1052-1059.

[187] Anderson L, Aubourg E, Bailey S, et al. The clustering of galaxies in the SDSS-III baryon oscillation spectroscopic survey: Baryon acoustic oscillations in the data releases 10 and 11 galaxy samples. Mon, Not. Roy. Astron. Soc., 2014, 441: 24-62.

[188] Kitaura F S, Chuang C H, Liang Y, et al. Signatures of the primordial universe from its emptiness: Measurement of baryon acoustic oscillations from minima of the density field. Phys. Rev. Lett., 2016, 116(17): 171301.

[189] 彭秋和. 超新星爆发理论的困境. 10000 个科学难题 (天文学卷). 北京：科学出版社, 2010: 744-751.

[190] FAST collabration. The first evidence for three-dimensional spin-velocity aligment in pulsars, Nature Astronomy, 2021, 5: 788. doi:10.1038/s41550-021-01360-w.

[191] 汪定雄. 黑洞系统的吸积与喷流. 北京：科学出版社, 2017.

[192] HXMT collabration. Discovery of oscillations above 200 keV in a black hole X-ray binary with Insight-HXMT. Nature Astronomy, 2021, 5: 94-102.

[193] https://img2.baidu.com/it/u=3162160997, 1452209604 & fm=26&fmt=auto.

[194] HXMT collabration. Insight-HXMT observations of jet-like corona in a black hole X-ray binary MAXI J1820+070. Nature Communications, 2021, 12:1025. https://doi.org/10.1038/s41467-021-21169-5.

[195] Penrose R, Gravitational collapse and space-time singularities. Phys. Rev. Lett., 1965, 14: 57-59.

[196] Einstein A. The Meaning of Relativity. Princeton: Princeton University Press, 1934. 中译：爱因斯坦. 相对论的意义. 北京：北京大学出版社, 2014.

[197] Einstein A. Ether and the Theoty of Relativity. In A Stubbornly Persistent Illusion. Running Press, 2007: 237-246. 中译：爱因斯坦. 以太和相对论. 爱因斯坦文集. 第一卷. 北京：商务印书馆, 2009: 198-207.

[198] 陆启铿, 邹振隆, 郭汉英. 典型时空中的运动效应和宇观红移现象. 物理学报, 1974, 23: 1-14.

[199] 郭汉英. “舟行不觉”和暗宇宙——惯性运动、相对性原理及其宇宙起源. 科学文化评论, 2006, 3: 77-93.

[200] Einstein A. Uber die Spezielle und die Allgemeine Relativitatstheorie. 1916. English translation by Robert W Lawson. Relativity: The Special and the General Theory, London: Routledge, 2001. 中译：爱因斯坦. 狭义与广义相对论浅说. 张朴天, 译. 北京：商务印书馆, 2013.

[201] Mach E. The Science of Mechanics: A Critical and Historical Acount of Its Development. Lassalle, Illinois: Open Court Publishing Co., 1960. 中译：恩斯特 · 马赫. 力学及其发展的批判历史概论. 李醒民, 译. 北京：商务印书馆, 2014.

[202] 陈驰一. 经典质点动力学方程的形式探讨. 浙江大学学报 (理学版), 2014, 41: 531-536.

[203] 陈驰一. 惯性力本质的明确解释. chinaaXiv:201606.00293, 2016.

[204] 赵峥, 刘文彪. 广义相对论基础. 北京：清华大学出版社, 2010.

[205] Einstein A. Letter to Max Bohn. 12 May 1952. In The Born-Einstein Letters. New York: Walker, 1971. 中译：爱因斯坦 · 致玻恩信. 1952 年 5 月 12 日. 玻恩-爱因斯坦书信集 (1919—1955). 范岱年, 译. 上海：上海科学技术出版社, 2005.

[206] Russell B. Wisdom of the West: A historical Survey of Western Philosophy in Its Social and Political Setting. Central Compilation & Translation Press, 2010. 中译：罗素. 西方的智慧. 崔权醴, 译. 北京：文化艺术出版社, 1997.

[207] Eduard Zeller. Outlines of the History of Greek Philosophy. New York: Horizon Media Co., Ltd., 2007. 中译：爱德华 · 策勒尔. 古希腊哲学史纲. 翁绍军, 译. 上海：上海人民出版社, 2007.

[208] Long A A. Early Greek Philosophy. Cambridge: Cambridge University Press, 1999.

[209] 淮南王. 淮南子. 第一卷“原道训”. 陈广中, 译注. 北京：中华书局, 2012.

[210] 李丹阳. 伏羲女娲形象流变考. 故宫博物院院刊, 2011, 2: 140-155.

[211] 张天蓉. 爱因斯坦与万物之理：统一路上人和事. 北京：清华大学出版社, 2016.

[212] Hawking S W. Chronology protection conjecture. Phys. Rew. D, 1992, 46: 603-611.

[213] Kuhn T S. The Structure of Scientific Revolution. Chicago: University of Chicago, 2012. 中译：库恩. 科学革命的结构. 金吾伦, 胡新和, 译. 北京：北京大学出版社, 2012.

[214] Einstein A. Autobiographical Notes. In Schilpp P A (ed.). Albert Einstein: Philosopher-Scientist. New York: The Library of Living Philosophers, Inc., 1949. 中译：爱因斯坦. 自传笔记. 不断持续的幻觉: 霍金点评爱因斯坦科学文集. 长沙：湖南科学技术出版社, 2013: 242-268.

[215] Dirac P A M. The Principles of Quantum Mechanics. Oxford: The Clarendon, 1947. 中译：狄拉克. 量子力学原理. 陈咸亨, 译. 北京：科学出版社, 1965.

[216] Born M. My Life. London: Taylor & Francis Ltd. 1978. 中译：玻恩. 我的一生——马克斯 · 玻恩自述. 陆浩, 蒋效东, 刘兵, 译. 北京：东方出版社, 1998.

[217] Einstein A. On the generalized theory of gravitation. Scientific American, 1950, 182(4): 13-17. 中译：爱因斯坦. 关于广义引力论. 《爱因斯坦文集》第一卷. 北京：商务印书馆, 2009.

[218] Adams S. Frontiers: Twentieth-Century Physics. London: Taylor & Francis, 2006. 中译：亚当斯. 20 世纪的物理学. 周福新, 轩植华, 单振国, 译. 上海：上海科学技术出版社, 2006.

[219] Einstein A. Letter to Robert Thornton. 7 Dec 1944. EA61-574. The Collected Papers of Albert Einstein. Princeton, New Jersey: Princeton University Press, 1986. 中译文取自：卡尔罗 · 罗维利 (Carlo Rovelli). 物理学需要哲学, 哲学需要物理学. 科学文化评论, 2019, 16: 107.

[220] Einstein A. Principles of Research. In Ideas and Opinions. 224-227. New York: Crown, 1954. 中译: 爱因斯坦: 探索的动机——在普朗克六十岁生日庆祝会上的讲话. 爱因斯坦文集. 第一卷. 北京：商务印书馆, 2009.

[221] Wigner E P. On unitary representations of the inhomogeneous Lorentz group. Ann. Math., 1939, 40: 149.

[222] Dyson F. A meeting with Enrico Fermi. Nature, 2004, 427: 297.

[223] https://img 0.baidu.com/it/u=428859950,1174949/70 & fm=26 & fmt=auto.

[224] 王维佳. 暗知识：机器认知如何颠覆商业和社会. 北京：中信出版集团, 2019.

[225] Iten R, Metger T, Wilming H, et al. Discovering physical concepts with neural networks. Phys. Rev. Let., 2019, 124: 010508.

[226] Struyve W. The de Broglie-Bohm pilot-wave interpretation of quantum theory. PhD Thesis. Ghent University, Ghent, 2004. arXiv:quant-ph/0506243.

[227] 沃德 · 斯特鲁依. 玻姆力学将是终极理论？(Ward Struyve, Chasing the Unified Theory). 环球科学 (Scientific American), 2020, 6 月号: 52.

[228] 董京泉. 老子道德经新编. 北京：中国社会科学出版社, 2008.

[229] 道德经英译本 85 种. https://max.book118.com/html/2017/0417/100766867.shtm. 2017.

[230] Einstein A. A Letter to J. E. Switzer of San Mateo California (1953). In The Grand Titration: Science and Society in East and West. Australia: Geogy Allen & Unwin, 1969. 中译: 爱因斯坦. 西方科学的基础与古代中国无缘. 《爱因斯坦文集》第一卷. 北京：商务印书馆, 2009.

[231] 席泽宗. 欧几里得《几何原本》的中译及其意义. 科学文化评论, 2008, 5(2): 71-76.

[232] Clark R. Einstein: The Life and Times. London: Hodder and Stoughton Ltd. 1973.

[233] Arbert Einstein: Philosopher-Scientist edited by Paul Arthur Schilpp. Chicago: The Open Court Publishing Co., 1970: 659, 660.

[234] Flanagan E, Hughes S. The basics of gravitational wave theory. New J. Phys., 2005, 7: 204.

[235] Bertschinger E. Gravitation in the Weak-Field Limit. Physics 8.962, MIT's GR course lecture notes, 1999: 22.

[236] 丁同仁, 李承治. 常微分方程教程. 北京：高等教育出版社, 1991.

后记　规范场与弯曲时空

杨振宁 [1] 高度评价法拉第为电磁感应现象所引进的两个几何概念——磁力线和“电紧张态”的重要意义，而将“电紧张态”概念等同于矢量势则是麦克斯韦的第一个重大观念突破。杨振宁将电磁矢量势和规范场强推广到非对易量子场，建立了非阿贝尔规范场 (杨-米尔斯场) 理论，成为粒子物理标准模型的基石。杨振宁 [2] 指出：“强相互作用、电磁相互作用和弱相互作用都归因于以不同李群为基础的规范场 …… 不过 …… 引力作用今日还难以等价于规范场。这依然是物理学的一个十分突出的根本问题。”

校对本书校样期间，适逢杨振宁先生百年华诞。作者愿借本书出版的机会，补充讨论引力场的规范性问题。

均匀、各向同性惯性坐标系的存在，是物理普遍规律得以存在且可被准确表述的先决条件；而长程吸引力与排斥力平衡的无力场背景空间——电中性和引力中性真空的存在，则是惯性系得以存在的物理条件。

均匀、各向同性空间的几何对称性，决定了其中的单个静态长程力源的法拉第力线密度必须遵从平方反比律，则静态长程力场 $\boldsymbol{v}$ 应为无旋场

$$\boldsymbol{v} = \nabla\phi \quad \nabla\cdot\boldsymbol{v} = \nabla^2\phi = k\rho$$

式中，ϕ 为标量势；k 为力场强度参量；ρ 为场源密度。

对于由欧氏空间和绝对时间构成的伽利略空间，有亥姆霍兹定理 [3]: (1) 矢量场唯一地被其散度和旋度确定; (2) 满足 $\nabla\cdot\boldsymbol{v} = s, \nabla\times\boldsymbol{v} = \boldsymbol{b}$ 的矢量 $\boldsymbol{v}$ 可以表示为无旋和无散 (涡旋) 两类矢量之和。

库仑定律表明，静止电荷的电场 $\boldsymbol{E}$ 确实是平方反比的无旋场。麦克斯韦将法拉第发现的运动电荷的“电紧张态”表述为矢量势 $\boldsymbol{A}$，其旋度为无散的磁场 $\boldsymbol{B}$。从本书 §1.2.3 和 §2.4.2 可知，仅依据库仑定律和洛伦兹不变性，就可以由一个中性电流的思想实验得出运动电荷必定产生涡旋磁场的结论，并建立麦克斯韦方程。

在被运动约束条件——真空光速 $c=$ 常数所限制的洛伦兹空间里，任何具有静态标量势方程

$$\nabla^2\phi = k\rho \tag{①}$$

的长程作用，其力场都可以用标量势 ϕ 和矢量势 $\boldsymbol{A}$ 描述；计算势场各分量的方

程为

$$\left(\nabla^2 - \frac{1}{c^2}\frac{\partial^2}{\partial t^2}\right)\phi = k\rho$$

$$\left(\nabla^2 - \frac{1}{c^2}\frac{\partial^2}{\partial t^2}\right)\boldsymbol{A} = \frac{k}{c^2}\boldsymbol{j} \qquad ②$$

场强方程为

$$\boldsymbol{E} = -\frac{1}{c}\frac{\partial \boldsymbol{A}}{\partial t} - \nabla\phi$$

$$\boldsymbol{B} = \nabla \times \boldsymbol{A} \qquad ③$$

所以，在平直的伽利略空间和洛伦兹空间中的长程力场，无论其场源的分布及运动多么复杂，都是由无旋矢量和无散 (涡旋) 矢量组成的矢量场，都可以用而且只需要用普通场论的数学工具——梯度、散度和旋度来计算。

对于真空中的电磁场，方程②和③即为麦克斯韦方程，其中 ρ 为电荷密度，$\boldsymbol{j}$ 为电流密度，由库仑定律定出 $k = 1/\epsilon_0$, ϵ_0 为真空介电常数，$\boldsymbol{E}$ 和 $\boldsymbol{B}$ 分别为电场和磁场强度。

对于真空中的引力场，由牛顿引力定律可定出 $k = -4\pi G$，方程②和③为相对论引力场方程，其中 ρ 为质量密度，$\boldsymbol{j}$ 为质流密度, $\boldsymbol{E}$ 和 $\boldsymbol{B}$ 分别为 (电) 引力强度和磁引力强度。引力场方程②和③即为本书正文中的平直时空相对论引力场方程 (38) 和 (39)，其中用 $\boldsymbol{g}$ 表示 (电型) 引力，$\boldsymbol{b}$ 表示磁型引力。

在度规 diag(1,1,1,1) 的四维局域位形空间 $(\mathrm{i}ct, \boldsymbol{x})$ 里, 长程力场——电磁场和引力场，都可以用洛伦兹不变的四维矢量势 $A = (\mathrm{i}\phi/c, \boldsymbol{A})$ 来完全描述，其中 $\boldsymbol{A}$ 为三维空间矢量。作用势 $A_\mu(\mu = 0-3)$ 是四维矢量 (一阶张量), 场强

$$F_{\mu\nu} = \frac{\partial}{\partial x_\nu}A_\mu - \frac{\partial}{\partial x_\mu}A_\nu \qquad ④$$

为二阶张量。电型场强矢量 $\boldsymbol{E}$ 和磁型场强矢量 $\boldsymbol{B}$ 是场强张量 $F_{\mu\nu}$ 的分量。力场 $F_{\mu\nu}$ 是规范场，即对任何时空函数 χ，在矢量势规范变换 $A \to A + \partial\chi$ 下不变。电磁场或引力场的规范性对应于系统的电荷或质量守恒。

所以，方程②–④是在光速不变这一运动约束条件下，由局域系统位形空间—闵氏四维时空的几何性质所决定的长程力方程。取 $k = 1/\epsilon_0$, 方程②–④是规范电磁场的方程；而取 $k = -4\pi G$，方程②–④就是规范引力场的方程。在宏观规范场理论中，矢量力场由矢量势 (一阶张量) A 描述，矢量势方程为线性方程②；力场场强由方程③决定，或为方程④中二阶张量 $F_{\mu\nu}$ 的分量。

爱因斯坦在推导引力场方程时，因缺少引力矢量势的概念而陷入困境；在精通张量的数学家帮助下，爱因斯坦不使用处理矢量场充分且必要的矢量分析工具，

而用二阶张量 $g_{\mu\nu}$ 直接描绘引力的弯曲，导出了高度非线性的广义相对论方程

$$G_{\mu\nu}(g_{\mu\nu}) = -8\pi G T_{\mu\nu} \quad ⑤$$

式中，$G_{\mu\nu}$ 和 $T_{\mu\nu}$ 都是二阶张量，而 $g_{\mu\nu}$ 不但表述引力势场，还被爱因斯坦等同于时空的度规场。

因此，有两个引力场方程并存：用矢量势 A_μ 表述的规范场方程④和用二阶度规张量 $g_{\mu\nu}$ 表述的非线性方程⑤。

广义相对论建立后，外尔 (Weyl H) 试图把用矢量势 A 表述的电磁场理论纳入到以度规场 $g_{\mu\nu}$ 为基础的引力理论，但未能成功。卡鲁扎 (Kaluza T) 和克莱因 (Klein O) 把四维时空度规扩展为五维 $g_{\mu\nu}(\mu,\nu = 1-5)$ 以容纳电磁场，也不成功。爱因斯坦终其一生的努力，用引力场张量的反对称部分描述电磁场，或用四维时空的所谓“远平行性”等种种办法试图统一引力和电磁力，都失败了。总之，百年来，几代优秀学者，用张量引力场理论统一矢量电磁场理论的努力都无法取得成功。

背景时空的平直性是与时空位置无关的物理规律存在的必要条件。而在没有整体对称性的弯曲时空中，不可能定义物理过程的各种守恒量，以广义相对论的弯曲时空为基础实现引力场的规范化和相互作用的统一是注定要失败的。

杨振宁和米尔斯不理会弯曲的度规场 $g_{\mu\nu}$，而是把闵氏平直空间中用矢量势 A 描述的电荷守恒的电磁场方程 ④，推广为希尔伯特空间中用非对易同位旋矢量势 B 描述的同位旋守恒的规范场方程

$$F_{\mu\nu} = \frac{\partial}{\partial x_\nu}B_\mu - \frac{\partial}{\partial x_\mu}B_\nu + \mathrm{i}\epsilon\,[B_\mu, B_\nu] \quad ⑥$$

式中，F 为规范场强；$[B_\mu, B_\nu] = B_\mu B_\nu - B_\nu B_\mu$ 为矢量势算符 B 的对易子。杨-米尔斯规范场理论成功地为电弱统一、量子色动力学和粒子物理标准模型提供了理论框架。

完整表述电磁规律的基本物理量，并不是直接观测到的电磁场强度，而是由线性方程 ②决定的电磁势。杨振宁因此称誉法拉第和麦克斯韦引入“电紧张态”/矢量势为重大观念突破。可以期待，量子化基于四维规范势 A_μ 的引力场方程④，将实现把宏观和微观领域的全部相互作用都归因于以李群为基础的规范场。

电磁学中，等价于磁偶极子的环形电流会产生轴向磁场。对于宏观引力场，规范场方程 ②和③表明，环形物质流 $\boldsymbol{j}$ 的磁引力矢势 $\boldsymbol{A}$ 会产生轴向磁引力偶极场。致密天体吸积盘及高速旋转的天体本身都是极高密度的环形物质流；致密天体系统的普遍特征——高度准直的相对论喷流，显示了“引力紧张态”和磁引力矢势的存在。近年来，中国的地面和空间望远镜对致密天体的观测结果——500m

孔径射电望远镜 FAST 观测到脉冲中子星空间运动方向与自转轴的成协 (Nature Astron., 2021, 5: 788), 空间硬 X 射线调制望远镜 HXMT 观测到临近黑洞视界喷流的高能 X 射线振荡以及物质团逃离黑洞的运动 (Nature Astron., 2021, 5: 4; Nature Commun., 2021, 12: 1025)，挑战了建立在电动力学和磁流体力学基础上的喷流模型 (参见本书 §8.4.2)。致密天体的轴向磁引力偶极场，不但能通过其感生的环形物质流限制喷流物质的横向运动，而且，根据楞次定律，吸积物质团块引起的天体轴向磁引力偶极子的方向与感应磁引力偶极场相反，它们的相互排斥还会加速喷流物质的运动。近来，羊八井 AS-γ 实验和稻城高海拔宇宙线观测站 LHAASO 探测到了银河系内起源、包括脉冲中子星和黑洞方向能量高达 PeV 的超高能光子 (Nature Astron., 2021, 5: 460; Nature, 2021, 594: 33)，表明宇宙空间中无数的致密天体很可能是超高能粒子的规范引力场加速器。

参考文献

[1] 杨振宁. 麦克斯韦方程和规范理论的观念起源. 物理, 2014, 4: 780.

[2] 杨振宁. 对称和物理学. 引自《曙光集》. 翁帆, 编译. 北京：三联书店, 2008.

[3] Arfken G B, Weber H J. Mathematical Methods for Physicists. Amsterdam: Elsevier Academic Press, 2006.

《现代物理基础丛书》已出版书目

(按出版时间排序)

1. 现代声学理论基础	马大猷 著	2004.03
2. 物理学家用微分几何（第二版）	侯伯元，侯伯宇 著	2004.08
3. 数学物理方程及其近似方法	程建春 编著	2004.08
4. 计算物理学	马文淦 编著	2005.05
5. 相互作用的规范理论（第二版）	戴元本 著	2005.07
6. 理论力学	张建树 等 编著	2005.08
7. 微分几何入门与广义相对论（上册・第二版）	梁灿彬，周 彬 著	2006.01
8. 物理学中的群论（第二版）	马中骐 著	2006.02
9. 辐射和光场的量子统计	曹昌祺 著	2006.03
10. 实验物理中的概率和统计（第二版）	朱永生 著	2006.04
11. 声学理论与工程应用	何 琳 等 编著	2006.05
12. 高等原子分子物理学（第二版）	徐克尊 著	2006.08
13. 大气声学（第二版）	杨训仁，陈 宇 著	2007.06
14. 输运理论（第二版）	黄祖洽 著	2008.01
15. 量子统计力学（第二版）	张先蔚 编著	2008.02
16. 凝聚态物理的格林函数理论	王怀玉 著	2008.05
17. 激光光散射谱学	张明生 著	2008.05
18. 量子非阿贝尔规范场论	曹昌祺 著	2008.07
19. 狭义相对论（第二版）	刘 辽 等 编著	2008.07
20. 经典黑洞与量子黑洞	王永久 著	2008.08
21. 路径积分与量子物理导引	侯伯元 等 著	2008.09
22. 量子光学导论	谭维翰 著	2009.01
23. 全息干涉计量——原理和方法	熊秉衡，李俊昌 编著	2009.01
24. 实验数据多元统计分析	朱永生 编著	2009.02
25. 微分几何入门与广义相对论（中册・第二版）	梁灿彬，周 彬 著	2009.03
26. 中子引发轻核反应的统计理论	张竞上 著	2009.03

27. 工程电磁理论　张善杰 著　2009.08
28. 微分几何入门与广义相对论(下册·第二版)　梁灿彬,周 彬 著　2009.08
29. 经典电动力学　曹昌祺 著　2009.08
30. 经典宇宙和量子宇宙　王永久 著　2010.04
31. 高等结构动力学(第二版)　李东旭 著　2010.09
32. 粉末衍射法测定晶体结构(第二版·上、下册)　梁敬魁 编著　2011.03
33. 量子计算与量子信息原理　Giuliano Benenti 等 著
——第一卷：基本概念　王文阁,李保文 译　2011.03
34. 近代晶体学(第二版)　张克从 著　2011.05
35. 引力理论(上、下册)　王永久 著　2011.06
36. 低温等离子体　B. M. 弗尔曼, И. M. 扎什京 编著
——等离子体的产生、工艺、问题及前景　邱励俭 译　2011.06
37. 量子物理新进展　梁九卿，韦联福 著　2011.08
38. 电磁波理论　葛德彪，魏 兵 著　2011.08
39. 激光光谱学　W. 戴姆特瑞德 著
——第1卷：基础理论　姬 扬 译　2012.02
40. 激光光谱学　W. 戴姆特瑞德 著
——第2卷：实验技术　姬 扬 译　2012.03
41. 量子光学导论(第二版)　谭维翰 著　2012.05
42. 中子衍射技术及其应用　姜传海，杨传铮 编著　2012.06
43. 凝聚态、电磁学和引力中的多值场论　H. 克莱纳特 著
姜 颖 译　2012.06
44. 反常统计动力学导论　包景东 著　2012.06
45. 实验数据分析(上册)　朱永生 著　2012.06
46. 实验数据分析(下册)　朱永生 著　2012.06
47. 有机固体物理　解士杰 等 著　2012.09
48. 磁性物理　金汉民 著　2013.01
49. 自旋电子学　翟宏如 等 编著　2013.01
50. 同步辐射光源及其应用(上册)　麦振洪 等 著　2013.03
51. 同步辐射光源及其应用(下册)　麦振洪 等 著　2013.03

52. 高等量子力学　　汪克林　著　　2013.03

53. 量子多体理论与运动模式动力学　　王顺金　著　　2013.03

54. 薄膜生长（第二版）　　吴自勤　等　著　　2013.03

55. 物理学中的数学方法　　王怀玉　著　　2013.03

56. 物理学前沿——问题与基础　　王顺金　著　　2013.06

57. 弯曲时空量子场论与量子宇宙学　　刘　辽，黄超光　著　　2013.10

58. 经典电动力学　　张锡珍，张焕乔　著　　2013.10

59. 内应力衍射分析　　姜传海，杨传铮　编著　　2013.11

60. 宇宙学基本原理　　龚云贵　著　　2013.11

61. B 介子物理学　　肖振军　著　　2013.11

62. 量子场论与重整化导论　　石康杰　等　编著　　2014.06

63. 粒子物理导论　　杜东生，杨茂志　著　　2015.01

64. 固体量子场论　　史俊杰　等　著　　2015.03

65. 物理学中的群论（第三版）——有限群篇　　马中骐　著　　2015.03

66. 中子引发轻核反应的统计理论（第二版）　　张竞上　著　　2015.03

67. 自旋玻璃与消息传递　　周海军　著　　2015.06

68. 粒子物理学导论　　肖振军，吕才典　著　　2015.07

69. 量子系统的辛算法　　丁培柱　编著　　2015.07

70. 原子分子光电离物理及实验　　汪正民　著　　2015.08

71. 量子场论　　李灵峰　著　　2015.09

72. 原子核结构　　张锡珍，张焕乔　著　　2015.10

73. 物理学中的群论（第三版）——李代数篇　　马中骐　著　　2015.10

74. 量子场论导论　　姜志进　编著　　2015.12

75. 高能物理实验统计分析　　朱永生　著　　2016.01

76. 数学物理方程及其近似方法　　程建春　著　　2016.06

77. 电弧等离子体炬　　M. F. 朱可夫　等　编著　　2016.06
陈明周，邱励俭　译

78. 现代宇宙学　　Scott Dodelson　著　　2016.08
张同杰，于浩然　译

79. 现代电磁理论基础　　王长清，李明之　著　　2017.03

80．非平衡态热力学　　翟玉春　编著　　2017.04
81．论理原子结构　　朱颀人　著　　2017.04
82．粒子物理导论（第二版）　　杜东生，杨茂志　著　　2017.06
83．正电子散射物理　　吴奕初，蒋中英，郁伟中　编著　2017.09
84．量子光场的性质与应用　　孟祥国，王继锁　著　　2017.12
85．介观电路的量子理论与量子计算　　梁宝龙，王继锁　著　　2018.06
86．开放量子系统的电子计数统计理论　　薛海斌　著　　2018.12
87．远程量子态制备与操控理论　　周　萍　著　　2019.02
88．群论及其在粒子物理中的应用　　姜志进　著　　2020.03
89．引力波探测　　王运永　著　　2020.04
90．驻极体(第二版)　　夏钟福，张晓青，江　键　著　　2020.06
91．X 射线衍射动力学　　麦振洪　等　著　　2020.06
92．量子物理新进展(第二版)　　梁九卿，韦联福　著　　2020.09
93．真空量子结构与物理基础探索　　王顺金　著　　2020.10
94．量子光学中纠缠态表象的应用　　孟祥国，王继锁，梁宝龙　著　　2020.12
95．电磁理论的现代数学基础　　王长清，李明之　编著　　2021.10
96．宇宙物理基础　　李惕碚　著　　2021.12